建筑防水基础

肖建庄　编著

中国建筑工业出版社

水市场、防水材料、防水设计和施工、防水管理等方面的发展态势。

本书编写过程中参考了诸多学者的著作、论文、相关标准和资料，在此向原作者、编辑表示衷心的感谢。由于水平有限，加之时间仓促，书中不足之处敬请读者批评指正，提出宝贵意见，以便再版之时加以更正。

目　录

第1章　概　　论

自古以来，人造建筑在人类抵御自然灾害的侵袭方面发挥了重要的作用。通常认为现代城市的主要灾害源包括地震、火灾、风灾、洪水和地质破坏。水滴石穿，水的侵蚀作用可以说是自然界中破坏力最为强劲的影响因素之一。由于水侵蚀造成的建（构）筑物破坏的数量远远大于战争。然而，水侵蚀作用的危害却未受到足够的重视。事实上，即使在建筑材料和技术已相对发达的今天，建筑物仍然需要面对来自水侵蚀的挑战。在我国，水侵蚀造成的房屋渗漏已成为建筑工程中的常见问题。

1.1　建筑防水的意义

建筑防水工程是建筑工程中不可或缺的重要组成部分，它是防止建（构）筑物受到水侵蚀和危害的专门措施，具体包括保证建（构）筑物不受雨水、地下水、滞水以及生产生活用水等各种形式水源侵蚀而采取的措施。尽管目前人类已经发明了许多新型防水材料，也不乏行之有效的防水方法，但渗透问题始终无法杜绝，这主要是由于在设计和施工过程中对基本的防水工作原理认识的不足以及实际工程中对防水工程重要性的忽视导致的。

抗渗防水工程的不完善直接导致了建筑的渗漏问题，例如屋顶漏水、地下室渗水等，损害远远超出人们的想象，对于抗渗防水的重要意义可总结为以下三方面。

1. 减少经济损失

房屋渗漏已成为建筑工程中的多发问题，严重影响了人们正常的生产和生活。许多房屋已经多次修缮，浪费了大量的人力物力，甚至危及建筑物的质量和安全，造成重大经济损失，也影响社会关系和谐。2013年全国建筑物漏水调查项目报告调查了全国28个大中城市850多个社区的住房渗漏情况，调查结果显示总渗漏率达95.33%，地下建筑物渗漏率为57.51%。渗漏导致的经济损失包括修缮费用、衣物家具损坏、误工、诉讼费用等，调查中有28.25%的住户在最近一次的渗漏修缮中遭受的经济损失超过2800元[1]。2018年发布的《苏州市商品住宅渗漏情况调查报告》[2]指出，屋顶渗漏率高达83%，外墙渗漏率达61.86%，卫生间渗漏率为11.49%，阳台、窗户渗漏率为31.13%，地下车库渗漏率为92.68%。

2. 保障建筑的使用功能

防水工程对于建筑的使用功能影响深远。建筑物内部的渗漏现象导致了建筑物部分使用功能的丧失，如地下室泡水导致其无法正常使用。另外，建筑物渗漏还往往伴随着一系列继发性问题，如渗水导致的电线漏电短路、墙面剥落、室内装饰破坏等问题。其中，由于内部渗漏，潮湿的墙壁、家具和地板更易滋生霉菌，特别是在空调环境中，极易霉菌繁殖。由于建筑物内部霉菌滋生而引发居住者健康问题的现象被称为病态楼宇综合征，建筑物内一旦出现这种病症，居住人员不得不全部撤离，建筑物将被暂时性或永久性地关闭。

3. 保障建筑的安全

防水工程是保证建筑安全的基础性工程。环境水对钢筋的锈蚀以及对混凝土材料的侵蚀会导致钢筋混凝土结构使用寿命大大缩短。特别是隐蔽性较强的地下工程，长期渗漏作用很可能导致建筑物的突然垮塌，造成严重的安全事故。同时，建筑地下长期渗漏与排水管线的跑冒滴漏也被认为是地面塌陷的一大诱因。建筑地下渗漏，日积月累形成地下孔洞，最终导致地面塌陷，严重危害建筑安全与交通安全，影响居住者生活空间的安全性。

1.2 古代防水智慧

在漫长的建筑发展史中，防水工程一直被人们所重视，甚至在尚未出现人造建筑的远古时代，先民们已表现出了敏锐的防水意识。在旧石器时代，由于生产力低下，人类尚不具备建造的能力，因此普遍采用穴居。此时的古人类选择居住的天然洞穴洞口一般都较高，从而防止雨水倒灌，满足基本的生存需要。在天然洞穴无法满足生存要求的情况下，部分先民开始挖地筑巢以避风雨，出现了浅穴、袋穴等具有一定防水功能的人造建筑雏形。

随着生产力水平的逐渐提高，人类进入新石器时代，人类逐渐走出洞穴，开始建筑居所。古代建筑设计表现出了因地制宜、顺应自然的基本特征，注重与周围自然环境的协调。在不同地区，由于自然环境的差异，各地出现了大量具有地方特色的建筑形式，主要以地穴建筑和巢居建筑为主[3]。在北方地区，以黄河流域为代表的仰韶文化、大汶口文化、半坡文化等主要采用地穴和半地穴的建筑形式。这一时期干燥植物是人类主要的防水材料，先民往往在地穴上搭人字形顶，上覆茅草，防止雨水入侵。由于地穴和半地穴建筑（图 1-1）室内始终低于室外，在雨水丰沛的情况下仍会出现雨水倒灌的现象。在新石器时代后期，先民改地穴为平地建筑，抬高室内地坪并改善地坪做法。在龙山文化时期，地坪采用乱石、草泥、石灰等材料铺筑，从而改善了地下水入侵建筑物的现象。同时，人类先民还习得了斜坡防水、火烧穴壁等技术，在黄土高原地区，先民们采用泥巴抹墙后火烧，使其成为一个坚实的整体，起到加固且防潮的作用。而南方地区由于气候更为潮湿，雨水丰盈，当地先民发明了以竹木为主要建筑材料的巢穴建筑和干栏式建筑。巢穴建筑以树干为桩，以树枝捆绑为楼板，结构类似鸟巢，并上覆茅草作为防水结构。而发源于长江流域河姆渡文化的干栏式建筑（图 1-2）则更为先进，建筑具有两层结构，下层用于家畜的畜养和杂物的存储，上层用于居住。此类建筑在有利于防雨防潮的同时，针对当地的湿热气候，下层架空结构增强了建筑的通风散热功能，显著改善先民的生存环境。

进入商周时期，随着社会性质由原始社会转变为奴隶社会，生产力进一步发展，物质财富逐渐丰富，人类对居住环境提出了更高的要求，建筑防水的功能由满足基本生存需要上升到改善人类居住环境舒适度。这一时期出现了一批以木构架结构为代表的新型建筑结构形式，伴随着新型建筑结构诞生了诸多防水新材料，如瓦。瓦的出现表明人类已经开始生产防水材料，是古代建筑防水技术发展的里程碑。瓦是具有弧度的陶片，主要应用于木结构的屋面，配合坡屋面能够有效实现屋面的排水和防水。到了西周时期，瓦的种类很多，并有板瓦、筒瓦之分，比如瓦当、过脊瓦、滴水勾头组合。受限于当时的生产力水平，陶瓦表面粗糙，吸水率高，排水防水功能性较差，同时由于造价极高，因此仅用于天沟和屋脊部分。到了西周中晚期，瓦已经作为一种常用刚性防水材料被广泛应用于木结构的防水构造中，这一时期的陶瓦质量显著改善，擀密如石，敲击如磬，吸水率显著降低，甚至优于现代瓷器。后来开发的瓦当，也被称为滴水檐，不仅可以保护木制飞檐，排水和防渗，还可以美化装饰屋面，成为我国古代宫殿、庙宇建筑的点睛之笔。瓦的诞生与发展带来了建筑屋面坡度的变化，使其从早期葺屋的 1∶3 逐渐降至 1∶4。

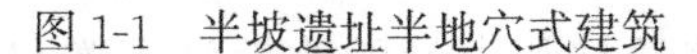

图 1-1 半坡遗址半地穴式建筑

图 1-2 河姆渡遗址干栏式建筑复原

秦汉之前，我国的坡屋面主要为直坡屋面，瓦片间相互搭接，接缝严密，但受到虹吸作用的影响，接缝处极易出现雨水渗入的现象。到秦汉以后，直坡屋面被曲坡屋面取代，曲坡屋面上瓦片相互搭接，但搭接缝后开口，有效防止了虹吸现象的产生，防水效果大大提高。受到曲坡屋面反曲结构的影响，秦汉后的建筑屋面坡度逐渐增大，形成上急下缓的趋势，有助于雨水的排出，以满足防水要求，保护下部结构。

明清时期首次出现了柔性防水材料，铅锡金属卷材的应用标志着古代建筑防水技术开始由构造防水逐步走向全封闭材料防水。金属防水卷材是我国古代劳动人民智慧的结晶，这类防水材料的推广使得建筑不再依赖坡度防水，并促进了平屋顶的诞生。北京故宫御花园内的钦安殿的屋盖为平坡屋顶结合，使用柔软的不透水材料，并将铅锡合金熔铸在约 10mm 厚的金属板上并焊接在一起，在金属板上覆盖麻刀灰并夯实形成灰背，实现全封闭防水。钦安殿自建成至今已有 500 余年，防水结构仍保存完好。由于金属卷材制作费用高昂，仅作为宫廷建筑防水使用，普通建筑一般采用多层油纸替代金属卷材，同样能够起到较好的防水作用。

纵观我国建筑发展史，可以清晰地看到，建筑的更迭与防水技术的进步相辅相成，共同发展。每一类新型建筑形式的产生往往能够催生一批防水新技术、新材料；同时，防水技术的发展又作用于建筑结构设计的方方面面，对建筑发展具有强劲的推动作用。古老的防水技术是中华民族奉献给人类的宝贵财富，是我们的历史精髓之一。

1.3 国内外防水技术发展状况

从全球建筑防水工程发展角度看，建筑防水材料和技术在经历了 20 世纪 70 年代和 80 年代的飞速发展后，进入了稳步发展的阶段。在防水材料领域，以 20 世纪 70 年代和

80年代研发的各类先进材料为基础，出现了数量巨大的改良型产品[4]。防水材料中低端产品逐渐被市场淘汰，中高端产品不断增加。防水工程规范、规程逐步健全，防水设计和施工工艺日趋成熟，防水系统可靠度不断增强，使用寿命大大延长。

1.3.1 我国防水技术发展状况

1840—1949年，我国经历了100多年反帝反封建的斗争。在特殊的历史环境下，世界各国的建筑文化在我国东南沿海地区快速集聚，带来了当时世界上较为先进的建筑形式和建造工艺。在上海出现了当时世界上最为先进的钢框架建筑，其中当时上海第一高楼——上海国际饭店，建筑高达83.6m，屋面和地下室均采用了当时较为先进的防水材料。同一时期上海的里弄建筑普遍采用刚柔结合的防水方法，瓦屋面下铺设一层或数层柏油纸，取得了良好的防水效果。1947年，我国第一家油毡厂上海万利油毡厂成立，但在创立初期受到技术和设备等因素的限制，产量甚低，月产量仅在600～700卷。上海解放后，受到西方国家经济封锁的影响，国内油毡一时之间供不应求。但很快1951年上海市油毡、油纸年产量就高达48.56万卷。1957年起，万利油毡厂生产的月星牌、骆驼牌油毡远销东南亚各国，是我国自主防水品牌的一个骄傲。自此，纸胎沥青油毡一统天下的局面形成并一直持续到20世纪80年代中期。

20世纪80年代后，中国开始进口三元乙丙橡胶卷材和大量的改性沥青卷材，并进行现代防水材料的自主研发和生产。在1986年我国引进了第一条改性沥青防水卷材生产线，并出现两种改性沥青防水卷材——塑性体APP和弹性体SBS。塑性体APP是无规聚丙烯，它的耐高温性能比较好，适用于炎热地区，我国的南方地区和路桥工程应用比较多；弹性体SBS是热塑性弹性体丁苯橡胶，它的特性是高弹性、高延伸、高耐热、低脆点，适用于寒冷地区，我国的北方地区和地下室工程应用比较多。经过30多年的发展，我国已开发出沥青防水卷材、聚合物防水卷材、防水涂料和止水堵漏材料等多种防水材料。

进入21世纪，得益于我国城市现代化建设的繁荣和科学技术是第一生产力这一发展理念的深入贯彻，作为建筑重要组成部分的防水技术发展迅速。我国建筑防水工程的发展主要体现在新型防水材料的研发与推广、防水设计的优化以及防水工程施工技术和管理措施的改进三方面。

随着我国防水材料研发系统的逐步完善，新型防水材料在我国防水材料中所占比重逐年递增。新型建筑防水材料通常分为五大类：防水卷材、防水涂料、密封材料、刚性防水及堵漏止水材料。在沥青防水卷材中，高分子改性沥青防水卷材是“九五”以来中国自主研发的一种防水材料。与传统沥青材料相比，它解决了冷热脆弱的问题，使用寿命得以延长，已成为目前世界上占比最大、应用范围最广泛的防水材料。另外，以橡胶和热塑性聚烯烃（TPO）为主要基材制备的聚合物防水卷材具有优异的耐候性，优异的耐高低温性，良好的不透水性，高耐磨性，良好的抗拉伸强度，足够高的断裂伸长率，能够适应基层的变形或开裂。不同类型的聚合物防水卷材，包括三元乙丙橡胶（EPDM）防水卷材、热塑性聚烯烃（TPO）防水卷材、聚酯纤维内增强型聚氯乙烯（PVC）防水卷材、高密度聚乙烯（HDPE）自粘式防水卷材等。其中，HDPE自粘式防水卷材于20世纪90年代初进入中国市场，由于采用了预铺反粘施工技术，有效解决泌水现象，得到了市场的广泛认可。目前，该产品已列入《地下工程防水技术规范》GB 50108—2008[5]。防水涂料在国外长期以来被用作防水卷材的重要补充。防水涂料采用现场刷、刮、抹、喷涂等施工方式，通过物理或化学反应，在结构物表面形成连续的，具有弹性、防水、防渗、防潮功能的膜层材料。防水涂料因可以在形状复杂、节点繁多、中小面积上施工作业，防水效果可靠；可形成无接缝的连续防水膜层；使用时通常无需加热，且操作简单、易行；工程一旦渗漏，易于对渗漏点做出判断及维修等特点，广泛应用于建筑物某些可能受到水侵蚀的结构部位或结构构件，例如屋面、地下室、厕浴间、水塔、水池、储水罐等的防水、防潮和防渗。按照产品特性、组成，防水涂料可分为：水性和油性；反应型和挥发型；沥青基类、高分子类、无机类和复合型等。

合理的建筑防水设计是保证建筑防水工程质量的重要前提。改革开放40多年来，研究人员开发了诸多防水工程的新构造和新工艺，并提出了“防排结合、刚柔并济、多道设防、整体密封”的指导思想。屋面防水中将传统的正置式屋面改为倒置式，并在刚性防水层与柔性防水层间增设隔离层，提高了屋面防水层的使用功能和耐用年限。在外墙防水工程中，针对新型建筑材料墙体渗漏率上升的问题，研究人员开发了一系列具有粘结、防水、抗裂功能的聚合物水泥砂浆和聚合物水泥复合防水涂料等新型防水材料。同时采用弹塑性密封材料加强外墙与窗框连接处的密封，从而保障外墙面的防水效果。

建筑防水工程的施工直接关系到建筑的质量与安全。前人调查结果表明，造成建筑渗漏问题的因素中，设计缺陷占18%左右，材料不合格占22%左右，而施工质量和管理不达标占比高达60%。近年来，建筑防水工程的施工技术和施工管理受到了更为广泛的关注，相关技术人员开展了大量工作。针对不同的建筑材料特征完善了建筑防水施工技术：防水涂料施工中开发了单喷头、双喷头、多喷头等新型防水涂料的施工喷涂技术，配合使用固化剂、增强材料等加快了涂层固化速度，提高了涂层厚度控制精度；防水卷材施工中发展出了满粘法、点粘法、条粘法、空铺法等多种新型施工方法，同时着重解决搭接缝问题，出现了热熔法、热风焊接法、双面粘胶带等搭接缝密封处理方法，在保障施工质量的基础上极大地加快了施工进度。防水工程施工管理逐渐走向专业化，由传统的单独承包防水层的施工模式转变为包括找平层、防水层和保护层等项目在内的防水工程系统承包施工模式，并逐步形成了防水工程质量保证期制度。中国目前处于基础设施全面建设时期，海洋工程建设受到了前所未有的关注，其特殊建设环境成为建筑防水工程的全新挑战。2018年10月24日，举世瞩目的港珠澳大桥（图1-3）正式通车。该桥全长49.968km，是我国目前里程最长、投资最多、施工难度最大的世界级跨海通道，被誉为“现代世界七大奇迹”之一。由于该工程特殊的建设环境（海洋环境），不论是在桥面、隧道、人工岛，还是配套

图1-3 港珠澳大桥

工程中，防水工程发挥了举足轻重的作用。

港珠澳大桥桥面主体为钢结构，桥面铺装面积达 70 万 m^2，相当于 98 个足球场。其中钢箱梁桥面铺装面积为 50 万 m^2，采用“甲基丙烯酸甲酯树脂（MMA）防水粘结层＋GMA10 浇筑式沥青铺装＋改性沥青 SMA13”的全新铺装体系（图 1-4），该体系在满足钢箱梁桥面铺装复杂受力条件的同时，接近零孔隙的浇筑式沥青也可以更好地保护桥梁主体结构免受高湿、高盐的外海气候条件影响[6]。

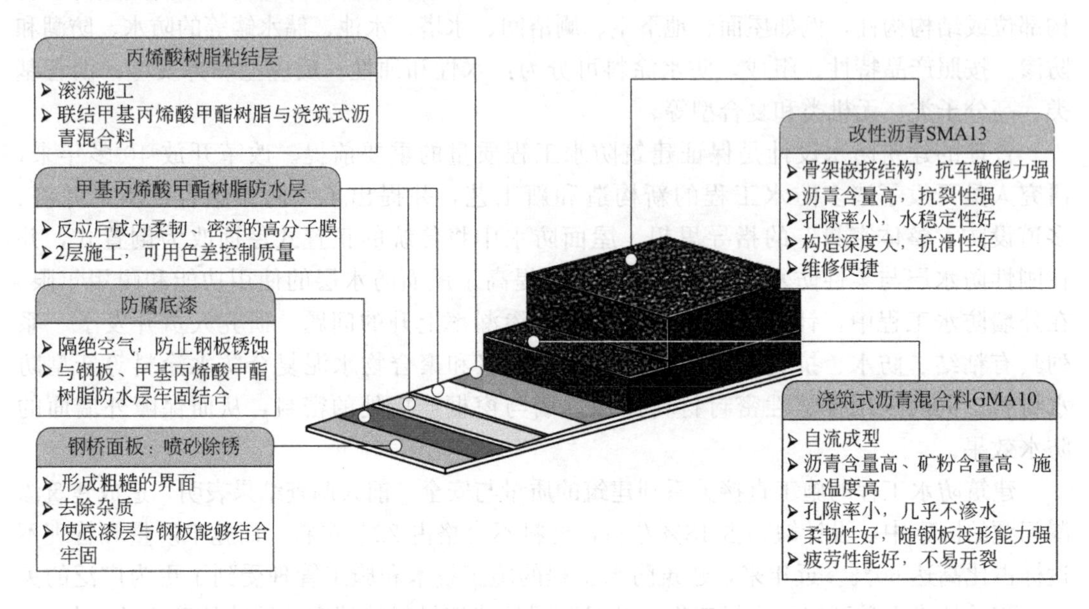

图 1-4　港珠澳大桥桥面防水示意图[6]

港珠澳大桥岛隧工程是目前世界范围内综合难度和规模最大的隧道工程，包括全长 6.7km 的沉管隧道和两个面积各为 10 万 m^2 的人工岛。这一段从长度上，只有整个港珠澳大桥长度的八分之一，却几乎包含了港珠澳大桥的所有技术难点。针对海底隧道的防水要求，项目中实现粘结率 100%，空鼓率 0，项目寿命 30 年，做到滴水不进，又创造了一个世界之最。沉管隧道管节处的接缝采用“可膨胀密封条＋OMEGA 止水带＋剪力键”的处理方法，形成结构自防水。同时，沉管隧道岸边段与沉管段的节段接头采用了与以往不同的柔性对接方式——即节段接头外侧环绕一圈喷涂聚脲防水材料，而非涂刷普通防水涂料或铺贴防水卷材的方式；并且在变形缝位采用“隔离膜”的防水设计，以聚脲优异的拉伸性来适应其伸缩变形，这样就能在海洋气候的环境下轻松应对一般防水材料所无法承受的混凝土变形问题。喷涂聚脲防水涂料附着力好、高强度、高弹性，连续无接缝，而且具有良好的耐磨性、耐化学腐蚀性和耐老化性，使用喷涂聚脲防水涂料作防腐、防水层是提高桥梁结构耐久性的重要手段。

1.3.2　美国防水技术发展状况

依托于强大的经济实力和技术优势，美国引领着当前世界建筑防水行业的发展。据统计，在美国的屋面材料市场中，平屋面材料多用于工商业、机构、校园建筑物，多为柔性材料，包括高分子防水卷材和沥青基防水材料。美国平屋顶防水材料中 TPO 材料的市场份额自1999年持续增长，短短15年间市场份额增长了十倍，成为一大亮点。2014年美国平屋顶防水材料市场份额排名，TPO以45.8%排名第一，EPDM 23.8%排名第二，PVC和改性沥青防水卷材位居第三位，占比均为14.7%[7]。TPO材料兼具树脂和橡胶材料的优越性，与叠层沥青系统相比，性价比更高。同时，作为一类可再生材料，它具有降低热岛效应，节能减排的功效。在防水材料的基层材料选择方面，纸胎的使用率持续下降，玻纤毡和聚酯毡异军突起。聚酯毡具有高强度、高延展率、耐穿刺、抗裂等优异特性，目前聚异氰脲酸酯保温基层市场份额已达70%以上。建筑防水应用技术方面，在长期的实践过程中施工工艺和技术也不断优化。高分子防水卷材的铺设在单一的全粘法的基础上增加了点粘法、机械固定法等。其中机械固定不影响基层变形的同时又避免了荷载压顶，是一种较为理想的施工方法。

而美国家居住房常采用的坡屋面防水材料，包括沥青油毡瓦、黏土瓦、水泥瓦、天然石瓦和金属瓦等。沥青油毡瓦具有防水性能优异、性价比高、装饰性强等优势，占据了相当高的市场份额。2005年Review of Scientific Instruments（RSI）杂志调研结果表明，美国当年坡屋面防水材料的市场份额中，叠层沥青油毡瓦占55%，三片玻纤胎沥青油毡瓦占21%，纸金属瓦占6%，胎沥青油毡瓦占4%，黏土瓦占3%，木瓦占3%，纤维水泥瓦占1%，其他材料占7%。其中叠层沥青油毡瓦和金属瓦占比呈现上升态势[8]。

在地下防水工程方面，美国研发了大量性能优良的地下防水材料，包括膨润土板材、结晶/反应型防水涂料、新型止水带等。其中，膨润土作为主要的迎水面材料之一，形式多样，性能稳定，可用于长期受水浸泡的基层。而结晶/反应型防水涂料应用于混凝土结构中，遇水反应能够有效填充混凝土内部的毛细管和收缩裂缝，起到良好的抗渗防水效果。

全球建筑密封材料的用量逐年增长，弹性密封胶逐渐取代传统的油性嵌缝膏。弹性密封胶主要包括硅酮、聚硫和聚氨酯三类。目前，硅酮市场份额最大，占总用量的68%；聚氨酯次之，占20%；聚硫由于性能较差，仅占极小部分。20世纪70年代初，美国连碳公司研发了一种不含游离-NCO基团的硅烷改性聚氨酯。1994年，Jamil Baghdachi采用硅烷改性聚氨酯制得了一种快速固化的单组分硅烷改性聚氨酯密封胶。相对于传统密封胶，硅烷改性聚氨酯密封胶具有室温下快速固化、力学和粘结性能优异、耐水、可涂漆等特点。硅烷改性聚氨酯密封胶还可满足装配式建筑的多种性能要求，在未来必定会成为建筑行业的重要建材，甚至有望替代传统三大密封胶。

1.3.3 欧洲防水技术发展状况

与美国不同，欧洲的建筑防水材料目前仍以沥青基防水卷材为主，特别是改性沥青防水材料。欧洲的改性沥青防水材料技术十分发达，并向中、美等国输出先进技术和设备。2011年的调查研究表明，欧洲沥青防水卷材的用量高达9.51亿m^2，在平屋顶卷材市场中占比约为71%。欧洲常用的沥青基防水卷材主要有苯乙烯-丁二烯-苯乙烯（SBS）、无规聚丙烯（APP）改性沥青防水卷材和氧化沥青油毡，三种防水材料的使用均具有较强的地域性。北欧地区气候寒冷，SBS改性防水卷材应用较多；而在温度较高的南欧地区，APP改性沥青防水卷材的用量较大。氧化沥青油毡主要用于翻修施工，在东南欧国家应用较多。据统计，2014年欧洲各国防水卷材市场中，多以SBS、APP改性沥青防水卷材为主。其中，德国、英国和瑞典均占50%以上，挪威占65%，法国占85%，意大利占95%。意大利使用的改良沥青防水卷材以APP改性为主。合成高分子防水卷材在德国占防水材料总量的40%～45%，瑞士占60%，荷兰占40%～45%，英国占30%～35%。整个欧洲而言，改性沥青类防水卷材占65%，PVC防水卷材占18%，TPO防水卷材占10%，EPDM防水卷材占5.5%，聚异丁烯（PIB）防水薄板材和乙烯共聚物改性沥青（ECB）卷材占1.5%。近几年，尤其因为明火施工会污染环境和易发生火灾等原因，逐渐被热熔施工或自粘施工所取代，所以改性沥青类防水卷材用量在减少[9]。

在沥青基卷材的胎体方面，早期欧洲国家多采用玻纤毡，其中，玻纤毡在法国的改性油毡市场中占比一度达到90%。但由于聚酯毡具有强度高、延伸性强、耐刺穿、耐撕裂等性能优势，并且与改性沥青匹配较好，综合性能优于玻纤毡，近几年其市场份额逐年增长，大有赶超玻纤毡的趋势。欧洲早期的改性沥青防水卷材采用单层铺设，然而实践证明单层铺设法的防水效果不甚理想，因此除瑞典和挪威以外，目前欧洲各国改性沥青防水材料标准均采用叠层铺设。在铺设工艺方面，改性油毡的热粘法和热熔法都是较为成熟的施工工法。为了解决热粘法施工过程中的发烟、异味等问题，出现了大量配套的除烟装置，除烟率可达99%。热熔法施工中的喷灯焊接器具不断革新，最新的喷灯产品具备显示温度、速度等参数的功能，降低施工过程中的危险性。

1.3.4 日本防水技术发展状况

日本的建筑防水有着与众不同的特点。日本是率先实行防水工程10年保证期的国家。日本的建筑防水工程造价一般占建筑总造价的10%左右，高于大部分国家的防水工程造价，防水工程造价的高占比一定程度上说明了日本对建筑防水工程的重视程度。

建筑材料方面，日本使用聚氨酯防水涂料最为成功，是目前聚氨酯防水涂料应用比例最高的国家。2014年，聚氨酯防水涂料占其国内防水涂料市场的份额为31.5%。日本国家标准最初将聚氨酯防水涂料分为外露型和非外露型两类，而后修订更改为外露型、高延伸型和高强度型三类。日本目前的聚氨酯防水材料开发领先全球，产品具有高固含量、高耐久性、高光泽保持率等特点。日本重视聚氨酯防水涂料复合防水工法的开发，已有改性沥青卷材加聚氨酯防水涂料的防水工法，正在开发聚氨酯与聚脲复合、聚氨酯加玻纤增强聚酯（FRP）等复合防水工法。发展方向是开发高性能产品，光泽保持率80%以上，防水层寿命延长到20年、30年，甚至50年；开发环境适应型和无溶剂型产品；开发机械施工和超硬聚氨酯及拓宽用途。聚氨酯防水涂料应用广泛，屋面外墙、地下、内墙、敞廊、房檐、浴室、蓄热槽和接水槽均可使用。在日本新建外墙防水中占18.5%（第2位），在新建的阳台、屋檐中占68%（第1位），在修理的有保护屋面防水中占22.0%（与沥青热粘工法并列第1），在修理的外墙防水中占11.8%（第2位），在修理的阳台、屋檐中占74.2%（第1位）[10]。

而在卷材的使用方面，与欧美国家对改性沥青和高分子卷材的极大青睐不同，日本的叠层油毡防水至今仍受到广泛认可，虽然受到单层高分子防水卷材的冲击，市场份额略有下降，但在2010年仍保有26.3%的市场份额。近几年，高分子防水卷材发展迅速，2014年的调查结果表明，高分子防水卷材在日本建筑防水材料市场占比已达31.8%。其中，PVC防水卷材由于价格低廉，使用寿命长等因素，近几年发展势头最强，2009年PVC卷材年产量已超1亿m^2，相比之下，橡胶卷材和TPO的市场份额较小[11-12]。

与聚氨酯防水涂料、叠层油毡防水卷材和PVC防水卷材的广泛使用相适应，沥青热粘法、聚氨酯涂膜和PVC防水工法是目前日本建筑防水的三大工法[13]。针对沥青热粘法施工中的发烟、异味等环保问题，日本开发出了低烟、无味的热粘沥青，采用化学方法消除硫化氢气体，其发烟量降低至传统沥青的五分之一。另外，针对屋面施工，开发了小型环保熔化釜，无烟无臭，使用安全。在聚氨酯涂料的施工方面，日本国家标准的聚氨酯涂料涂膜量高于其他国家，用量规定为3.0kg/m^2，以确保形成密实的防水层。PVC防水卷材的施工中，日本多采用全粘法，辅以热空气焊接法密封接缝。

1.4 建筑防水存在的问题

2000年至今，我国防水行业经历了蓬勃发展的20余年。2020年，全国723家规模以上（主营业务收入在2000万元以上）防水企业的主营业务收入累计为1087.00亿元，利润总额达73.97亿元，规模以上企业生产的沥青和改性沥青防水卷材产量达22.52亿m^2。然而，由于防水行业始终未能摆脱以规模扩张和数量增长为主要特征的粗放发展模式，在取得丰硕成果的同时也凸显了一系列深层次的矛盾。

1. 防水重视程度不够

建筑防水对结构使用功能和安全质量具有重要影响，但长期以来人们对建筑防水的重视程度却远远不足。同时，对建筑防水技术复杂性、综合性也缺乏正确的认识。以至于我国建筑防水成本占总成本比例不到3%，部分工程甚至低于总成本的1%。即便如此，部分开发商、总包商或分包商为了降低成本，仍不断压缩防水工程造价。相对较小的投入严重影响了防水材料、设计、施工和管理等方面的质量。

2. 防水市场相对混乱

建筑防水行业竞争激烈，市场相对混乱。材料生产企业规模小、数量多、市场集中度低的特点突出，在2019年9月防水卷材生产许可证没有取消前，有证的占比不到一半。由于制度和管理方面存在诸多瑕疵，比如最低价中标，层层分包，建设监管不到位等，假冒伪劣产品充斥防水市场。2018年，广东建材打假专项行动中防水涂料及防水卷材合格率仅57%。

3. 防水标准体系不健全

防水设计使用的标准、规范和图集繁多，缺乏系统性。目前我国防水相关标准共计180余项，标准多且不统一。除建材行业制定建筑防水材料标准外，交通、化工和纺织等行业也制定了一些建筑防水材料标准，不同标准中对材料的基本项目设置和相同指标的具体规定等常存在差异。由于防水工程长期不受重视，防水材料产品国家标准多年以来基本没有重大修订更新。国标作为行业准入门槛，该门槛长期未有显著提升。

4. 防水施工、检测技术落后

由于缺少先进的施工配套机具，目前防水施工大多采用手工施工方式。防水卷材施工主要缺乏一些辅助工具，如机械化裁剪、安装机具。防水涂料施工理论上可全部采用机械化施工，但目前能够实现涂料加热、喷涂一体化施工的设备仍然稀缺。另外，我国渗漏检测技术相对落后，缺乏快速、准确、无损的检测方法。目前常用的防水工程渗漏检测技术为蓄水、淋水试验，检测耗时过长，严重影响工期。

5. 防水材料、体系耐久性研究不足

建筑防水是一个整体化、系统化的概念。但早期防水相关的研究仅仅局限于材料领域，对防水体系的研究相对缺失。同时，对防水材料研究也多是短期性能测试和分析，缺少防水材料耐久性研究，如材料的使用寿命和劣化规律等。与防水材料相应的配套材料的耐久性研究更是凤毛麟角。

6. 防水技术人才与技能人才匮乏

我国的防水行业长期处于粗放经营状态，防水施工依靠于人工施工的比例在95%以上，不仅效率低下，还存在诸多安全隐患；从业人员流动性大，文化水平低，职业技能不高，难以形成稳固的职业化队伍；防水相关学科建设滞后，目前国内只有湖北工业大学等少数学校开设了防水专业，未形成完备的防水专业技术人才和管理人才培养体系。

上述诸多问题，不可能短时间内全部、彻底解决。编写本书的目的是为读者做一个建筑防水的入门介绍，助力"防水工程学"学科建设，促进建筑防水行业的技术进步和行业繁荣。本书从建筑防水的现状入手，在介绍基本概念和基础知识之后，分别围绕防水材料、防水设计、防水构造、防水施工、防水检测、防水标准以及防水管理等全寿命过程，由浅入深加以分析，最后给出了典型的工程案例，并展望了建筑防水未来的发展方向。

参考文献

[1] 潘文亮，庞正其．治理建筑渗漏顽疾，惟其艰难方显勇毅——从《2013年全国建筑渗漏状况调查项目报告》发布谈起［J］．中国建筑防水，2014（18）：9-13.

[2] 潘文亮，夏琴，丁春花，等．苏州市商品住宅渗漏情况调查报告［J］．中国建筑防水，2018（1）：1-2.

[3] 叶琳昌．我国建筑防水技术发展历史回顾与展望［J］．建筑技术，2013（3）：226-228.

[4] 沈春林．国内外建筑防水材料现状和我国发展规划及建议［J］．新型建筑材料，2003（4）：36-40.

[5] 中华人民共和国住房和城乡建设部．地下工程防水技术规范：GB 50108—2008［S］．北京：中国计划出版社，2008.

[6] 李书亮，朱定，刘攀，等．港珠澳大桥钢桥面铺装防水粘结层粘结强度试验研究［J］．世界桥梁，2019，47（4）：64-69.

[7] SCHEHL J G. Resolving a Workforce Crisis in the U. S. Roofing Industry［M］. Hershey：IGI Global，2020.

[8] 喻小亮．国外建筑防水和屋面工程技术发展趋势［J］．技术与市场，2016，23（12）：80-82.

[9] 羡永彪．欧洲屋面防水材料应用概况［J］．中国建筑防水，2014（3）：49.

[10] 贾芳华，张连红．聚氨酯防水涂料的发展及展望［J］．精细石油化工进展，2011，

12 (2)：35-38.

[11] 慕柳.2013年日本防水行业问卷调查报告摘录 [J]. 中国建筑防水，2014 (14)：48-51.

[12] 慕柳.2015年日本防水行业问卷调查报告摘录 [J]. 中国建筑防水，2016 (12)：39-42.

[13] 羡永彪. 日本防水工职业技能培训和沥青烟气处理技术考察 [J]. 中国建筑防水，2015 (18)：43-46.

第 2 章　基础知识

2.1　建筑防水基本概念

抗渗和防水是一个系统工程，涉及抗渗材料，防水设计，施工技术和建筑管理等多个方面。其目的是保护建筑物免受水侵蚀，不损坏内部空间，改善建筑物的功能，保证生产和工作质量，改善生活环境。其内容包括屋面防水、地下室防水、卫生间与浴室防水、外墙防水等。

2.1.1　抗渗

材料的抗渗性用抗渗等级表示[1]。如混凝土抗渗等级可以根据以下规则进行计算：

（1）加压后，8h 内 6 个试件中有 2 个试件出现渗水，此时抗渗等级计算公式为：

$$P=10H \tag{2-1}$$

（2）加压后，8h 内 6 个试件中有 3 个试件出现渗水，此时抗渗等级计算公式为：

$$P=10H-1 \tag{2-2}$$

（3）加压至规定数字或设计指标后，8h 内 6 个试件中渗水试件少于 2 个，此时抗渗等级计算公式为：

$$P>10H \tag{2-3}$$

式中：P——抗渗等级；

H——试验终止时的静水压力水头（cm）。

材料的抗渗性与其孔隙特征有关。细微连通的孔隙中水易渗入，故材料的孔隙越多，抗渗性越差。封闭孔隙中水不易渗入，因此封闭孔隙率大的材料，其抗渗性仍然良好。开敞孔隙水最易渗入，故其抗渗性最差。材料的抗渗性还与材料的憎水性和亲水性有关，憎水性材料的抗渗性优于亲水性材料。

抗渗性是决定材料耐久性的重要因素。在设计地下结构、压力管道、压力容器等结构时，均要求其所用材料具有一定的抗渗性能。抗渗性也是检验防水材料质量的重要指标。

2.1.2　防水

防水（工程）是指防止由人为因素或水文地质变化引起的地表水、雨水、地下水、积水、毛细水渗入建筑物、结构或蓄水工程的水外漏，所采取的一系列建筑、结构措施的总称。防水是建筑物建造的一个非常重要的组成部分，不仅影响建筑物的质量，而且还影响到人们的生活。防水的质量与材料、设计、施工和维护有关，必须严格控制防水质量，以确保结构的耐久性和正常使用。

根据防水的位置，防水工作包括屋顶（地板）防水和地下防水。屋顶（地板）防水工程主要是为了防止屋顶上的雨雪和地板上的生活用水的间歇性浸泡。地下防水工程主要是为了防止地下水不断渗透建筑物（结构）。

根据防水操作模式，防水工程分为两类：材料防水和结构防水。材料的防水包括阻止水通过建筑材料以获得防水性或增加的防漏性，例如膜的防水性、涂层的防水性、刚性防水层。结构防水主要是采用适合阻挡水通过的结构形式实现防水施工，达到防水目的，如止水带和空腔结构。防水主要应用领域包括屋面、地下室、外墙、室内建筑和市政设施等。

2.2 建筑防水基本原理

根据防水工程使用材料的性状不同，防水工程分为柔性防水和刚性防水两大类[2]。柔性防水一般包括卷材防水和涂膜防水，具有重量轻、施工方便、延展性好、防水效果好等特点。刚性防水一般包括砂浆防水和混凝土刚性层防水，具有较好的耐久性。它可以和柔性防水共同使用，同时作为柔性防水层的保护层。

2.2.1 刚性防水

依靠结构构件自身的密实性或使用刚性防水层来实现建筑物防水的称为刚性防水。刚性防水材料一般是指以水泥、砂石为原材料制备的砂浆和混凝土防水材料。通过调整混凝土配合比或掺入少量外加剂和高分子聚合物等材料，降低孔隙率，改善孔隙结构，提高各材料界面密实度，使得混凝土等满足较高的抗裂和抗渗性能。

刚性防水技术的特点是浇筑后的混凝土工程密实、防裂、防渗，分子水难以通过，防水耐久性好，施工过程简单方便，成本低，易于维修。在土木工程施工中，刚性防水占很大比例。刚性防水层可根据其结构和使用的材料进行分类。

用于刚性防水的材料是没有伸展性的。例如，常见的刚性防水材料包括细石混凝土、不透水砂浆和可渗透的结晶不渗透水泥涂层。与柔性防水屋顶相比，刚性防水屋顶具有成本低，耐用性好，施工程序简单，维护方便等优点。其主要问题是对基础的不均匀变形导致的屋顶构件微变形和热变形敏感，容易产生裂缝和水泄漏。

2.2.2 柔性防水

通过在建筑物的下层放置不透水膜或不渗透涂层而形成防水层，我们通常将其称为柔性防水。柔性防水意味着当防水层经受外力时，防水材料本身具有一定的韧性和延展性，能承受在不可渗透的材料的弹性范围内的基体层的开裂，并具有一定的灵活性。如防水橡胶线圈、防水聚氨酯涂料、防水改性沥青和防水聚合物。

柔性防水屋面是指由不透水材料（如沥青和聚合物）制成的不透水结构的屋面。结构原理主要是利用不渗透材料的软黏合特性确保防水材料形成一层不透水薄层，从而获得不透水效果。柔性防水技术具有以下优点：结构实用，材料质地轻，延展性好，变形能力强，防水层不易开裂，对屋面结构具有良好的适应性。但由于其耐久性差的材料特性，使得柔性防水屋面的使用年限较短，这是制约柔性防水技术发展的主要因素。

柔性防水材料具有良好的抗开裂性能，防水卷材较防水涂料更能抵挡基层的开裂。柔性防水材料的抗开裂性能主要取决于材料的厚度（或涂膜厚度）、拉伸性能和粘结性能。材料的厚度越大，其抵抗开裂的能力越强；而材料的伸长率越大，其抗开裂性能也越好；但粘结性能越好，其受基层的约束就越大，材料拉伸时越接近于零伸长，所以材料越易产生破坏。对柔性防水涂料而言，伸长率较大，并保证一定厚度的防水材料（如聚氨酯防水涂料、聚合物乳液防水涂料），因其具有较好延伸性，而粘结强度相对较小，所以，其抗开裂性能较优越，能抵御基层结构安全以内的混凝土开裂，而不至发生防水层破坏。防水卷材具有优良的拉伸性能及较低的粘结强度，因此，即使采用满粘满铺的施工工艺，也不会因基层的开裂而导致卷材的破坏，其抗基层开裂性能优异。

2.2.3 复合防水

复合防水的概念诞生于20世纪90年代引进新的防水材料之前，当时主要采用几种类型的防水材料和单道防水系统，并且主张在一个工程中使用相同的材料，实行均匀性防水。经过一段时间的技术应用，发现在工程中使用均匀的防水材料是不科学和不合理的，逐渐提出不同的防水部位可以用不同的防水材料。这就是“复合防水”的原始含义[3]。比如使用防水卷材的屋顶，天沟或防水需要加强的地方，采用和主体防水材料不同的防水材料来用作附加层的防水。

而随着技术的发展，在同一工程或相同部位使用两种或更多种不透水材料的多道防水系统也称为复合防水。例如地下室屋顶顶板的防水，结构板的表面首先用防水聚氨酯涂料防水，然后用绝缘材料找坡，最后是改性沥青卷材防水层形成复合防水层。

复合防水层指可兼容的两种及两种以上的材料形成的具有整体防水功能的结构层。组成复合防水层的材料通常为彼此相容的防水卷材和防水涂料，并且叠合厚度要小于规定的最小厚度。形式上，复合防水层只是叠合防水方法的一种形式，但它不仅表达了重叠的工作状态，而且还定义了“复合成一道防水层”的概念。与防水卷材相比，防水涂层通常与混凝土支撑体具有更好的粘合性能，而防水卷材具有厚度均匀和高拉伸强度的特性。两种材料的特性组合取长补短，形成理想设置，这就是“复合防水层”的意义所在。

2.3 建筑防水设计指标

按照工程类别和所处环境可以将防水等级划分为一、二、三级，如表2-1所示。工程类类别和防水使用环境类别的具体划分如表2-2、表2-3所示。我们可根据防水等级、防水层耐用年限选择相应的防水材料并进行构造设计[4]。

防水等级划分 **表2-1**

防水等级	一级		二级			三级	
工程类别	甲类	乙类	甲类	乙类	丙类	乙类	丙类
所处环境	Ⅰ、Ⅱ类	Ⅰ类	Ⅲ类	Ⅱ类	Ⅰ类	Ⅲ类	Ⅱ、Ⅲ类

工程类别 **表2-2**

类型	工程类别		
	甲类	乙类	丙类
地下工程①	人员活动的民用建筑，地铁车站，对渗漏敏感的仓储、机房，重要的战略工程	除甲类和丙类以外的场所	对渗漏不敏感的物品和设备使用或贮存场所，不影响正常使用的场所
建筑工程②	民用建筑、对渗漏敏感的工业和仓储建筑	除甲类和丙类以外的建筑	对渗漏不敏感的工业和仓储建筑
道桥工程	特大桥、大桥，城市快速路、主干路上的桥梁，交通量较大的城市次干路上的桥梁，钢桥面板桥梁	除甲类以外的城市桥梁工程；膨胀土或湿陷性黄土上的道路工程	一般道路工程
蓄水类工程	建筑工程中的各类水池，市政给水、污水工程中的各类水池，侵蚀性介质贮液池	除甲类和丙类以外的蓄水类工程	对渗漏水无严格要求的蓄水类工程

注：①指建筑地下部分和市政地下工程。

②指建筑屋面工程、建筑外墙工程和建筑室内工程。

工程防水使用环境类别 **表2-3**

工程部位		工程防水使用环境类别		
		Ⅰ	Ⅱ	Ⅲ
地下工程①		抗浮设防水位标高大于地下室板底标高，高差 $H \geq +3$m	抗浮设防水位标高大于基础底面标高，高差 0m $\leq H < +3$m	抗浮设防水位标高小于基础底面标高，高差 $H < 0$m
建筑工程	建筑屋面工程与外墙工程	年降水量 $P \geq 1600$mm	年降水量 400mm $\leq P <$ 1600 mm	年降水量 $P < 400$mm
	建筑室内工程	频繁遇水场合或长期相对湿度 $RH \geq 90\%$	间歇遇水场合	—
道路、桥梁工程②		年降水量 $P \geq 1200$mm，或严寒地区、使用化冰盐地区、酸雨、盐雾等不良气候地区的使用环境	年降水量 400mm $\leq P <$ 1200 mm	年降水量 $P < 400$mm
蓄水类工程		蓄水水位高度 $h \geq 1.2$m	蓄水水位高度 0.5m $\leq h < 1.2$m	蓄水水位高度 $h < 0.5$m

注：①当地下工程所在地降水量大于400 mm时，Ⅱ类与Ⅲ类防水使用环境类别应分别提高一级；当年降水量大于1200 mm时，防水使用环境类别应按Ⅰ类选用。

②特大桥、大桥，城市快速路、主干路上的桥梁，交通量较大的城市次干路上的桥梁，防水使用环境类别应按Ⅰ类选用。

目前主要使用的防水工程规范及技术规程包括：《聚合物水泥、渗透结晶型防水材料应用技术规程》CECS 1956：2006、《聚乙烯丙纶卷材复合防水工程技术规程》CECS 199：2020、《屋面工程技术规范》GB 50345—2012、《种植屋面工程技术规程》JGJ 155—2013、《建筑室内防水工程技术规程》CECS 196：2006、《建筑外墙防水工程技术规程》JGJ/T 235—2011、《地下工程防水技术规范》GB 50108—2017、《屋面工程质量验收规范》GB 50207—2012、《地下防水工程质量验收规范》GB 50208—2011、《房屋渗漏修缮技术规程》JGJ/T 53—2017、《地下工程渗漏治理技术规程》JGJ/T 212—2010等。

2.4 设计原则、方法及一般规定

2.4.1 设计原则

一般认为水穿透建筑防护，须同时具备三个条件：

（1）水源。寻找到水源（泄漏源）并非易事。

（2）水在驱动力的作用下向薄弱处迁移。驱动力包括重力、风力、静水压、表面张力（毛细作用），气态水迁移动力为蒸汽压差。

（3）存在能使水透过的孔洞、裂隙、微孔或者任何形式的开口。这也是最重要的一点。

水通过缝隙迁移力的大小、速度、作用范围及危害程度，随缝隙的形态、宽度、深度、数量，所处自然环境及环境介质的作用而变化。自然环境包括阳光、紫外线、臭氧、温湿度、温差、风压；环境介质包括水中的有害物质、电流等。足够的水分、水中侵蚀性物质和温度是确定环境特征时必须考虑的三因素。温度升高，水中侵蚀性物质的化学反应速度加快，有机材料中的化学反应速度也加快。

水的侵入是一动态的、不断变化的复杂过程。阻止水的侵入，治理水的渗漏，也是防水工程的主要目标。

综上可知，治理渗漏的主要方式为尽可能减少建筑物中能使水透过的开口，即建筑物的裂缝[5]。裂缝一般包括以下几类：

1）本体裂缝

任何时候，结构主体或围护结构本体的防水，都是最重要的。本体防水的要旨就是减少裂缝，既包括混凝土也包括砌体。混凝土水化收缩裂缝、砌体（特别是加气混凝土砌体）收缩裂缝、结构荷载变形、温度作用变形、冻融作用变形、地震引发的裂缝、强风造成的裂缝（外窗洞口），都是需要首先解决的问题。

2）表层裂缝

减少表层裂缝的产生是选择构造方案及进行细部构造设计的重要依据。

表面温差（包括年温差和日温差）、材料收缩等作用，不仅会使墙面产生裂缝，而且会破坏屋面的女儿墙、建筑的整体保温隔热层、水泥砂浆找平层及铺贴硬质块材的饰面层。在构造设计时，要整体分析各层之间的关系，采取必要的措施，消除或减弱裂缝的影响。例如，将收缩裂缝均匀分散，形成无害裂缝。纤维混凝土、纤维砂浆就是基于此原理。聚合物水泥防水砂浆薄层满浆粘贴瓷砖也是基于此原理。

所以进行防水设计时要遵循以下原则：

1）避免暗腔积水

避免水的聚积，特别是聚积在封闭空间之内。屋面、室外平台，通常在不经意之间会制造这样的空间，外墙设计与施工时注意尽量不要制造封闭空间。一旦形成封闭空间，注意做好外防水、内排水，避免水的聚积。

2）迎水面防水

任何情况下，迎水面防水都是正确的选择，背水面防水是不得已而为之。

值得一提的是，变形缝泄水装置，本来是以防万一（对渗入的水，实行给出路的政策，以免积多为患）。但实际工程中，却有越来越多的设计，削弱或放弃外防水，完全依赖将入缝的水接走，这是不可取的。

2.4.2 设计方法

1. 屋面防水

（1）一般平屋面[6]

1）排水顺畅，消除积水，是平屋面防水耐久之关键。

2）结构找坡不仅使构造大为简化，还可减少破坏性维修。因此，凡设有吊顶或允许平顶略带斜坡之屋面，均应优先采用结构找坡。

3）采用现浇钢筋混凝土屋面板，增加板厚，提高刚度，控制裂缝宽度，并直接找坡、压实抹光，乃是提高防水能力的根本。

4）为减少温变裂缝，所有屋面均应设置绝热层。轻型屋面或无硬质保护层的屋面，可采用冷屋面涂层或简单地采用白色表面。

5）柔性防水层，均应设置保护层。居住、办公房间的上人屋面，首选配筋的细石混凝土保护层。细石混凝土可兼作辅助防水层，但须正确设计分格缝，并切实做好密封防水工作。

6）较大设备的基础，应直接在结构板上生根；小型设备应在细石混凝土上加设非锚固基座。任何情况下，任何支架的锚接，不允许穿透防水层。

7）屋面管线的设计安装，应设在钢筋混凝土女儿墙泛水之上。对落在屋面上的部分，应按小型设备基础设计。

8）保证泛水高度及卷材收头的连续性、密封性，并首选铝合金（成品）压条。

9）女儿墙及其他檐板，若为连续现浇的混凝土，可适当考虑诱导缝。

10）变形缝的设计，应在结构要求的基础上，作合理调整：简化、取直，尽量形成高低缝、高平缝，并注意与外墙连续形成密封系统。必要时宜考虑泄水。

（2）倒置屋面

1）倒置屋面应为钢筋混凝土现浇板，采用结构找坡，并且坡度宜取大不取小，还要在水落口四周实行 5％的坡降。

2）绝热材料最普遍、最合适的为挤塑聚苯板（XPS）；防火要求较高可选聚异氰脲酸酯或泡沫玻璃。对形状复杂的屋面，特别是旧屋面节能改造，宜选聚氨酯（PU）硬泡，现场喷发。不要割除其表面自然形成的膜壳。

3）之所以规定倒置屋面的防水等级应为Ⅰ级，防水层合理使用年限不得少于 20 年，是因其维修不便。而维修不便，是因为采用了整浇细石混凝土保护，即封闭式压置层。

4）隔热为主的地区，其压置层应首选精制砌块，空铺，下设聚酯毡，形成开放式倒置屋面，隔热效果好，且便于施工与维护。

5）双层架空的倒置屋面，可较好地解决保温板下的排水问题。该系统上层为可承重硬质板，下层为保温板，专用支座架空，形成两个空气层，消除黏滞水。

6）准倒置屋面，即保温层含水率相对较高的倒置屋面。该构造适用于屋面平剖面复杂，需材料找坡，且饰面层为传统地砖的上人屋面，为以隔热为主的地区的居住建筑首选。

（3）种植屋面

1）种植屋面实际上也是一种倒置屋面，特别是隔热为主的地区，轻型绿化即可取得良好的节能效果。土层厚度超过 600mm 的重型绿化，可同时具有保温作用，但严寒地区应另设保温层。

2）种植屋面的卷材防水，须可靠、耐久、耐腐蚀、耐菌，搭接缝耐长期浸水，整体耐根穿，选用聚氯乙烯（PVC）/热塑性聚烯烃（TPO）高分子卷材时，建议双道热熔焊接，专用配件固定，用于超轻型种植时，可不加设保护层。

3）使用耐根穿改性沥青卷材时，应设置保护层。配筋的细石混凝土能经受一般强度的园艺操作，且可对防水层形成有效保护。

4）掺入水泥基渗透结晶防水剂的配筋细石混凝土，其分格缝采用阻根型聚氨酯密封胶嵌缝，可兼作阻根层。需要时，缝处覆盖 300mm 宽聚乙烯丙纶保护，用聚合物水泥防水砂浆粘贴。

5）地下室顶板重型种植屋面的植土宜与周边土体连成一片，暗沟系统排水。

6）屋顶花园设计，应与结构柱网及梁板布置配合。高大乔木，应一树一柱；硬地、路面的地表水与种植部分的排水，可按系统分别设计。条件许可时，优选外排水。集中降水量较小的地区，宜采用暗沟排水。汀步比木道更自然，更简便，免维修，若配合暗沟设计，可使整个植屋设计变得简单。

7）蓄排水层。在凹凸类蓄排水板中，只有凸面顶带泄水孔的，才能构成蓄水，并形成利于植物根系生长的空气。轻型种植屋面，应采用营养毯代替蓄排水板。在大部分情况下，植土厚度超过 600mm，或采用高度较大的蓄排水板，可减小或取消排水坡度。

（4）一般坡屋面

1）坡屋面的分类直接影响其构造的合理性，故应综合考虑构造差别，差大者分，差小者并。

2）坡屋面易形成自然通风，故应积极考虑构造通风隔热。采用轻钢结构、波形沥青防水板、金属隔热膜、挤塑聚苯乙烯（XPS）保温板，有利于构造通风及保温隔热的多种组合设计。坡屋面会增强城市热岛效应，故应积极采用“防晒隔热涂料”等冷屋面设计来提高屋面反射降温性能。

3）现代瓦的设计，有完善的构造防水。只需满足坡度要求，采取正确的勾挂系统，就能使瓦成为主防水层。坐铺的瓦，削弱或破坏了瓦的构造防水功能，尽量少采用。

4）强风地区的轻质瓦屋面，要注意抗风设计，重点在檐口，特别是角部。

（5）大型金属屋面

1）大型金属屋面与单层防水卷材屋面及光伏太阳能一体化屋面的整合是大势所趋。

2）大型公建，应优先选用直立锁边的连续金属板系统。在该系统上设置大量横向天窗或另加表皮锚固的设计，都会破坏该系统的合理性。

3）光伏软板可直接粘固在金属板上，并且这是光伏屋面的最佳选择。光伏光热复合组件的双层坡屋面，可以消除热岛效应，保证光电转换效率，是目前节能效率较高的系统。

4）大型天窗，应设计足够高度的泛水。因为齐平式设计意味着单靠密封胶防水密封，而依赖大量现场施胶进行防水密封，是不切实际的。

2. 外墙防水

1）外墙防水首先要注重其综合性能，包括各构造层类的合理整合。

2）外墙发生严重渗漏，通常都与贯穿裂缝的存在有关。所以首先要保证砌筑质量，并采取足够措施，减少结构主体变形的影响。

3）外窗洞口须尺寸准确，材料坚实；铝合金窗坚持柔性安装；窗上下口均应内高外低。

4）硬质块材饰面系统中，宜选用混凝土空心砌块或其他轻集料混凝土砌块，按有关规程砌筑，局部采用封底砌块。该系统的找平层、粘贴层都有兼顾防水之责。通常采用纤维水泥砂浆打底，聚合物水泥防水砂浆薄层满浆粘贴饰面砖。

5）加气混凝土外墙，应采用配套砂浆及基层处理，按不同配比，薄层粉刷，分层过渡，总厚度控制，选配涂料饰面。涂料宜选硅丙系列，其优点是抗裂防水、透气自洁、耐久性好。

6）钢木装配系统中，多以外饰的披水条板作为主防水层，内设专用防水透气薄膜，全程干作业，维修便捷。

7）幕墙等外围护开放系统，包括设置空气夹层的外墙，其下端不应封闭，且宜设置泄水，使渗入其中的水借助重力及时导出室外。

8）幕墙立面分格，横梁标高宜与楼板标高对应，立柱宜与房间隔墙一致。与幕墙紧邻的窗帘盒及窗台应由幕墙公司统一设计。幕墙开启扇应按横向设计，上悬外开。

9）隔汽防潮。以保温为主的外墙系统中，特别是严寒地区，应设隔汽层。

10）透气防潮。内外饰面均应透气。至少，外封内透，或者内封外透。室内装修包封越严，对渗漏越敏感。

11）严寒多降水地区，应简化外檐及装饰性线脚，其外保温系统需消除空腔，并且背面设开口。任何为计算方便而设的全封闭外保温系统，常以冻坏而宣告失败。

12）挤塑板若加设隔离带，往往弊大于利。

13）当采用加气混凝土外墙时，调整其厚度，也许是最简便可行的保温构造，但最好搭配外墙涂料，不要采用硬质块材。

3. 地下工程

1）概念设计的首要原则，就是简化。建筑设计主要考虑平剖面简单；结构设计主要考虑减少变形缝，底板设计采用无梁厚板，外墙、柱分离，以跳仓法或超前止水代替传统后浇带。

2）采用防水混凝土。混凝土着力解决的问题，始终是裂缝问题。

3）回填土应坚持黏土分层夯实。回填石粉等透水材料，只在设计了外排水系统的情况下才是合理的。常年排水系统的采用须慎重考虑对环境的不利影响。

4）关于分期建设的项目。地下室应一次完成，并严格控制沉降发展。不得已分开建设时，先建较深的部分，并充分考虑防水构造的预留与保护。

4. 厨房、卫生间

1）卫生间、浴室和厨房的平面部分的设计必须充分考虑到对上下左右（尤其是下部）的影响。

2）餐饮建筑设计中，厨房不应跨缝设计。

3）公共浴室、大厨房，其楼面结构设计宜按裂缝控制，并且增加板厚及配筋率。

4）考虑到简洁性，提倡暗管设计，有利于防水、卫生、美观。

5）解决同层排水问题，应积极采用整体式卫生间或壁挂式卫生洁具。

5. 阳台、外廊

1）大阳台采用周边设槽的方法，使排水坡长减为阳台宽度的一半。凹槽由聚合物水泥防水砂浆“勾缝”而成。

2）平台的设计，应降低楼板的标高，使得完工后的楼地面基本持平，并且周边梁上翻。

3）阳台附设的花池应做聚合物水泥（JS）防水砂浆内防水。花池与房间紧邻处，应加做JS防水涂料。

4）室外走廊平缝，并没有现成节点可套用。但许多设计人员会将变形缝标准图集中的室内平缝误用于室外。

6. 室外梯、半室外梯

1）与室内空间紧邻的室外梯应做防排水，且以排为主。

2）采用梯边排水，可使雨水及时排除，有利防滑。

3）半室外墙面，构造应按外墙设计。

4）顶层室外梯达至屋顶处，必须采取防止屋面水涌入梯间的措施。最可靠的措施是将梯踏高出屋面完成面至少一步的距离。

2.5 建筑防水工程的主要内容及分类

2.5.1 建筑防水工程的主要内容

防水工程是建筑工程的重要组成部分，其主要内容见表2-4。

建筑防水工程的主要内容 **表2-4**

<table>
<tr><th colspan="3">类别</th><th>防水工程的主要内容</th></tr>
<tr><td rowspan="3">建筑物地上工程防水</td><td colspan="2">屋面防水</td><td>混凝土结构自防水、卷材防水、涂膜防水、砂浆防水、瓦材防水、金属屋面防水、屋面接缝密封防水</td></tr>
<tr><td rowspan="2">墙地面防水</td><td>墙体防水</td><td>混凝土结构自防水、卷材防水、涂膜防水、砂浆防水、接缝密封防水</td></tr>
<tr><td>地面防水</td><td>混凝土结构自防水、卷材防水、涂膜防水、砂浆防水、接缝密封防水</td></tr>
<tr><td colspan="3">建筑物地下工程防水</td><td>混凝土结构自防水、卷材防水、涂膜防水、砂浆防水、注浆防水、排水、塑料板防水、金属板防水、接缝密封防水</td></tr>
<tr><td colspan="3">特种工程防水</td><td>特种构筑物防水、路桥防水、市政工程防水、水工建筑物防水等</td></tr>
</table>

2.5.2 防水工程的分类

防水工程可依据土木工程的类别、设防的部位、设防的方法、设防材料的品种来进行分类[7]。

1. 按土木工程的类别分类

防水工程就土木工程的类别而言，可分为建筑物防水和构筑物防水。

2. 按设防的部位分类

按建筑物、构筑物工程设防的部位，可划分为地上防水工程和地下防水工程。地上防水工程包括屋面防水工程、墙体防水工程和地面防水工程；地下防水工程是指地下室、地下管沟、地下铁道、隧道、地下建筑物、地下构筑物等处的防水。

3. 按设防的方法分类

按设防的方法可分为复合防水和结构自防水等。

复合防水是指在防水工程中复合使用多种不同性能的防水材料进行防水的新型做法。该方法能发挥各种防水材料的优势，提高防水工程的整体性能，做到"刚柔结合，多道设防，综合治理"。例如，在连接件中，具有不同材料性能或防水功能的防水材料可以与常规防水材料一起使用，以形成复合防水。

结构自防水指采用自流式排水等方式来保证结构自身就具有防水的功能。例如，地铁车站为了防止侧墙渗水采用的双层侧墙内补墙、为防止顶板结构产生裂纹而设置的诱导缝和后浇带等。

4. 按设防材料的品种分类

防水工程按设防材料的品种可分为卷材防水、涂膜防水、密封材料防水、混凝土和水泥砂浆防水、塑料板防水、金属板防水等。

根据材料特性分类，可分为刚性防水和柔性防水。

参考文献

[1] 中华人民共和国住房和城乡建设部．混凝土质量控制标准：GB 50164—2011 [S]．北京：中国建筑工业出版社，2011.

[2] 重庆大学，同济大学，哈尔滨工业大学．土木工程施工 [M]．3 版．北京：中国建筑工业出版社，2016.

[3] 张道真．防水工程设计 [M]．北京：中国建筑工业出版社，2010.

[4] 中华人民共和国住房和城乡建设部．建筑和市政工程防水通用规范（征求意见稿）[EB/OL]．(2019-02-15) [2021-06-14]．http://www.mohurd.gov.cn/zqyj/201902/t20190218_239492.html.

[5] 董士文．新型防水材料的应用和防水设计理念的更新 [J]．建筑技术，2011，7：611-613.

[6] 张文华．防水工程技术的成就和展望 [J]．施工技术，2018，47 (6)：88-93.

[7] 李建峰，郑天旺．土木工程施工 [M]．2 版．北京：中国电力出版社，2016.

第3章　防水材料

3.1　防水材料的基本性质

防水材料是建筑工程中最重要的材料之一。防水材料能阻挡水的通过，以达到防水的目的或增加抵抗渗漏的能力。大多数防水材料都是疏水材料。而大多数土木工程材料如石料、砖、混凝土、木材等都为亲水性材料，将憎水的材料用于表面处理，从而实现抗渗防水。

抗渗防水材料要实现建筑防水的功能，需要具有一定的物理和化学性质：

1）抗渗性，在压力作用下，抵抗水流穿过的能力。

2）耐水性，在饱和水作用下不破坏，强度也不显著降低。

3）耐热性，在规定时间内防水材料经受持续规定高温不发生变化的能力，沥青类材料热敏感性较大，这个指标需要格外注意。

4）低温柔（弯曲）性，防水材料在低温条件下弯曲时的柔韧性，如改性沥青卷材当气温低时会变硬、硬脆。

5）耐候性，对光照、冷热、风雨、酸碱、臭氧、细菌等具有一定的耐受能力。

6）耐久性，抵御环境温度、湿度的交替变化的侵害。

7）抗拉伸（抗拉、抗折）强度和抗变形能力，抵御和适应施工过程、使用过程的结构变形。

8）粘结性，可以保持自身的附着力，牢固地粘合在基层上，同时，在外力的作用下，具有很高的剥离强度，保证防水层的牢固。

防水材料根据其不同的使用场景和材料类别，对物理化学性质要求不同，刚性防水材料在防水性和抗裂性方面有更高的要求，柔性防水材料在抗渗透性、基层粘结和抗腐蚀能力方面有很高的要求，在应用时要根据具体情况具体分析。同一个建筑在不同部位对于防水的侧重点会有所不同，比如屋面防水所用材料的耐候性、耐久性、抗变形能力格外重要。地下防水工程中，抗渗能力、伸长率和整体性格外重要。室内厕浴间要适合管道设备的铺设，有特殊建筑功能的房屋要用特别的材料。总的来说，对于不同材料的选择，要考虑材料的刚性和柔性、施工难度、与外界环境作用情况、市场价格等多个方面因素。

3.2　防水材料的分类

防水材料应符合工程需求，不同材料的属性、特点不尽相同。常用的防水材料有防水卷材，防水涂料，防水板材，密封材料，堵漏、注浆材料等，见表3-1。

防水材料主要类型　　表 3-1

类型	品种
防水卷材	沥青防水卷材
	高聚合物改性沥青防水卷材
	合成高分子防水卷材
防水涂料	聚氨酯类防水涂料
	聚合物水泥基防水涂料
防水板材	PVC 板材
	XPS 挤塑板
	EVA 防水板
	抗倍特板
	彩涂钢板
密封材料	高分子密封胶
	止水带
	胶粘带
堵漏、注浆材料	有机材料
	无机材料

3.2.1　防水材料类型

1. 防水卷材

防水卷材是目前应用最为普遍的防水材料，它由纤维材料、塑料等多种材料化学混合加工而成，通过胶结材料粘贴于基层上，具有整体性好、延伸性好、耐低温、耐老化及耐自然腐蚀等特性，可适应温度、振动、不均匀沉降等引起的变形。防水卷材对接缝粘接要求严格。

2. 防水涂料

防水涂料是可塑性和粘结力较强的高分子材料，直接涂刷于基层上形成满铺的不透水薄膜，它抗腐蚀性好，使用寿命较长，具有较好的防水性能，可以大面积应用于屋体表面、水池和存在一定压力的防水区域，在建筑工程中应用较多。

3. 防水板材

防水板材是由各种不同树脂或者泡沫塑料形成的板材。由于它可辅以各种功能添加剂和催化剂实现多种功能特性，使得防水板材不仅有防水功能，还能实现其他方面的需要(保温、装饰等)，应用场景广泛。

4. 密封材料

密封材料主要用于建筑物的接缝、裂缝、管道接口、玻璃门窗及金属板周边缝隙的填充，具有防水、防尘等功能。常用的密封材料有沥青嵌缝材料、丙烯酸类密封材料、聚氯乙烯胶泥和聚氨酯弹性密封材料等，它们分别在耐热、耐水、耐腐蚀、耐候、耐久、耐老化和延伸性等方面各具特点，可在工程中按需要选择。

5. 堵漏、注浆材料

堵漏材料包括以化学加工制成的有机高分子材料如聚氨酯、改性环氧等材料，以水泥为基材的灌浆材料。目前，防水堵漏主要采用高压注浆，施工简便、效率高、止水效果好。

此外，结合新型理念和新型技术发展出一些新型防水材料，比如结合绿色可持续理念的再生防水材料，以及结合自修复理念的自修复防水材料，同时还包括适应不同施工要求与场景的其他新型材料。

3.2.2 防水材料品种

防水材料品种繁多，按其主要原料分为以下四类：

1）沥青类防水材料

以天然沥青、石油沥青和煤沥青为主要原材料，制成的沥青油毡、纸胎沥青油毡、溶剂型和水乳型沥青类或沥青橡胶类涂料，具有良好的粘结性、塑性、抗水性、防腐性和耐久性。

2）橡胶塑料类防水材料

以氯丁橡胶、丁基橡胶、三元乙丙橡胶、聚氯乙烯和聚氨酯等原材料，可制成弹性无胎防水卷材、防水薄膜、防水涂料、涂膜材料及油膏、胶泥、止水带等密封材料，具有抗拉强度高，弹性和延伸率大，粘结性、抗水性和耐候性好等特点，可以冷用，使用年限较长。

3）水泥类防水材料

对水泥有促凝密实作用的外加剂，如防水剂和膨胀剂等，可增强水泥砂浆和混凝土的憎水性和抗渗性。以水泥和硅酸钠为基料配制的促凝灰浆，可用于地下工程的堵漏防水。

4）金属类防水材料

薄钢板、镀锌钢板、压型钢板、涂层钢板等可直接作为屋面板，用以防水。薄钢板还可用于地下室或地下构筑物的金属防水层。薄铜板、薄铝板、不锈钢板可制成建筑物变形缝的止水带。金属防水层的连接处要焊接，并涂刷防锈保护漆。

3.3 防水卷材

3.3.1 沥青防水卷材

1. 定义

沥青防水卷材，通常称为油毡，是一种片状可卷曲的防水材料，其由原纸、纤维毡等胎体材料浸涂沥青，表面撒布粉状、粒状或片状材料制成。沥青防水卷材常用于粘贴式防水层，广泛用于工业和民用建筑的墙体、防水屋顶、地下室和其他防水部位。其特点为低成本，低拉伸强度和伸长率，温度稳定性差，高温易流动，低温较脆，抗老化性能差，寿命较短。

2. 分类

根据胎基材料的存在与否，沥青防水卷材可分为有胎卷材和无胎卷材。任何由厚纸或玻璃等材料作为胎料浸渍石油沥青形成的卷材称为有胎卷材；以树脂等改性材料通过压延等工艺流程生产出来的卷材称为无胎卷材，也称为辊压卷材。根据选择的各种胎基差异，它可以分为沥青玻璃布油毡、沥青玻璃纤维胎油毡、沥青金属箔油毡等。根据各种浸渍和涂盖的材料不同，它可分为石油沥青油毡、煤焦油沥青油毡、页岩沥青油毡等[1]。

3. 品种

沥青纸胎油毡是沥青防水卷材中最具代表性的，也是较早生产的品种之一，由于其低耐水性和低耐久性，它只能用作多层防水。沥青纸胎油毡是由油毡原纸浸渍低软化点的沥青材料，用高软化点的沥青涂盖油纸的两面，再撒以撒布料制成。油毡的标号是以油毡原纸的单位面积质量，即每平方米的质量（克数）表示。根据撒布料的不同，在标号前面加个字头“粉”或“片”字以示区别。例如，粉毡-350，表示油毡原纸每平方米的质量为350g，撒布料为粉料。沥青纸胎油毡有200号、350号和500号三个品种，适用于屋面防水层的各层，片毡只适用于单层防水。沥青油毡和油纸的主要区别，在于油纸的表面无涂盖层，沥青油纸有200号和350号两个品种，油纸只适用于建筑防潮和包装。

4. 特点及用途

沥青玻纤油毡是以玻璃纤维布或玻璃纤维薄毡为芯材的沥青防水卷材。该油毡的最大特点是耐化学介质和细菌的侵蚀，又具有较高的防水性能和抗拉强度，同时原料来源广、重量轻、成本低。由于可以适应振动和极端气候变化，它广泛应用于干式地下防水工程，高变形防水工程。

沥青无胎油毡是没有胎基的沥青防水卷材。其制造工艺与以上所讲的有胎油毡的制造工艺大不相同，多采用塑炼、混炼、压延等工艺进行生产。所选用的原材料多为树脂改性沥青材料或橡胶改性沥青材料，例如再生橡胶粉、高压或低压聚乙烯、聚丙烯、氯化聚乙烯、乙烯-醋酸乙烯共聚物、乙烯-丙烯酸共聚物等。

特种沥青防水卷材是具有某些特殊性能和用途的沥青油毡。广泛用于蒸气管道、煤气管道，进气排气通风管道的保护和隔热上，也可用于高级建筑物和工程的屋面防水材料。特种沥青防水卷材包括铝箔油毡、多孔油毡、带楞油毡、耐热油毡、热熔油毡、低温油毡、耐火油毡、复合油毡等。铝箔油毡是在一定厚度的铝箔带上施加一定厚度的沥青或改性沥青层而制成的，可分为单、双面涂油和撒布等品种，有平形、楞形、波形等种类，属于高级防水卷材。

3.3.2 高聚物改性沥青防水卷材

高聚物改性沥青防水卷材（简称改性沥青防水卷材）是以玻纤毡、聚酯毡、黄麻布、聚乙烯膜、聚酯无纺布等为胎基，以合成高分子聚合物改性沥青为浸涂材料，以不同物理形态的矿质材料及合成高分子薄膜等为表面材料制成的片状类防水材料。高聚物改性防水卷材具有高、低温不损伤，拉伸强度高、变形能力强等特点。

高聚物包括塑料、橡胶和纤维等。塑料是以合成聚合物或者天然聚合物为主要成分，辅以填充剂、增塑剂和其他助剂，在特定温度和压力下加工成型的材料或制品。塑料的塑性行为介于纤维和橡胶之间，软塑料接近橡胶，硬塑料接近纤维。橡胶通常是一类线性柔顺高分子聚合物，具有弹性好、变形能力强等特点。纤维通常是线性结晶聚合物，平均相对分子质量比橡胶和塑料低，具有变形能力弱，弹性模量与抗拉强度高等特点。高聚物改性沥青防水卷材可以分为弹性体改性沥青防水卷材、塑性体改性沥青防水卷材、自粘聚合物改性沥青防水卷材以及其他改性沥青防水卷材。

1. 弹性体改性沥青防水卷材

(1) 定义

弹性体改性沥青防水卷材又称为 SBS 改性沥青防水卷材，是以苯乙烯-丁二烯-苯乙烯(SBS)热塑性弹性体改性石油沥青为浸渍物和涂盖料，由聚酯纤维、黄麻布、玻璃纤维无纺毡、有纺玻璃毡等组成胎基，使用细砂、滑石粉或高密度低压聚乙烯膜(PE 膜)等作为表面覆盖物，经过选材、配料、共溶、浸渍、复合成型后等工序处理后，形成的卷曲状防水材料[2]。改性后高聚物与沥青基质之中可形成空间网络结构，从而有效地改善沥青卷材的多方面性能。

(2) 分类

弹性体改性沥青防水卷材按照胎基不同，分为聚酯毡(PY)、玻纤毡(G)和玻纤增强聚酯毡(PYG)。根据上表面隔离材料不同，分为聚乙烯膜(PE)、细砂(S)、矿物颗粒(M)。根据下表面隔离材料不同，分为细砂(S)和聚乙烯膜(PE)。根据材料性能不同，分为Ⅰ型和Ⅱ型。产品按名称、型号、胎基、上表面的材料、下表面的材料、厚度、面积和标准编号顺序标记。例如：$10m^2$ 的面积、3mm 厚、上表面由矿物颗粒组成、下表面为聚乙烯膜聚酯毡Ⅰ型弹性体改性沥青防水卷材标记为：SBS Ⅰ PY M PE 3 10 GB 18242—2008。卷材单位面积的质量、面积和厚度要求必须符合表 3-2 的要求。

SBS 防水卷材单位面积质量、面积及厚度[3] 表 3-2

规格(公称厚度)(mm)		3			4			5		
上表面材料		PE	S	M	PE	S	M	PE	S	M
下表面材料		PE	PE、S		PE	PE、S		PE	PE、S	
面积(m^2/卷)	公称面积	10、15			10、7.5			7.5		
	偏差	±0.10			±0.10			±0.10		
单位面积质量(kg/m^2) ≥		3.3	3.5	4.0	4.3	4.5	5.0	5.3	5.5	6.0
厚度(mm)	平均值 ≥	3.0			4.0			5.0		
	最小单值	2.7			3.7			4.7		

(3) 外观

成卷卷材应卷紧卷齐，端面里进外出不得超过 10mm。成卷卷材在 4～50℃任一产品温度下展开，在距卷芯 1000mm 长度外不应有 10mm 以上的裂纹或粘结。胎基应当是饱和的，并且不应出现没有浸渍区域，表面应当保证平整，没有孔、边缘缺陷、裂缝和局部凸起凹陷处，矿物颗粒的粒度应当均匀并紧密地黏附在卷材表面。卷材接头不应超过一处，较短的一段长度不应少于 1000mm，接头应剪切整齐，并加长 150mm。

(4) 材料性能

材料性能应符合表 3-3 的要求。

SBS 防水卷材材料性能 **表 3-3**

序号	项目		指标				
			Ⅰ		Ⅱ		
			PY	G	PY	G	PYG
1	可溶物含量 (g/m^2) ≥	3mm	2100				—
		4mm	2900				—
		5mm	3500				
		试验现象	—	胎基不燃	—	胎基不燃	—
2	耐热性	℃	90		105		
		mm ≤	2				
		试验现象	无流淌、滴落				
3	低温柔性(℃)		−20		−25		
			无裂缝				
4	不透水性 30min		0.3MPa	0.2MPa	0.3MPa		
5	拉力	最大峰拉力(N/50mm) ≥	500	350	800	500	900
		次高峰拉力(N/50mm) ≥	—	—	—	—	800
		试验现象	拉伸过程中,试件中部无沥青涂盖层开裂或与胎基分离现象				
6	延伸率	最大峰时延伸率(%) ≥	30	—	40	—	—
		第二峰时延伸率(%) ≥	—		—		15
7	浸水后质量增加(%)≤	PE、S	1.0				
		M	2.0				
8	热老化	拉力保持率(%) ≥	90				
		延伸率保持率(%) ≥	80				
		低温柔性(℃)	−15		−20		
			无裂缝				
		尺寸变化率(%) ≤	0.7	—	0.7	—	0.3
		质量损失(%) ≤	1.0				
9	渗油性	张数 ≤	2				
10	接缝剥离强度(N/mm) ≥		1.5				
11	钉杆撕裂强度①(N) ≥		—				300
12	矿物粒料黏附性②(g) ≤		2.0				
13	卷材下表面沥青涂盖层厚度③(mm) ≥		1.0				
14	人工气候加速老化	外观	无滑动、流淌、滴落				
		拉力保持率(%) ≥	80				
		低温柔性(℃)	−15		−20		
			无裂缝				

注：①仅适用于单层机械固定施工方式卷材；

②仅适用于矿物粒料表面的卷材；

③仅适用于热熔施工的卷材。

材料的不透水性反映了弹性体改性沥青防水卷材具有的抗渗性能，对于该值的要求能有效保证材料的抗渗性能符合抗渗防水要求。

在储存和运输过程中，不同类型和规格的产品必须单独存放，不得混合使用，避免日晒雨淋，注意通风。贮存温度不应高于 50℃，立放贮存只能单层，运输过程中立放不得超过两层。在运输过程中避免倾斜或水平压力，必要时覆盖织物。在正常的储存和运输条件下，储存期为自生产之日起一年。

（5）主要用途

弹性改性沥青防水卷材主要适用于工业和民用建筑的屋面和地下防水。玻璃纤维增强聚酯毡卷材可结合机械固定进行单层防水，但必须通过抗风测试。玻纤毡卷材适用于多层防水中的底层防水，使用具有优异表面绝缘性的不透明矿物颗粒的防水卷材作为外露材料面的隔离材料。

SBS 热塑性弹性体在 20 世纪 70 年代早期作为基础产品出现在美国，并在法国开发出 SBS 改性沥青。由于其优异的性能，SBS 改性剂迅速传播到世界各处。SBS 弹性沥青与长丝聚酯无纺布相结合，使 SBS 改性防水卷材更加完善，从而成为优质防水材料，广泛用于建筑防水领域。SBS 改性沥青技术及其防水卷材在我国的生产及应用，始于 20 世纪 80 年代中期，随着改性油毡生产线设备的引进和投产、产品的宣传推广，SBS 改性沥青卷材迅速被人们所认识，并以其优良的物理化学性能和良好的施工性能，受到防水工程界认可并被国家列入重点发展和推广的项目。

（6）优缺点

沥青在经过 SBS 改性后质量大大提高，寿命提高了 3～5 倍可长达 15 年之久，同时高聚物带来的内部结构的改变可使卷材耐低温、耐热性有较大改善，可在－20～－15℃、90～100℃中依然保持良好的工作性能。改性后的沥青防水卷材变形能力也有较大提高，可以适应防水基底的变形及局部变化。SBS 改性沥青材料的性能优异，单层即可具备足够的耐水性、耐压性和耐酸性。无机物质的加入可以使得沥青产品不易燃，与油毡纸的自燃温度相比要安全得多。在诸多沥青改性剂中，SBS 既可以改善高温和低温的性质，也可以改善沥青的温度敏感性，已成为研究和应用中热门的防水产品。

2. 塑性体改性沥青防水卷材

（1）定义

塑性体改性沥青防水卷材是用无规聚丙烯（APP）或聚烯烃类聚合物（APAO、APO 等）的改性沥青作为浸渍物和涂盖材料制成的可以卷曲的片状防水材料，其上表面覆以聚乙烯膜、细砂、矿物片（粒）料或铝箔、铜箔等隔离材料[4]。通过对沥青材料的改性，使得卷材表现出较好的耐高低温性能、耐候性和耐老化性。

（2）分类

塑性改性沥青防水卷材按胎基分为聚酯毡（PY）、玻纤毡（G）和玻纤增强聚酯毡（PYG）。根据上表面的隔离材料，分为聚乙烯膜（PE）、细砂（S）和矿物颗粒（M）。根据下表面的隔离材料，分为细砂（S）和聚乙烯膜（PE）。根据材料性能，分为Ⅰ型和Ⅱ型。其单位面积质量、面积及厚度要求应符合表 3-4 的规定。

APP 防水卷材单位面积质量、面积及厚度　　　　**表 3-4**

规格(公称厚度)(mm)		3			4			5		
上表面材料		PE	S	M	PE	S	M	PE	S	M
下表面材料		PE	PE、S		PE	PE、S		PE	PE、S	
面积 (m^2/卷)	公称面积	10、15			10、7.5			7.5		
	偏差	±0.10			±0.10			±0.10		
单位面积质量(kg/m^2) ≥		3.5	3.5	4.0	4.3	4.5	5.0	5.3	5.5	6.0
厚度(mm)	平均值 ≥	3.0			4.0			5.0		
	最小单值	2.7			3.7			4.7		

(3) 外观

成卷卷材应卷紧卷齐，端面里进外出不得超过 10mm。成卷卷材可在 4～60℃任意温度下展开，在距卷芯 1000mm 长度外不应有 10mm 以上的裂纹或粘结。胎基必须是饱和的，并且不应有未被浸渍处。表面应当平整，没有孔洞、边缘缺陷、裂缝和局部凸起凹陷，矿物颗粒的粒度应均匀并且紧密地黏附在卷材的表面上。每卷卷材接头不应超过一处，较短的一段长度不应少于 1000mm，接头应剪切整齐，并加长 150mm。

(4) 材料性能

材料性能应符合表 3-5 的要求。

APP 防水卷材材料性能　　　　**表 3-5**

序号	项目		指标				
			Ⅰ		Ⅱ		
			PY	G	PY	G	PYG
1	可溶物含量 (g/m^2)≥	3mm	2100				—
		4mm	2900				—
		5mm	3500				
		试验现象	—	胎基不燃	—	胎基不燃	—
2	耐热性	℃	110		130		
		mm ≤	2				
		试验现象	无流淌、滴落				
3	低温柔性(℃)		−7		−15		
			无裂缝				
4	不透水性 30min		0.3MPa	0.2MPa	0.3MPa		
5	拉力	最大峰拉力(N/50mm) ≥	500	350	800	500	900
		次高峰拉力(N/50mm) ≥	—	—	—	—	800
		试验现象	拉伸过程中，试件中部无沥青涂盖层开裂或与胎基分离现象				
6	延伸率	最大峰时延伸率(%) ≥	25	—	40	—	—
		第二峰时延伸率(%) ≥	—		—		15
7	浸水后质量 增加(%)≤	PE、S	1.0				
		M	2.0				

续表

序号	项目			指标				
				Ⅰ		Ⅱ		
				PY	G	PY	G	PYG
8	热老化	拉力保持率(%)	≥	90				
		延伸率保持率(%)	≥	80				
		低温柔性(℃)		−2		−10		
				无裂缝				
		尺寸变化率(%)	≤	0.7	—	0.7	—	0.3
		质量损失(%)	≤	1.0				
9	接缝剥离强度(N/mm)		≥	1.0				
10	钉杆撕裂强度①(N)		≥	—				300
11	矿物粒料黏附性②(g)		≤	2.0				
12	卷材下表面沥青涂盖层厚度③(mm)		≥	1.0				
13	人工气候加速老化	外观		无滑动、流淌、滴落				
		拉力保持率(%)	≥	80				
		低温柔性(℃)		−2		−10		
				无裂缝				

注：①仅适用于单层机械固定施工方式卷材；

②仅适用于矿物粒料表面的卷材；

③仅适用于热熔施工的卷材。

在储存和运输过程中，不同类型和规格的产品应单独存放，避免日晒雨淋，注意通风。储存温度不得超过50℃，竖向存放只能为单层，在运输过程中，竖向堆放不得超过两层。在运输过程中应避免倾斜或水平压力，必要时覆盖苫布。在正常的储存和运输条件下，储存期为自生产之日起一年。

(5) 主要用途

塑性改性沥青防水卷材主要适用于工业和民用建筑的屋面和地下防水。玻璃纤维增强聚酯毡卷材可结合机械固定进行单层防水，但必须通过抗风测试。玻纤毡卷材适用于多层防水中的底层防水，具有优异表面绝缘性的不透明矿物颗粒的防水卷材用于外露区域，地下工程中可采用细砂作为表面隔离材料。

(6) 优缺点

APP防水卷材经过改性后可以使材料具备较好的刚性并实现抗疲劳性能的提升，同时改性材料使得卷材受温度影响变小，因此卷材寿命有所提升，同时卷材具备高伸长率、稳定的拉伸强度、较强的抗撕裂能力、良好的尺寸稳定性以及耐腐蚀特性。玻璃纤维毡由中碱、无碱玻璃纤维组成，从而使得卷材表面平整、耐磨性和耐候性好，可与多种树脂相容，具有优异的耐酸碱性、耐腐蚀性和耐久性，其结构简单，施工简便，不易污染环境。

3. 自粘聚合物改性沥青防水卷材

（1）定义

自粘聚合物改性沥青防水卷材是以高分子聚合物改性沥青和合成橡胶为基料，通过无胎基或者使用聚酯毡为胎体，添加适量活性助剂，以聚乙烯膜或细砂等为表面材料，以隔离膜或隔离纸为底面材料的防水材料[4-5]。该种卷材可在施工时去掉隔离膜或隔离纸后利用自粘胶的物理化学特性直接与建筑基面进行粘接。

（2）分类

自粘聚合物改性沥青防水卷材分为无胎基（N类）和聚酯胎基（PY类）。根据上表面材料的不同，N类分为聚乙烯膜（PE）、聚酯膜（PET）和无膜双面自粘（D），PY类分为聚乙烯膜（PE）、细砂（S）和无膜双面自粘（D）。产品按性能分为Ⅰ型和Ⅱ型，卷材厚度为2.0mm的PY类只有Ⅰ型。N类材料单位面积的质量和厚度应符合表3-6的要求。PY类材料单位面积的质量和厚度应符合表3-7的要求。厚度上，N类材料不得小于1.2mm，PY类材料不得小于2.0mm。

N类材料单位面积质量、厚度 **表3-6**

厚度规格(mm)		1.2	1.5	2.0
上表面材料		PE、PET、D	PE、PET、D	PE、PET、D
单位面积质量(kg/m^2) ≥		1.2	1.5	2.0
厚度(mm)	平均值 ≥	1.2	1.5	2.0
	最小单值	1.0	1.3	1.7

PY类材料单位面积质量、厚度 **表3-7**

厚度规格(mm)		2.0		3.0		4.0	
上表面材料		PE、D	S	PE、D	S	PE、D	S
单位面积质量(kg/m^2) ≥		2.1	2.2	3.1	3.2	4.1	4.2
厚度(mm)	平均值 ≥	2.0		3.0		4.0	
	最小单值	1.8		2.7		3.7	

（3）外观

成卷卷材应卷紧卷齐，端面里进外出不得超过20mm。卷绕材料可在4～45℃任意温度下展开。在距卷芯1000mm长度外，不应有裂纹和长度超过10mm的粘结。对于PY类产品，胎基必须是饱和的，并且不应有未被浸渍的区域。卷材表面必须平整，没有孔、附着物、气泡、边缘缺失或裂缝。细砂应均匀牢固地黏附在卷材全表面。卷材接头不应超过一个，较短的一段长度不应少于1000mm，接头应剪切整齐，并加长150mm。

（4）材料性能

材料物理力学性能应符合表3-8、表3-9的要求。

N 类卷材物理力学性能[6] **表 3-8**

序号	项目		指标				
			PE		PET		D
			Ⅰ	Ⅱ	Ⅰ	Ⅱ	
1	拉伸性能	拉力(N/50mm) ≥	150	200	150	200	—
		最大拉力时延伸率(%) ≥	220		30		—
		沥青断裂延伸率(%) ≥	250		150		450
		拉伸时现象	拉伸过程中,在膜断裂前无沥青涂盖层与膜分离现象				—
2	钉杆撕裂强度(N) ≥		60	110	30	40	—
3	耐热性		70℃滑动不超过 2min				
4	低温柔性(℃)		−20	−30	−20	−30	−20
			无裂纹				
5	不透水性		0.2MPa,120min 不透水				—
6	剥离强度(N/mm) ≥	卷材与卷材	1.0				
		卷材与铝板	1.5				
7	钉杆水密性		通过				
8	渗油性(张数) ≤		2				
9	持黏性(min) ≥		20				
10	热老化	拉力保持率(%) ≥	80				
		最大拉力时延伸率(%) ≥	200		30		400(沥青层断裂延伸率)
		低温柔性(℃)	−18	−28	−18	−28	−18
			无裂纹				
		剥离强度卷材与铝板(N/mm) ≥	1.5				
11	热稳定性	外观	无起皱、皱褶、滑动、流淌				
		尺寸变化(%) ≤	2				

PY 类卷材物理力学性能[6] **表 3-9**

序号	项目			指标	
				Ⅰ	Ⅱ
1	可溶物含量(g/m^2) ≥		2.0mm	1300	—
			3.0mm	2100	
			4.0mm	2900	
2	拉伸性能	拉力(N/50mm) ≥	2.0mm	350	—
			3.0mm	450	600
			4.0mm	450	800
		最大拉力时延伸率(%) ≥		30	40
3	耐热性			70℃无滑动、流淌、滴落	
4	低温柔性(℃)			−20	−30
				无裂纹	
5	不透水性			0.3MPa,120min 不透水	

续表

序号	项目		指标	
			Ⅰ	Ⅱ
6	剥离强度(N/mm) ≥	卷材与卷材	1.0	
		卷材与铝板	1.5	
7	钉杆水密性		通过	
8	渗油性(张数) ≤		2	
9	持黏性(min) ≥		15	
10	热老化	最大拉力时延伸率(%) ≥	30	40
		低温柔性(℃)	−18	−28
			无裂纹	
		剥离强度 卷材与铝板(N/mm) ≥	1.5	
		尺寸稳定性(%) ≤	1.5	1.0
11	自粘沥青再剥离强度(N/mm) ≥		1.5	

在储存和运输过程中，不同类型和规格的产品必须分开堆放，不得混合堆放，避免日晒雨淋，注意通风。储存温度不应超过45℃。当卷材平放时，堆叠高度不应超过五层，竖直堆放只能单层存放。在运输过程中避免倾斜或侧向压力，必要时覆盖苫布。在正常的储存和运输条件下，储存期为自生产之日起一年。

(5) 主要用途

该产品具有极强的粘结性能和耐久性，耐低温性能好，适用于大部分防水工程，包括工业与民用建筑的屋面、地下室、室内等常规防水部位，市政工程中的地铁、隧道、蓄水池等。同时由于其冷施工的特性，对不可动火现场更为适用，如粮库、化工厂、木结构等防水工程。

(6) 优缺点

自粘性改性沥青防水卷材可通过冷施工的方式施工，其与混凝土基面粘结性好，施工速度快，铺贴操作简便，不需要使用燃料或溶剂，安全环保。经过改性的沥青卷材具有较好的抗拉性能与延伸率，能够适应基底的施工与后续使用的变形，并提高耐腐蚀性能和使用寿命。同时其自粘结的能力使得卷材在发生较小破坏时能够自愈合，一定程度上提高了使用过程中的保障性。

3.3.3 合成高分子防水卷材

(1) 定义

合成高分子卷材也称高分子防水卷材，是以合成聚合物树脂及其共聚物或共混物为主要原料，与各种助剂和填料经共混加工成型，用于防水工程的一种柔性片材防水材料。合成高分子防水卷材的主要品种有：三元乙丙橡胶（EPDM）防水卷材、聚氯乙烯（PVC）防水卷材、氯化聚乙烯（CPE）防水卷材、氯化聚乙烯（CPE）与橡胶共混防水卷材、聚乙烯丙纶防水卷材、丁基橡胶防水卷材、氯磺化聚乙烯防水卷材、丙纶或涤纶复合聚乙烯防水卷材、热塑性聚烯烃（TPO）防水卷材等[7]。

（2）分类

合成高分子卷材中片材的分类见表 3-10。

片材的分类[8] **表 3-10**

分类		代号	主要原材料
均质片	硫化橡胶类	JL1	三元乙丙橡胶
		JL2	橡塑共混
		JL3	氯丁橡胶、氯磺化聚乙烯、氯化聚乙烯等
	非硫化橡胶类	JF1	三元乙丙橡胶
		JF2	橡塑共混
		JF3	氯化聚乙烯
	树脂类	JS1	聚氯乙烯等
		JS2	乙烯醋酸乙烯共聚物、聚乙烯等
		JS3	乙烯醋酸乙烯共聚物与改性沥青共混等
复合片	硫化橡胶类	FL	（三元乙丙、丁基、氯丁橡胶、氯磺化聚乙烯等）/织物
	非硫化橡胶类	FF	（氯化聚乙烯、三元乙丙、丁基、氯丁橡胶、氯磺化聚乙烯等）/织物
	树脂类	FS1	聚氯乙烯/织物
		FS2	（聚乙烯、乙烯醋酸乙烯共聚物等）/织物
自粘片	硫化橡胶类	ZJL1	三元乙丙/自粘料
		ZJL2	橡塑共混/自粘料
		ZJL3	（氯丁橡胶、氯磺化聚乙烯、氯化聚乙烯等）/自粘料
		ZFL	（三元乙丙、丁基、氯丁橡胶、氯磺化聚乙烯等）/织物/自粘料
	非硫化橡胶类	ZJF1	三元乙丙/自粘料
		ZJF2	橡塑共混/自粘料
		ZJF3	氯化聚乙烯/自粘料
		ZFF	（氯化聚乙烯、三元乙丙、丁基、氯丁橡胶、氯磺化聚乙烯等）/织物/自粘料
	树脂类	ZJS1	聚氯乙烯/自粘料
		ZJS2	（乙烯醋酸乙烯共聚物、聚乙烯等）/自粘料
		ZJS3	乙烯醋酸乙烯共聚物与改性沥青共混等/自粘料
		ZFS1	聚氯乙烯/织物/自粘料
		ZFS2	（聚乙烯、乙烯醋酸乙烯共聚物）/织物/自粘料
异形片	树脂类（防排水保护板）	YS	高密度聚乙烯，改性聚丙烯，高抗冲聚苯乙烯等
点（条）粘片	树脂类	DS1/TS1	聚氯乙烯/织物
		DS2/TS2	（乙烯醋酸乙烯共聚物、聚乙烯等）/织物
		DS3/TS3	乙烯醋酸乙烯共聚物与改性沥青共混物等/织物

高分子防水卷材的均质片是以高分子合成材料为主要材料，各部位截面结构一致的防水片材。复合片是以高分子合成材料作为主要材料，复合织物等保护或增强层，以改变其尺寸稳定性和力学性能，各部位截面结构一致的防水片材。自粘片为在高分子片材表面复

合一层自粘材料和隔离保护层，以改善或提高其与基层的粘接性能，各部位截面结构一致的防水片材。异型片是以高分子合成材料为主要材料，经特殊工艺加工成表面为连续凸凹壳体或特定几何形状的防水片材。点（条）粘片为均质片材与织物等保护层多点（条）粘接在一起，粘接点（条）在规定区域内均匀分布，利用粘接点（条）的间距，使其具有切向排水功能的防水片材。

合成高分子卷材的标记顺序为：类型代号-材质（简称或代号)-规格（长度×宽度×厚度）。并可根据需要增加标记内容，异型片材加入壳体高度。比如：

均质片，长度为20.0m，宽度为1.0m，厚度为1.2mm的硫化型三元乙丙橡胶（EPDM）防水片材标记为：JL1-EPDM-20.0m×1.0m×1.2mm。

异型片，长度为20.0m，宽度为2.0m，厚度为0.8mm，壳体高度为8mm的高密度聚乙烯（HDPE）防水片材标记为：YS-HDPE-20.0m×2.0m×0.8mm×8mm。

（3）外观

片材表面应平整，无影响使用性能的杂质、机械损伤、折痕及异常黏着物等缺陷。在不影响使用的条件下，片材表面缺陷应符合要求，即橡胶类片材的凹痕深度不得超过片材厚度的20%，树脂类片材不得超过5%。橡胶类的气泡深度不得超过片材厚度的20%，每$1m^2$内气泡面积不得超过$7mm^2$，树脂类片材不允许有气泡。

异型片的表面必须边缘整齐，没有裂纹、孔洞、粘连、气泡、疤痕和其他机械损伤缺陷。

（4）材料性能

均质片的物理性能应符合表3-11的规定。

均质片的物理性能[8] **表3-11**

项目		指标								
		硫化橡胶类			非硫化橡胶类			树脂类		
		JL1	JL2	JL3	JF1	JF2	JF3	JS1	JS2	JS3
拉伸强度(MPa)	常温(23℃) ≥	7.5	6.0	6.0	4.0	3.0	5.0	10	16	14
	高温(60℃) ≥	2.3	2.1	1.8	0.8	0.4	1.0	4	6	5
拉断伸长率(%)	常温(23℃) ≥	450	400	300	400	200	200	200	550	500
	高温(60℃) ≥	200	200	170	200	100	100	—	350	300
撕裂强度(kN/m) ≥		25	24	23	18	10	10	40	60	60
不透水性(30min)		0.3MPa 无渗漏	0.3MPa 无渗漏	0.2MPa 无渗漏	0.3MPa 无渗漏	0.2MPa 无渗漏	0.2MPa 无渗漏	0.3MPa 无渗漏	0.3MPa 无渗漏	0.3MPa 无渗漏
低温弯折		−40℃ 无裂纹	−30℃ 无裂纹	−30℃ 无裂纹	−30℃ 无裂纹	−20℃ 无裂纹	−20℃ 无裂纹	−20℃ 无裂纹	−35℃ 无裂纹	−35℃ 无裂纹
加热伸缩量(mm)	延伸 ≤	2	2	2	2	4	4	2	2	2
	收缩 ≤	4	4	4	4	6	10	6	6	6
热空气老化 80℃×168h	拉伸强度保持率(%) ≥	80	80	80	90	60	80	80	80	80
	拉断伸长率保持率(%) ≥	70	70	70	70	70	70	70	70	70

续表

项目		指标								
		硫化橡胶类			非硫化橡胶类			树脂类		
		JL1	JL2	JL3	JF1	JF2	JF3	JS1	JS2	JS3
耐碱性 $Ca(OH)_2$ 溶液 23℃×168h	拉伸强度保持率(%) ≥	80	80	80	80	70	70	80	80	80
	拉断伸长率保持率(%) ≥	80	80	80	90	80	70	80	90	90
臭氧老化 40℃×168h	伸长率 40%，500×10^{-8}	无裂纹	—	—	无裂纹	—	—	—	—	—
	伸长率 20%，200×10^{-8}	—	无裂纹	—	—	—	—	—	—	—
	伸长率 20%，100×10^{-8}	—	—	无裂纹	—	无裂纹	无裂纹	—	—	—
人工气候老化	拉伸强度保持率(%) ≥	80	80	80	80	70	80	80	80	80
	拉断伸长率保持率(%) ≥	70	70	70	70	70	70	70	70	70
粘结剥离强度(片材与片材)		标准试验条件≥1.5N/mm；浸水保持率(23℃×168h)≥70%								

注：1. 人工气候老化和粘结剥离强度为推荐项目；

2. 非外露使用可以不考核臭氧老化、人工气候老化、加热伸缩量、60℃拉伸强度性能。

复合片的物理性能应符合表 3-12 的规定。

复合片的物理性能[8] **表 3-12**

项目			指标			
			硫化橡胶类 FL	非硫化橡胶类 FF	树脂类	
					FS1	FS2
拉伸强度(N/cm)	常温(23℃)	≥	80	60	100	60
	高温(60℃)	≥	30	20	40	30
拉断伸长率(%)	常温(23℃)	≥	300	250	150	400
	低温(−20℃)	≥	150	50	—	300
撕裂强度(N)		≥	40	20	20	50
不透水性(0.3MPa，30min)			无渗漏	无渗漏	无渗漏	无渗漏
低温弯折			−35℃ 无裂纹	−20℃ 无裂纹	−30℃ 无裂纹	−20℃ 无裂纹
加热伸缩量(mm)	延伸	≤	2	2	2	2
	收缩	≤	4	4	2	4
热空气老化(80℃×168h)	拉伸强度保持率(%)	≥	80	80	80	80
	拉断伸长率保持率(%)	≥	70	70	70	70
耐碱性[饱和 $Ca(OH)_2$ 溶液 23℃×168h]	拉伸强度保持率(%)	≥	80	60	80	80
	拉断伸长率保持率(%)	≥	80	60	80	80

续表

项　　目			指标			
			硫化橡胶类 FL	非硫化橡胶类 FF	树脂类	
					FS1	FS2
臭氧老化(40℃×168h),200×10^{-8},伸长率 20%			无裂纹	无裂纹	—	—
人工气候老化	拉伸强度保持率(%)	≥	80	70	80	80
	拉断伸长率保持率(%)	≥	70	70	70	70
粘结剥离强度(片材与片材)	标准试验条件(N/mm)	≥	1.5	1.5	1.5	1.5
	浸水保持率(23℃×168h)(%)	≥	70			70
复合强度(FS2 型表层与芯层)(MPa)		≥	—			0.8

注：1. 人工气候老化和粘结剥离强度为推荐项目。

2. 非外露使用可以不考核臭氧老化、人工气候老化、加热伸缩量、高温（60℃）拉伸强度性能。

自粘片的主体材料应符合表 3-11、表 3-12 中相关类别的要求，自粘层性能应符合表 3-13 规定。

自粘层性能[8]　　**表 3-13**

项目				指标
低温弯折				−25℃无裂纹
持黏性(min)			≥	20
剥离强度(N/mm)	标准试验条件	片材与片材	≥	0.8
		片材与铝板	≥	1.0
		片材与水泥砂浆板	≥	1.0
	热空气老化后(80℃×168h)	片材与片材	≥	1.0
		片材与铝板	≥	1.2
		片材与水泥砂浆板	≥	1.2

异型片的物理性能应符合表 3-14 规定。

异型片的物理性能[8]　　**表 3-14**

项目			指标		
			膜片厚度<0.8mm	膜片厚度0.8~<1.0mm	膜片厚度≥1.0mm
拉伸强度(N/cm)		≥	40	56	72
拉断伸长率(%)		≥	25	35	50
抗压性能	抗压强度(kPa)	≥	100	150	300
	壳体高度压缩 50%后外观		无破损		
排水截面积(cm^2)		≥	30		
热空气老化(80℃×168h)	拉伸强度保持率(%)	≥	80		
	拉断伸长率保持率(%)	≥	70		

续表

项目		指标		
		膜片厚度 <0.8mm	膜片厚度 0.8～<1.0mm	膜片厚度 ≥1.0mm
耐碱性[饱和 $Ca(OH)_2$ 溶液 23℃×168h]	拉伸强度保持率(%) ≥	80		
	拉断伸长率保持率(%) ≥	80		

注：壳体形状和高度无具体要求，但性能指标须满足本表规定。

点（条）粘片主体材料应符合表 3-11 中相关类别的要求，粘接部位的物理性能应符合表 3-15 的规定。

点（条）粘片粘接部位的物理性能[8] **表 3-15**

项目	指标		
	DS1/TS1	DS2/TS2	DS3/TS3
常温(23℃)拉伸强度(N/cm) ≥	100	60	
常温(23℃)拉断伸长率(%) ≥	150	400	
剥离强度(N/mm) ≥	1		

材料在运输和储存期间，注意勿使包装损坏，并需要放在干燥通风的地方，存放高度不得超过五个卷材高度。堆叠时，应将其放在平坦、干燥的地面上，避免阳光直射，避免接触酸、碱、油和有机溶剂，以及远离热源。

（5）主要用途

高分子防水卷材种类较多，不同种类表现出不同的防水性能，因此广泛用于不同的防水工程中。工业与民用建筑中常用的屋面及地下防水工程，可利用部分材料的抗变形能力用于结构易变形区域；抗腐蚀性能好的材料可用于水库、水池、垃圾场、隧道等市政类工程中；某些耐穿刺能力较好的材料适用于种植屋面等部位；施工简单、质量较轻、污染较小的材料，适用于大型工业与民用建筑的屋面防水工程中，尤其是在轻型钢结构工程中优势明显。

（6）优缺点

1）具备优秀的物理性能。大部分高分子防水卷材拉伸强度高、低温柔性好、耐高温、延伸率大、弹性好、变形能力强、密度小、质量轻，且操作简便、施工无污染。但是也有部分卷材粘结性能较差，对接缝要求较高。

2）具备优秀的化学性能。大部分高分子防水卷材耐腐蚀、抗老化性能好，使用寿命长，对紫外线等气候环境、化学品、菌类藻类等微生物都有较好的抗性，同时其浅色表面的反射率高，较少吸收紫外线及日光辐射，可提高耐久性及改善房屋温度舒适性。

3）大部分材料可采用冷施工方法进行铺设，可满足工地防火及城市环境卫生的要求，并改善工人的工作条件，方便施工现场管理，减少环境污染。

4）除建筑防水外，还可大量用于水利和市政工程。由于部分高分子防水卷材具有极佳的长期耐水性，这对于地下、水中或潮湿环境条件下的防水防潮有较好的适用性，尤其是需要永久防水部位，可以发挥高分子防水卷材抗变形、耐穿刺、耐久性佳等综合性能的优势。

3.4 防水涂料

3.4.1 一般分类

（1）合成高分子类防水涂料

合成高分子类防水涂料是以橡胶或树脂作为主要成膜物质，通过其他辅助材料的添加形成涂料，可分为溶剂挥发型、水分挥发型与反应型三类。

溶剂挥发型防水涂料的原理是将成膜的高分子材料通过有机溶剂溶解，施工时溶剂逐渐挥发并将成膜高分子材料暴露出来从而形成防水膜。水分挥发型涂料又称水乳型涂料，其原理是将合成有机高分子成膜材料以微小颗粒的形式与水共同形成乳液，施工时水分逐渐蒸发将成膜高分子材料逐渐析出，细小颗粒互相连接形成防水膜。反应型防水涂料的原理是利用线性结构的高分子预聚体以液态或粘液态存放，施工时该材料与固化组分或水汽在一定条件下发生化学反应，从而形成三维网状结构，材料由液态转化成具备一定弹性和强度的固体。

溶剂挥发型防水涂料由于依靠有机物挥发成膜，挥发过程较快所以材料成膜快，防水膜致密，施工便捷，但是有机物挥发容易造成污染，且产品易燃易爆，在运输与储存中需格外注意。水分挥发型防水涂料由于依靠水分蒸发成膜，所以成膜过程时间较长，对基面干燥要求较低，可在较潮湿环境下施工，但是需要在水分易挥发的环境中使用，施工过程无污染，操作简便。反应型高分子防水涂料由于是化学反应成膜，材料的机理发生较大变化且过程不可逆，所以防水膜稳定性较好，且材料弹性、低温柔性等物理性能较好，施工固化过程不受环境约束。

（2）水泥基防水涂料

水泥基防水涂料是指利用水泥、石英砂一类材料为基材，通过使用其他无机或有机的添加剂形成浆料或者防水膜从而实现材料防水，主要包括水泥基渗透结晶型防水涂料和聚合物水泥基防水涂料。

水泥基渗透结晶型防水涂料是利用水泥为基材加入其他化学物质后形成的粉料，使用水对其进行调制可用于混凝土表面的涂刷，从而形成一种辅助建筑结构刚性防水的辅助材料。其主要原理是化学物质以水为载体向混凝土中渗透，与水泥水化反应的产物堵塞混凝土的微小缝隙并逐渐结晶，从而提高整体混凝土的防水性，提高结构刚性防水性能。该材料耐久性好，具备自愈性，可用于多种环境中；但是对施工和养护有一定要求，需要保持空气湿度一段时间才能定型较好并形成稳定强度。

聚合物水泥基防水涂料以水泥等材料为基础与聚合物乳液等有机材料共同作用形成固化防水膜，两种成分中聚合物乳液中的水分被水泥基材料吸收，从而实现聚合物脱水并形成防水膜，而水泥基吸水后形成硬化体，两者通过化学反应及物理交织重叠从而在空间中形成稳定的网络结构，从而形成具备一定强度的有效的防水膜。因此，该涂料与水泥基面粘接性好且对基层的干湿度要求较低，并且强度、密实度等物理性能较好，无毒无污染。

（3）沥青类防水涂料

沥青类防水涂料是以石油沥青为基料，通过添加增韧剂、改性材料、添加料等物质后形成的可成膜材料。一般可根据成膜机理分为水乳型、溶剂型和热熔型。水乳型是通过水作为介质将成膜沥青基料与添加剂配制为水乳从而形成防水涂料；溶剂型是以有机物作为介质溶解沥青或改性沥青配制的成膜材料形成的防水涂料；热熔型是以改性沥青添加辅料等物质后冷却形成固体，施工时加热融化通过刮涂或喷涂的方式形成防水涂膜。

沥青类防水涂料种类较多，可直接对沥青材料进行乳化形成防水涂料，也可利用聚合物对沥青改性形成可成膜材料后结合水乳型、溶剂型和热熔型生产方法进行配制，也形成了如喷涂速凝橡胶沥青防水涂料和非固化橡胶沥青防水涂料等一系列新型防水涂料。

3.4.2 聚氨酯类防水涂料

（1）定义

聚氨酯（PU）防水涂料是一种新型聚合物防水材料。其主体是由聚醚（酯）多元醇与过量的二异氰酸酯反应制成的端基为异氰酸酯的预聚体，通过加入填料和助剂制成防水涂料。

（2）分类

聚氨酯防水涂料根据不同的有机填料，可分为焦油型、无焦油型（沥青型、石油树脂型）和不含有机填料的聚醚型；根据分散介质的不同，可分为溶剂型、无溶剂性和水基型；根据所用异氰酸酯的类型，可分为芳香族和脂肪族聚氨酯涂料[9]。

聚氨酯防水涂料按以下顺序标记：产品名称，组分，基本性能，是否曝露，有害物质限量和标准号。其中，组成成分分为单组分（S）和多组分（M），基本性能分为类型Ⅰ、Ⅱ、Ⅲ，根据其是否曝露使用产品分为外露（E）和非外露（N），按有害物质的限量分为A类和B类。例如，A类Ⅲ型外露的单组分聚氨酯防水涂料标记为：PU防水涂料 S Ⅲ E A GB/T 19250—2013。

（3）基本要求

对该产品的基本要求是均匀的黏性体，无凝胶，无结块；在生产和应用过程中，不应对人体、生物和环境产生有害影响；与使用相关的安全和环保要求必须符合国家标准。

（4）性能

聚氨酯防水涂料基本性能应符合表3-16的要求。

聚氨酯防水涂料基本性能[10] **表 3-16**

序号	项目			技术指标		
				Ⅰ	Ⅱ	Ⅲ
1	固体含量（%）	≥	单组分	85.0		
			多组分	92.0		

续表

序号	项目		技术指标		
			Ⅰ	Ⅱ	Ⅲ
2	表干时间(h) ≤		12		
3	实干时间(h) ≤		24		
4	流平性①		20min时，无明显齿痕		
5	拉伸强度(MPa) ≥		2.00	6.00	12.0
6	断裂伸长率(%) ≥		500	450	250
7	撕裂强度(N/mm) ≥		15	30	40
8	低温弯折性		−35℃，无裂纹		
9	不透水性		0.3MPa，120min，不透水		
10	加热伸缩率(%)		−4.0～+1.0		
11	粘结强度(MPa) ≥		1.0		
12	吸水率(%) ≤		5.0		
13	定伸时老化	加热老化	无裂纹及变形		
		人工气候老化②	无裂纹及变形		
14	热处理(80℃，168h)	拉伸强度保持率(%)	80～150		
		断裂伸长率(%) ≥	450	400	200
		低温弯折性	−30℃，无裂纹		
15	碱处理[0.1% NaOH+饱和$Ca(OH)_2$溶液，168h]	拉伸强度保持率(%)	80～150		
		断裂伸长率(%) ≥	450	400	200
		低温弯折性	−30℃，无裂纹		
16	酸处理(2%H_2SO_4溶液，168h)	拉伸强度保持率(%)	80～150		
		断裂伸长率(%) ≥	450	400	200
		低温弯折性	−30℃，无裂纹		
17	人工气候老化②(1000 h)	拉伸强度保持率(%)	80～150		
		断裂伸长率(%) ≥	450	400	200
		低温弯折性	−30℃，无裂纹		
18	燃烧性能②		B_2-E(点火15s，燃烧20s，F_s≤150mm，无燃烧滴落物引燃滤纸)		

注：①该项性能不适用于单组分和喷涂施工的产品，流平性时间也可根据工程要求和施工环境由供需双方商定并在订货合同与产品包装上明示；

②仅外露产品要求测定。

材料的不透水性反映了聚氨酯类防水涂料的抗渗性能，对于该值的要求能有效保证材料的抗渗性能符合抗渗防水要求。

产品用带盖的铁桶密闭包装，多组分产品按组分分别包装，不同组分的包装应有明显的区别。在储存和运输过程中，不同的分类产品必须分开堆放。禁止接近火源，避免日晒雨淋，避免碰撞，确保通风，并在5～40℃的温度下储存。在正常储存、运输条件下，储存期自生产日起至少为6个月。

（5）主要用途

在民用建筑中应用广泛，如卫生间、地下室、贮水池、游泳池、建筑屋顶、地下车库及地下商场等建筑场所的防漏水。在地铁隧道领域中，由于其具有良好性能，可以用来保护基层和墙壁等部位。在铁路桥梁工程中，用来保护线路防水，一般会结合具体工程利用更高性能的涂料。除此之外，该涂料在水电工程、城市地下管网等多个领域均有应用。

（6）优缺点

双组分聚氨酯涂料其中的组分 A 通常为由聚醚多元醇与异氰酸酯进行缩聚反应得到的端异氰酸酯预聚物（-NCO），其中的组分 B 为含有交联剂活性氢的黏性液体。在施工过程中，A 和 B 的两种组分以均匀的比例混合，涂在不渗透的基层上并在室温下固化以形成柔性涂膜。单组分聚氨酯防水涂料是含有端基-NCO 的预聚物，其通过与空气中的水分反应转化形成脲键从而生成薄膜[11]。

聚氨酯防水涂料原材料为较昂贵的化工材料，故该涂料成本较高，售价也较高。其施工过程中难以使涂膜厚度做到像高分子防水卷材那样均匀一致。为使涂膜的厚度比较均匀，必须要求防水基层有较好的平滑度，并要加强施工技术管理，严格按照操作规程施工。涂料有一定的可燃性和毒性，因此要求加强施工操作的规范性。

聚氨酯防水涂料克服了传统沥青类防水涂层和防水卷材的缺点。由于该材料的防水涂层具有良好的弹性、高伸长率、高拉伸强度、强附着力、低体积收缩和无涂膜密封性质，因此可以适应基层裂缝伸缩性的变形，便于施工和维护。聚氨酯涂料固化前是无定形的黏性液体材料，易于在复杂的基层结构中使用，还可在防水建筑的不同部位发挥防水堵漏功能，受到国内外防水行业的青睐。

3.4.3 聚合物水泥基防水涂料

（1）定义

聚合物水泥基防水涂料（简称 JS 防水涂料，J 表示聚合物，S 表示水泥）是一种双组分防水涂料，由液体材料（聚合物乳液、添加剂）和粉末材料（水泥、无机填料和添加剂）组成。它是一种环保的防水涂料产品。

用于制备 JS 防水涂料的聚合物乳液主要包括三种，即乙烯-醋酸乙烯酯（EVA）共聚物乳液、丙烯酸改性 EVA 乳液和纯丙烯酸酯乳液。其中由纯丙烯酸酯聚合物制备的聚合物乳液，在耐水性、拉伸强度、伸长率、粘结强度等性能指标方面，优于用其他两种乳液制备的涂料。

（2）分类

JS 防水涂料根据不同的应用环境分为三种类型：Ⅰ型产品适用于具有较大活动量的基层，如屋顶、墙壁、室内非长期浸水的建筑；Ⅱ型和Ⅲ型适用于活动量较小的基层，包括地下室和游泳池等长期浸水环境下的建筑。

该类产品的标记顺序为：产品名称、类型、标准号。例如，Ⅰ型聚合物水泥防水涂料标记为：JS 防水涂料Ⅰ GB/T 23445—2009。

（3）外观

充分搅拌后的液体组分应是均匀乳液，并且没有杂质和胶凝，固体组分是没有杂质或附聚的粉末。

（4）物理力学性能

产品的物理力学性能应符合表 3-17 的要求。

聚合物水泥基防水涂料物理力学性能[12] 表3-17

序号	试验项目			技术指标		
				Ⅰ型	Ⅱ型	Ⅲ型
1	固体含量(%)		≥	70	70	70
2	拉伸强度	无处理(MPa)	≥	1.2	1.8	1.8
		加热处理后保持率(%)	≥	80	80	80
		碱处理后保持率(%)	≥	60	70	70
		浸水处理后保持率(%)	≥	60	70	70
		紫外线处理后保持率(%)	≥	80	—	—
3	断裂伸长率	无处理(%)	≥	200	80	30
		加热处理(%)	≥	150	65	20
		碱处理(%)	≥	150	65	20
		浸水处理(%)	≥	150	65	20
		紫外线处理(%)	≥	150	—	—
4	低温柔性(ϕ10mm棒)			−10℃ 无裂纹	—	—
5	粘结强度	无处理(MPa)	≥	0.5	0.7	1.0
		潮湿基层(MPa)	≥	0.5	0.7	1.0
		碱处理(MPa)	≥	0.5	0.7	1.0
		浸水处理(MPa)	≥	0.5	0.7	1.0
6	不透水性(0.3MPa,30min)			不透水	不透水	不透水
7	抗渗性(砂浆背水面)(MPa)		≥	—	0.6	0.8

材料的不透水性反映了聚合物水泥基防水涂料的抗渗性能，对于该值的要求能有效保证材料的抗渗性能符合抗渗防水要求。

“自闭性”是指当混凝土基层和防水涂膜破裂时，在水的作用下通过物理和化学反应实现自闭合涂膜的性能。这个过程是逐步发生的：首先，渗透的水被涂膜吸收，裂缝附近的防水涂膜体积膨胀，使进水通道变窄并抑制水侵入；然后，涂膜在树脂中活性胶凝剂的作用下形成碳酸钙的吸附、凝固和积聚，并阻塞进水通道，从而形成裂缝的自密闭[13]。

该材料属非易燃易爆材料，可作为一般货物运输。在运输过程中，必须防止雨淋、曝晒和受冻，避免挤压和碰撞，并保护包装。储存时必须将其存放在干燥、通风、阴凉的地方，液体组分的储存温度不得低于5℃。自生产之日起，产品在正常运输和储存条件下必须可储存至少6个月。

（5）主要用途

Ⅰ型产品的聚合物含量高，弹性好，适用于非长期浸水、活动量较大的基层（如屋面、墙面等）；Ⅱ型产品的聚合物含量降低，材料的刚性增加，适用于长期浸水或潮湿、活动量较小的基层（如厕浴间、地下室等）；Ⅲ型产品主要用于地下室、外墙等部位。

在国外，聚合物胶凝材料的应用非常普遍，如聚合物水泥砂浆、石膏、粘接材料等，其在防水涂料方面的生产和应用同样非常普遍。我国在20世纪90年代初开始研发基于聚合物水泥的防水涂料，1995年，建设部在“住宅建筑推荐防水材料产品”和“科技成果重点推广项目”中列入了该产品。近年来，国内在改性乳液，提高耐水性和低温柔韧性，以及新品种的研发方面取得了诸多新成果，如纤维增强型聚合物水泥防水涂料、反应型聚合物水泥防水涂料、交联型聚合物水泥防水涂料等[14]。

（6）优缺点

聚合物乳液中的水的作用为：（1）一部分水参与水泥水化，形成一定量的水泥凝胶体，促进了体系的凝聚；（2）一部分水挥发进入环境，促进了聚合物微粒自身以及与未水化水泥颗粒、水泥水化产物和其他颜填料间的吸附、凝聚，同时，又伴随聚合物乳液与水泥水化产物间的化学键合反应。因此可将该成膜机理概括为“一挥发两反应”。

JS防水涂料是一种可以通过调节聚合物与粉末的比例来控制强度和伸长率的产品。工程应用时，可根据防水部位的特性和要求，设计出不同性能的防水材料，从而在一定程度上节省工程成本。当液粉比大时，材料的延伸率大，与基层的粘结力较小；反之，随着水泥用量的增大，液粉比减小，材料的延伸率减小，与基层的粘结力增大。

聚合物水泥防水涂料结合了聚合物涂膜的延展性、耐水性和水硬性材料的高强度，易于适应潮湿基底。其施工方式灵活，可以根据不同工程部位合理调节所需要的强度、延展性等特性。其中，水被用作分散剂，以消除焦油、沥青和溶剂型防水涂料有较大污染的弊端，有助于保护环境。总之，聚合物水泥防水涂料是一种优良的防水涂料。

3.5 防水板材

3.5.1 PVC板材

（1）定义

聚氯乙烯（PVC）发泡板材是一种以PVC树脂为主要材料，掺入各种功能添加剂，如稳定剂、发泡剂、发泡调节剂和成核剂而制成的结皮发泡产品[15]。

（2）分类

硬质聚氯乙烯板材按加工工艺分为层压板材和挤出板材。根据板材的特点和其主要性能（拉伸屈服应力、简支梁冲击强度、维卡软化温度），可将层压板材和挤出板材各分为五类：一般用途板、透明板、高模量板、高抗冲板、耐热板。

各种PVC板材的基本力学性能、热力学性能及光学性能应符合表3-18的规定。

PVC板材基本性能[16]　　**表3-18**

性能	单位	层压板材					挤出板材				
		第1类一般用途板	第2类透明板	第3类高模量板	第4类高抗冲板	第5类耐热板	第1类一般用途板	第2类透明板	第3类高模量板	第4类高抗冲板	第5类耐热板
拉伸屈服应力	MPa	≥50	≥45	≥60	≥45	≥50	≥50	≥45	≥60	≥45	≥50
拉伸断裂伸长率	%	≥5	≥5	≥8	≥10	≥8	≥8	≥5	≥3	≥8	≥10

续表

性能	单位	层压板材					挤出板材				
		第1类一般用途板	第2类透明板	第3类高模量板	第4类高抗冲板	第5类耐热板	第1类一般用途板	第2类透明板	第3类高模量板	第4类高抗冲板	第5类耐热板
拉伸弹性模量	MPa	≥2500	≥2500	≥3000	≥2000	≥2500	≥2500	≥2000	≥3200	≥2300	≥2500
缺口冲击强度（厚度小于4mm的板材不做缺口冲击强度）	kJ/m^2	≥2	≥1	≥2	≥10	≥2	≥2	≥1	≥2	≥5	≥2
维卡软化温度	℃	≥75	≥65	≥78	≥70	≥90	≥70	≥60	≥70	≥70	≥85
加热尺寸变化率	%	−3～+3					1.0mm≤*d*≤2.0mm：−10～+10 2.0mm<*d*≤5.0mm：−5～+5 5.0mm<*d*≤10.0mm：−4～+4 *d*>10.0mm：−4～+4				
层积性（层间剥离力）		无气泡，破裂或剥离（分层剥离）					—				
总透光率（只适用于第2类）	%	*d*≤2.0mm：≥82 2.0mm<*d*≤6.0mm：≥78 6.0mm<*d*≤10.0mm：≥75 *d*>10.0mm：—									

注：表中 *d* 为厚度。

（3）主要用途

PVC板材在建筑防水方面的主要应用场所为：住宅、办公室、公共场所等建筑物墙面的隔间；浴厕门板、建筑内墙、高墙地板，组合房屋；房间、门板、幕墙；屏风隔间、防蚀工程；特殊保冷工程、造船厂、渔船、游船等保温保冷工程；冷冻库器材、冷气风管；下水道，滨水防水设施等[17]。

（4）优缺点

PVC板材自身性能优良，如强度高、密度低、耐腐蚀，不受温度、高湿度和虫害的影响，且具有可存放时间长、易施工、易加工、工作效率高、隔热和隔声效果好、可重复使用等优点[18]。

3.5.2 XPS挤塑板

（1）定义

XPS挤塑板是以聚苯乙烯作为原料，通过加热混合其他辅料与聚合物，并加入催化剂，然后挤压塑形而成的板材。

（2）分类

根据压缩强度（*p*）和是否带表皮，XPS挤塑板分为12类：①X150，*p*≥150kPa，带表皮；②X200，*p*≥200kPa，带表皮；③X250，*p*≥250kPa，带表皮；④X300，*p*≥300kPa，带表皮；⑤X350，*p*≥350kPa，带表皮；⑥X400，*p*≥400kPa，带表皮；⑦X450，*p*≥450kPa，带表皮；⑧X500，*p*≥500kPa，带表皮；⑨X700，*p*≥700kPa，带表皮；⑩X900，*p*≥900kPa，带表皮；⑪W200，*p*≥200kPa，不带表皮；⑫W300，*p*≥300kPa，不带表皮。

根据边缘结构不同，分为四种类型：SS平头型产品、SL型产品（搭接）、TG型产品（榫槽）、RC 型产品（雨槽）。

SS 平头型产品如图 3-1 所示；SL 型产品（搭接）如图 3-2 所示；TG 型产品（榫槽）如图 3-3 所示；RC 型产品（雨槽）如图 3-4 所示。

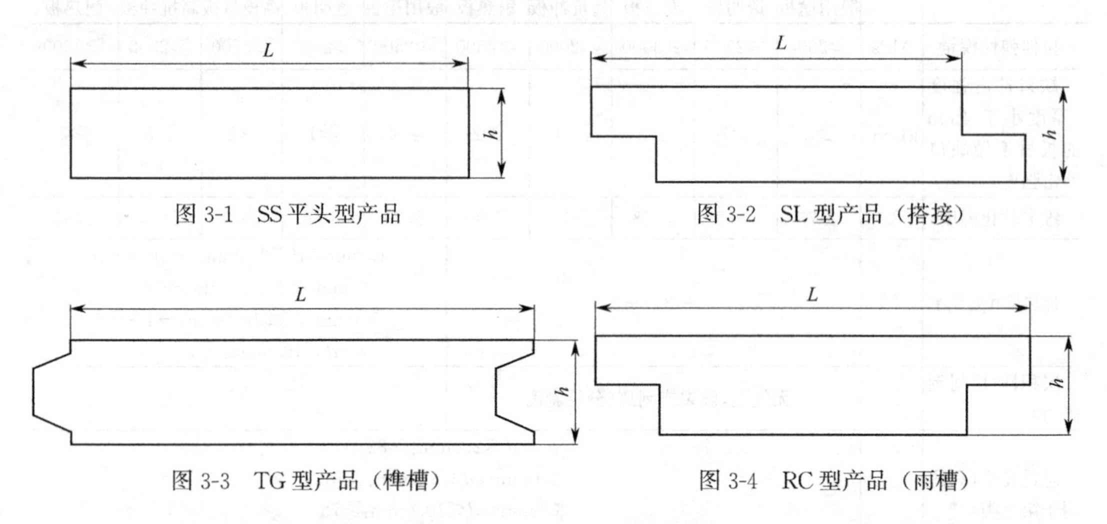

图 3-1　SS 平头型产品

图 3-2　SL 型产品（搭接）

图 3-3　TG 型产品（榫槽）

图 3-4　RC 型产品（雨槽）

XPS 挤塑板的标记顺序为：产品名称-类别-边缘结构形式-阻燃等级-绝热等级-标准号。比如，类别为 X250、边缘结构为两边搭接、阻燃等级为 B1 级、绝热等级为 024 级的挤塑聚苯乙烯板标记为：XPS-X250-SL-B1-024-GB/T 10801.2—2018。

（3）外观

XPS 挤塑板产品表面应平整，无夹杂物，颜色均匀，不应有影响使用的可见缺陷，如起泡、裂口、变形等。

（4）物理力学性能

XPS 挤塑板物理力学性能应符合表 3-19 的规定。

XPS 挤塑板物理力学性能[19]　　**表 3-19**

项目	单位	性能指标											
		带表皮										不带表皮	
		X150	X200	X250	X300	X350	X400	X450	X500	X700	X900	W200	W300
压缩强度	kPa	≥150	≥200	≥250	≥300	≥350	≥400	≥450	≥500	≥700	≥900	≥200	≥300
吸水率，浸水 96h	%（体积分数）	≤2.0	≤1.5	≤1.0								≤2.0	≤1.5
水蒸气透过系数 (23±1)℃，0%～(50±2)%相对湿度梯度	ng/(m·s·Pa)	≤3.5		≤3.0			≤2.0					≤3.5	≤3.0
尺寸稳定性 70℃±2℃，48h	%	≤1.5								≤3.0		≤1.5	

产品需用收缩膜或塑料捆扎等包装，或由供需双方协商产品必须按类别和规格堆放，以避免高压，仓库必须保持干燥和通风。运输和储存期间应远离火源、热源和化学溶剂，避免长期受重压和其他机械损伤。

（5）主要用途

XPS 挤塑板在工程中的应用主要有：

1）用于地上建筑复合墙体的保温和防潮层；

2）用于建筑物地下墙体基础中，一般安装在砖墙基或混凝土墙基的外侧，起保温和防水作用；

3）用于屋面（金属结构屋面、新/旧砖混结构建筑物屋面），通常采用将挤塑聚苯板保温层置于防水层之上的倒置屋面的施工方法，起保温、防水及抗冲击作用；

4）用于寒冷地区公路、机场跑道、停车场等地面工程中，帮助路面抵抗冻融循环作用；

5）利用材料的抗水气性能，在低温储藏设施中做保温和防潮层。

（6）优缺点

XPS 板具有良好的闭孔蜂窝状结构，表面平滑，截面均匀，每个单元的表面之间基本无空隙，因此 XPS 板的吸水率极低。此外 XPS 板还具有低导热性，高耐压性和抗老化性等优点。由于 XPS 挤塑板具有低导热性，因此也被广泛用于外墙的保温层，同时低吸水率使其能在长期浸泡的条件下仍然保持优异的保温性。研究表明，在 70％湿度的条件下，2 年后 XPS 热阻的保留率超过 80％。因此，XPS 挤塑板非常适宜在易受潮的房屋中，或者在建筑物的墙根、地板、基础等位置使用。

然而，XPS 面板也存在一些缺陷：1）XPS 板与结构基层的粘合性差，板材的表面平整致密（特别是带有表皮的轻质面板），因此与聚合物水泥砂浆的粘合强度低，易在粘接界面发生断裂、脱离等问题；2）XPS 的尺寸稳定性较差，易受到环境因素影响，如温度变化，收缩、弯曲、变形等问题明显；3）使用过程中开裂现象严重；4）防火性能差[20]。

3.5.3 EVA 防水板

（1）定义

乙烯-乙酸乙烯酯共聚物（EVA）防水板是一种以高分子量聚合物为基本原料制成的防渗材料，可防止液体泄漏和气体挥发，广泛用于建筑、交通、地铁、隧道等工程领域。通常将厚度≥0.8mm 的材料称作防水板，<0.8mm 的称作土工膜。

EVA 防水板是由乙烯-乙酸乙烯酯共聚物（EVA）作为主要原料，同时添加了特殊添加剂和抗老化剂，通过熔化、塑化、挤出、三辊压延、成型和卷绕工艺，制造出的具有一定厚度的片状防水材料[21]。

（2）分类

EVA 防水板分为均质防水面板和复合防水面板。

（3）性能

尽管醋酸乙烯酯（VAC）含量未反映在现行标准中，但它是衡量 EVA 防水面板质量的重要指标，也是判断 EVA 面板真伪的重要指标。随着 VAC 含量的增加，EVA 防水板的断裂拉伸强度、断裂伸长率和撕裂强度降低。当 VAC 含量小时，EVA 防水卷材粘结性差，施工困难，容易发生脆裂现象从而造成漏水。当 VAC 含量在 5％～7％时，各项物理力学性能均达到国家标准 GB 18173.1—2012 规定的指标值，柔软度好，透明度高，施工方便，价格适中，是工程的最佳选择。

EVA 防水板的性能应符合表 3-20 的要求。

EVA 防水板性能[22] 表 3-20

序号	项目		指标		
			EVA	ECB	PE
1	拉伸性能	断裂拉伸强度(MPa)	≥18	≥17	≥18
		拉断伸长率(%)	≥650	≥600	≥600
2	撕裂强度(kN/m)		≥100	≥95	≥95
3	不透水性,0.3MPa/24h		无渗漏	无渗漏	无渗漏
4	低温弯折性,−35℃		无裂纹	无裂纹	无裂纹
5	加热伸缩量	延伸(mm)	≤2	≤2	≤2
		收缩(mm)	≤6	≤6	≤6
6	热空气老化,80℃×168h	断裂拉伸强度(MPa)	≥16	≥14	≥15
		拉断伸长率(%)	≥600	≥550	≥550
7	耐碱性,饱和 $Ca(OH)_2$ 溶液×168h	断裂拉伸强度(MPa)	≥17	≥16	≥16
		拉断伸长率(%)	≥600	≥600	≥550
8	人工气候老化	断裂拉伸强度保持率(%)	≥80	≥80	≥80
		拉断伸长率保持率(%)	≥70	≥70	≥70
9	刺破强度	厚度 1.5mm(N)	≥300	≥300	≥300
		厚度 2.0mm(N)	≥400	≥400	≥400
		厚度 2.5mm(N)	≥500	≥500	≥500
		厚度 3.0mm(N)	≥600	≥600	≥600

注：ECB：乙烯共聚物改性沥青树脂；PE：聚乙烯。

材料的不透水性反映了 EVA 防水板具有的抗渗性能，对于该值的要求能有效保证材料的抗渗防水性能。

为了保证 EVA 防水板的防水质量，应注意在运输与储存过程中对防水板的保护。堆叠时注意设置垫层保护，分类堆叠，控制堆叠高度；储存时避免日晒雨淋，隔离热源，避免接触酸、碱、油和有机溶剂等。

（4）主要用途

由于 EVA 防水板可被生物降解，重量轻，耐腐蚀，所以其在园林工程中应用十分广泛，包括屋顶绿化、人造山工程、景观河岸池底护坡等。又由于其防水效果好，地下工程中也应用较多。

（5）优缺点

EVA 是最重要的乙烯化合物之一。相比 PE，EVA 的分子链上引入醋酸乙烯（VA）单体，从而降低了结晶度，实现了更好的柔韧性、抗冲击性、相容性和热密封，同时可以抵抗环境应力开裂，有良好的光学性能、耐低温性，且无毒性。在中国，EVA 防水板因其良好的柔韧性和易于施工的特点而被广泛应用于地下防水工程中[21]。

3.5.4 抗倍特板

（1）定义

抗倍特板是一种高压层积板，是将含浸三聚氰胺树脂的装饰色纸与多层用酚醛树脂或聚氨酯浸渍的牛皮纸层叠之后，用钢板在高温（150℃）和高压（1430psi）的环境下压制而成的。其厚度可根据需要调整牛皮纸数量，从 0.6mm 到 25mm 皆可制作。

（2）主要用途

抗倍特板可用于厨房台面，银行和机场的柜台等对清洁度有要求的部位，同时也可用于建筑内墙、房间隔断、卫生间隔断、水槽、接待柜台、储物柜、通风扇、天花板等部位。

（3）性能及优缺点

抗倍特板是一种透心结构高压装饰面板，其色彩丰富，质地多样，可以满足多种装饰需求。其可以使用金属刀具进行钻孔、攻丝、打磨、导向、切割等加工作业，实用性较强。

抗倍特板具有很强的耐候性，无论是阳光还是风雨，或者潮气，均对其表面影响甚微，温度的快速变化既不影响其外观也不影响其特征，因此它可以用作外墙材料。抗倍特板的高弹性模量、抗拉强度使其具有高抗冲击性。高密度芯材使抗倍特板具有高抗撕裂性，这对于带螺栓或嵌件的板材尤为重要。其还具有优异的耐火性，不会熔化、滴落或爆炸，能长时间保持稳定，材料致密，不粘灰尘，清洁简单，并可使用有机溶剂清洁。

3.5.5 彩涂钢板

（1）定义

彩色涂层钢板是经过特殊表面处理的钢板，其由金属基板、化学转换膜和有机涂层三部分组成。具体制作方法为先在热浸镀锌钢板或热镀铝锌合金钢板的基础上经过表面预处理，如脱脂、清洁、化学转化处理等，之后在彩色涂层机组上连续辊涂有机涂料，然后烘烤并固化形成板。其中有机涂层可配制成各种色彩，也可制成多种图案或花纹[23]。

常见的建筑用压型钢板就是采用厚度 0.4～1.6mm 的彩涂板经成型机辊压冷弯加工而成的，压型钢板的截面形式可以是波纹形、V 形、U 形、W 形及梯形等。压型钢板是同时具备承重、防水、抗风、装饰等多种功能的新型轻质板材。

（2）主要用途

彩色涂层钢板在建筑工程上通常被用来加工成各种压型钢板、彩钢瓦、拱形波纹钢板、装饰板、与保温材料复合组成夹芯板、彩涂板钢门窗等，其中用途最广、用量最大的是压型钢板和夹芯板。这些材料被广泛用于建筑物的屋面、墙面围护结构，也用作建筑物的内外装饰层，还可直接建成组合房屋。

（3）优缺点

彩涂板不仅经济实用、使用寿命长，而且耐腐蚀性好、外观美观、易于加工。以下以压型钢板和夹芯板为例展开介绍。

压型钢板相较于传统建筑板材，具有如下突出优点：1）轻质、耐磨、防水、抗震，且可回收，节能环保；2）施工方便，安装简单快捷；3）色彩鲜艳，装饰灵活，外表美观。使用压型钢板作为屋顶墙支撑结构时，可以减少承重结构的材料的消耗，减少运输、安装等施工工作量，缩短建设期间，节省劳动力。

夹芯板是以彩色涂层钢板为面板，以聚氨酯泡沫塑料、阻燃型聚苯乙烯泡沫塑料等保温材料为芯材，将面板和芯材粘结复合而成的轻型建筑板材。该复合板是一种新型多功能建筑板，结合了隔热和承重两种功能，同时还有防水、防风、装饰的功能。夹层板具有良好的隔热性能，岩棉夹芯板具有良好的耐火性能，因此，它广泛用于屋顶、墙面和建筑物的内外装饰。

3.6 防水密封材料

3.6.1 防水密封胶

防水密封胶是指不定型的能够用于建筑接缝处的填缝材料。该种材料通过在接缝处的嵌入来实现接缝处防水功能的完善，从而使接缝附近防水部件成为一个整体。防水密封胶是建筑结构中常用的密封材料。一般来说，防水密封胶由合成高分子材料加入一定的辅助填料加工制成，如聚氨酯密封胶、聚硫密封胶、硅橡胶密封胶、丙烯酸酯密封胶、丁基密封胶等，也会使用由改性沥青制成的沥青嵌缝油膏。因高分子材料具备更好的弹性和耐久性，并且种类丰富，越来越多地应用于预制装配式结构和高层建筑中。

沥青嵌缝油膏主要使用SBS橡胶、再生胶、PVC等材料作为改性材料，加入适当的软化剂、成膜剂或增塑剂制成，外观为黑色均匀膏状，无结块或未浸渍填料。油膏按耐热性和低温柔性分为702和801两个型号。标记按照产品名称、型号、标准编号的顺序标记，如：801型建筑防水沥青嵌缝油膏标记为：建筑防水沥青嵌缝油膏 801 JC/T 207—2011。沥青嵌缝油膏的性能应符合表3-21的要求。沥青嵌缝油膏物理性能介于弹性与塑性之间，黏性较好可用于屋面、墙板、伸缩缝等结构缝的接缝处。

沥青嵌缝油膏物理性能[24]　　表3-21

序号	项目			技术指标	
				702	801
1	密度(g/cm²)		≥	规定值①±0.1	
2	施工度(mm)		≥	22.0	20.0
3	耐热性	温度(℃)		70	80
		下垂值(mm)	≤	4.0	
4	低温柔性	温度(℃)		−20	−10
		粘结状况		无裂纹、无剥离	
5	拉伸粘结性(%)		≥	125	
6	浸水后拉伸粘结性(%)		≥	125	
7	渗出性	渗出幅度(mm)	≤	5	
		渗出张数(张)	≤	4	
8	挥发型(%)			2.8	

注：①规定值由生产商提供或供需双方商定。

聚氨酯密封胶是以含异氰酸酯基的材料为基料与催化剂、填料等组成的硫化型弹性密封材料。聚氨酯密封材料为细腻、均匀膏状物或黏稠液，其中不应有气泡出现。可按照包装形式分为单组分（Ⅰ）和多组分（Ⅱ）两个品种；按照流动性分为非下垂型（N）和自流平型（L）两个类型；按位移能力分为25、20两个级别；按拉伸模量分为高模量（HM）和低模量（LM）两个次级别。产品标记顺序为：名称、品种、类型、级别、次级别、标准号。如25级低模量单组分非下垂型聚氨酯建筑密封胶的标记为：聚氨酯建筑密封胶 Ⅰ N 25LM JC/T 482—2003。聚氨酯密封胶的性能应符合表3-22的要求。该材料抗磨、抗撕裂性能好，具备良好的弹性和延伸性，同时具备较好的耐久性和耐候性，适用于装配式屋面、楼板、卫生间、隧道地下工程等部位，但是使用过程中应避免其长期受热或长期曝晒。

聚氨酯密封胶物理性能[25] **表3-22**

试验项目		技术指标		
		20HM	25LM	20LM
密度(g/cm³)		规定值±0.1		
流动性	下垂度(N型)(mm)	≤3		
	流平性(L型)	光滑平整		
表干时间(h)		≤24		
挤出性①(mL/min)		≥80		
适用期②(h)		≥1		
弹性恢复率(%)		≥70		
拉伸模量(MPa)	23℃	>0.4或>0.6	≤0.4和≤0.6	
	-20℃			
定伸粘结性		无破坏		
浸水后定伸粘结性		无破坏		
冷拉—热压后粘结性		无破坏		
质量损失率(%)		≤7		

注：①此项仅适用于单组分产品；
②此项仅适用于多组分产品，允许采用供需双方商定的其他指标值。

聚硫密封胶是以液态聚硫橡胶为基料，用硫化剂、促进剂、补强剂等材料制成的密封材料，该材料为均匀膏状物、无结皮结块，组分间颜色会有明显差别。产品按流动性分为非下垂型（N）和自流平（L）两个类型；按位移能力可分为25和20两个级别；按拉伸模量分为高模量（HM）和低模量（LM）两个次级别。产品标记顺序为：名称、类型、级别、次级别、标准号。如25级低模量非下垂型聚硫建筑密封胶标记为：聚硫建筑密封胶 N 25 LM JC/T 483—2006。聚硫密封胶的性能应符合表3-23的要求。该材料耐老化、耐候性、耐溶剂性能较好，有出色的弹性和伸长率，施工过程无污染，可用于门窗框接缝、玻璃幕墙接缝、屋顶板接缝、地铁隧道等市政工程的伸缩缝密封等部位，具有广泛的适用性。但是该材料中含有有毒物质，需要注意使用环境通风。

聚硫密封胶物理性能[26] **表 3-23**

试验项目		技术指标		
		20HM	25LM	20LM
密度(g/cm^3)		规定值±0.1		
流动性	下垂度(N 型)(mm)	≤3		
	流平性(L 型)	光滑平整		
表干时间(h)		≤24		
适用期(h)		≥2		
弹性恢复率(%)		≥70		
拉伸模量(MPa)	23℃	>0.4 或>0.6	≤0.4 和≤0.6	
	−20℃			
定伸粘结性		无破坏		
浸水后定伸粘结性		无破坏		
冷拉—热压后粘结性		无破坏		
质量损失率(%)		≤5		

注：适用期允许采用供需双方商定的其他指标值。

3.6.2 止水密封材料

止水密封材料是一种定型的密封材料，包括密封条、密封垫、止水带、止水环等。该种材料通过定型材料填充于结构接缝处结合密封材料的自身特性实现防水，广泛用于地铁、隧道、给水排水工程及人防建筑工程中。

止水带是各类建筑接缝处最为常用的密封材料，通过密封解封延长水的渗透路线实现建筑结构抗渗防水，并可根据使用部位的不同生产不同尺寸和类型的产品。止水带按用途可分为变形缝用止水带（B）、施工缝用止水带（S）、沉管隧道接头缝用止水带（J），其中沉管隧道接头用止水带可分为可卸式止水带（JX）和压缩式止水带（JY）；按结构形式可分为普通止水带（P）、复合止水带（F），其中复合止水带可分为与钢边复合的止水带（FG）、与遇水膨胀橡胶复合的止水带（FP）、与帘布复合的止水带（FL）。止水带按照不同的型号和用途有不同的断面形状，并规定了一定的尺寸偏差允许范围，一般来说止水带中心孔偏差不允许超过壁厚设计值的1/3，表面不能有开裂、海绵状等缺陷，对凹痕、气泡、杂质等缺陷也有一定要求。止水带橡胶类材料的物理性能应符合表 3-24 的要求。橡胶止水带有很好的弹性、延伸性、抗疲劳性能、耐磨性、耐化学侵蚀能力，但是其容易受油类物质污染，且长度较长、重量较大，对施工质量有一定要求。橡胶止水带适用于地下工程、隧道、水坝、水库、建筑变形缝等部位的密封防水。

橡胶类止水带一般来说依靠弹性恢复变形发挥止水密封的效果，高分子密封材料具备很高的变形能力形成高弹性性能。但是随着温度和外力作用时间的影响，材料会逐渐出现不可恢复的永久变形，同时表现出一定的长时间荷载作用下变形逐渐增大和维持同一变形所需力逐渐变小的情况，这会降低止水带的使用性能，需要对止水带的选材和应用中的稳定性和长期负载能力予以关注和充分测试。

止水带物理性能[27]　　表3-24

序号	项目		指标		
			B、S	J	
				JX	JY
1	硬度（邵尔S）（度）		60±5	60±5	40～70①
2	拉伸强度（MPa）　≥		10	16	16
3	拉断伸长率（%）　≥		380	400	400
4	压缩永久变形（%）	70℃×24h，25%　≤	35	30	30
		23℃×168h，25%　≤	20	20	15
5	撕裂强度（kN/m）　≥		30	30	20
6	脆性温度（℃）　≤		−45	−40	−50
7	热空气老化70℃×168h	硬度变化（邵尔A）（度）　≤	+8	+6	+10
		拉伸强度（MPa）　≥	9	13	13
		拉断伸长率（%）　≥	300	320	300
8	臭氧老化 50×10^{-8}：20%，(40±2)℃×48h		无裂纹		
9	橡胶与金属粘合②		橡胶间破坏	—	—
10	橡胶与帘布粘合强度③（N/mm）　≥		—	5	—

注：①该橡胶硬度范围为推荐值，供不同沉管隧道工程JY类止水带设计参考使用；

②橡胶与金属粘合项仅适用于与钢边复合的止水带；

③橡胶与帘布粘合项仅适用于与帘布复合的JX类止水带。

遇水膨胀橡胶是使用水溶性聚氨酯预聚体、丙烯酸钠高分子吸水性树脂等吸水性材料与橡胶制备而成，其主要特性为可以吸水并自身发生膨胀。在具备正常橡胶止水性能的基础上，吸水膨胀特性可以更好地填满接缝中的空隙，并一定程度上抵消材料的弹性变形，从而实现橡胶材料在变形量超过材料弹性恢复能力时的应用。遇水膨胀橡胶按工艺可分为制品型（PZ）和腻子型（PN）；按在静态蒸馏水中的体积膨胀率（%）分类，制品型有≥150%、≥250%、≥400%、≥600%等几类，腻子型有≥150%、≥220%、≥300%等几类；按截面形状可分为圆形（Y）、矩形（J）、椭圆形（T）和其他形状（Q）。制品型遇水膨胀橡胶材料的物理性能应符合表3-25的要求，腻子型遇水膨胀橡胶的物理性能应符合表3-26的要求。该材料有较高的强度和变形能力，耐腐蚀、耐高低温性能好，施工方便工艺简单，腻子吸水膨胀后具备一定的可塑性，但是造价会较高。可适用于隧道、基础工程、人防工程、污水处理工程的施工缝、伸缩缝等接缝防水。因遇水膨胀橡胶在水分失去后会发生体积收缩，所以对于不是长期处于潮湿环境的结构部位不宜使用遇水膨胀橡胶。

制品型遇水膨胀橡胶胶料物理性能[28]　　表3-25

项目	指标			
	PZ-150	PZ-250	PZ-400	PZ-600
硬度（邵尔A）（度）	42±10		45±10	48±10
拉伸强度（MPa）　≥	3.5		3	

续表

项目			指标			
			PZ-150	PZ-250	PZ-400	PZ-600
拉断伸长率(%)		≥	450		350	
体积膨胀率(%)		≥	150	250	400	600
反复浸水试验	拉伸强度(MPa)	≥	3		2	
	拉断伸长率(%)	≥	350		250	
	体积膨胀率(%)	≥	150	250	300	500
低温弯折(−20℃×2h)			无裂纹			

注：成品切片测试拉伸强度、拉断伸长率应达到要求的80%；接头部位的拉伸强度、拉断伸长率应达到要求的50%。

腻子型遇水膨胀橡胶物理性能[28]　　表 3-26

项目		指标		
		PN-150	PN-220	PN-300
体积膨胀率(%)	≥	150	220	300
高温流淌性(80℃×5h)		无流淌	无流淌	无流淌
低温试验(−20℃×2h)		无脆裂	无脆裂	无脆裂

3.7 堵漏、注浆材料

注浆堵漏就是将特定的材料配成浆液，并用压送设备将其灌入缝隙内或孔洞中，使其在孔隙内部扩散、胶凝或固化，以达到抗渗、堵漏的效果。堵漏注浆材料按浆液的状态可分为两类：粒状注浆材料（成分以水泥为主，也称为水泥注浆材料）和化学注浆材料。水泥注浆材料具有结石体强度高，材料来源广，价格低，运输、贮存方便以及注浆工艺简单等优点，因此在灌浆工程中应用最广泛。但纯水泥浆凝结时间长且易被水流稀释，用于堵漏会受到一定限制。相比之下，化学注浆材料有更好的可灌性，也可以根据工程需要调节浆液的胶凝时间，而且有的材料（如聚氨酯）可以和水直接反应产生凝胶，因此适用于有流动水部位的防渗堵漏工程。但化学注浆材料价格较贵，施工工艺要求较高[29]。目前常用的化学注浆材料有：水玻璃、环氧树脂、聚氨酯、丙烯酯胺、沥青等。

3.7.1 有机材料

单组分亲水型与疏水型聚氨酯注浆料都具有遇水反应膨胀和快速止水的能力，但两种浆材的适用范围、长期堵水性能及耐久性不同。亲水型聚氨酯注浆材料适宜于渗漏水问题严重且长期浸水环境下的结构的堵漏工程；疏水型聚氨酯灌浆材料则适用于长期或间歇性有水环境下的结构的堵漏工程，且在防渗堵漏的同时兼具加固能力[30]。

1. 水溶性聚氨酯

水溶性（亲水性）聚氨酯堵漏剂由甲苯二异氰酸酯和水溶性三羟基聚醚化学合成，形成含有过量游离异氰酸酯基团的端基的聚合物。将材料注入漏水部位后，立即用水作为交联剂与砂、石和周围材料发生化学反应而固结，并释放出CO_2，使体积膨胀，从而实现抗渗功能。然而，在材料穿透裂缝后，浆液膨胀而堵塞裂缝，使得难以将浆液注入裂缝的深层，因此实际施工时并不能完全充满裂缝，制止整个裂缝的渗漏。水溶性聚氨酯适用于地下室工程、采矿工程、游泳池中的渗漏，同时也可用于加强桥梁基础和加固甲板上的裂缝，并且其对变形缝的密封效果很好。

2. 甲凝

甲凝注浆补强材料由甲基丙烯酸甲酯作为主剂，并添加一定的添加剂配制而成。它是一种高强度聚合物，具有低黏度和良好的灌注性能，固化时间可在数分钟至数小时内任意控制，与结构构件之间具有很好的粘结力。其抗老化、抗水、抗酸、抗碱能力强，扩散半径大，不腐蚀混凝土，可与钢筋混凝土和钢筋牢固粘结，提高钢筋混凝土的机械强度，延长建筑物的使用寿命。但是，该材料不宜在潮湿条件下使用，仅适用于干燥条件下的裂缝加固，尤其适用于细裂缝。

3. 丙凝（ZH656、MG646）

丙烯酰胺浆液（简称丙凝），是以丙烯酰胺为主剂，并添加一定混合比的交联剂、还原剂和氧化剂制备而成。它分为两种液体，使用时将这两种液体等量混合成丙凝浆液，使其在裂缝部位发生反应形成不溶于水的弹性凝胶，达到堵漏目的。丙凝具有以下优点：低黏度，良好的冲洗性，可根据要求调节凝胶时间，耐酸碱，抗菌侵蚀，易于制备和施工等。但是其只有长期在水下环境中才能发挥止水能力。因此，不适宜在干湿频繁交替部位使用。丙凝灌浆适用于水坝、水池、隧道、岩石基础等工程。

4. 改性环氧

传统的环氧树脂密封材料具有良好的机械性能和耐老化性，但亲水性弱，不适合在含水环境中施工。改性环氧密封胶材料通过添加糠醛、丙酮等添加剂进行了改良，实现了在各种条件下工作的要求。它具有以下特点：低黏度，高润湿性，高机械强度，耐老化，无毒等，凝固后的固化体不发生体积收缩。改性环氧树脂适用于各种结构的补漏加固，包括受振动荷载、高温和腐蚀性介质作用的结构。

5. 非水溶性聚氨酯浆液

非水溶性聚氨酯浆液仅可溶于有机溶剂。其黏度低，注入能力好，可与水泥浆结合应用。泥浆在遇水时会发生反应，放出CO_2气体，使浆液体积膨胀，向四周渗透扩散，产生二次扩散现象，因而具有较大的扩散半径。因此，这种浆液不易被地下水冲刷流失，可用于动水条件下的堵漏，从而封堵各种形式的地下、地面及管道漏水。浆液渗透系数可达$10^{-8} \sim 10^{-6}$cm/s，且不污染环境。

6. 木质素类浆液

木质素类浆液是由亚硫酸盐纸浆的残余液体和一定量的固化剂组成的悬浮液。木质素浆液包括铬木质素浆液和硫木质素浆液两类。

铬木质素浆液是亚硫酸盐废液中的木质素与重铬酸钠胶凝剂反应而形成的凝胶，具有加固和抗渗的作用。使用氯化铁作为促凝剂可有效地将凝结时间从几分钟调节到几十分钟。其抗压强度在 0.3～0.8MPa，但由于重铬酸钠的毒性大，该材料难以大量使用。

硫木质素浆液是基于铬木质素浆液技术，使用过硫酸铵完全取代重铬酸钠，使其成为低毒甚至无毒的木质悬浮液，是一种很有前景的密封材料。硫木质素浆液同样可以通过氯化铁来调节悬浮液的凝固时间，使其可以控制在几十秒到几十分钟的范围内，最终的抗压强度大于 0.5MPa，且冷凝物不溶于水、酸性和碱性溶液，化学性质稳定。

3.7.2 无机防水堵漏材料

无机防水堵漏材料是指用于抗渗、防水和堵漏的无机材料粉末。它以水泥为主要组分，掺入添加剂加工制成，代号为 FD。根据凝结时间和用途，该材料分为缓凝型（Ⅰ型）和速凝型（Ⅱ型）。缓凝型在潮湿的基层运用较多，而速凝型主要用于涌水基体上。产品标记的顺序是代号、类别、标准号。例如，缓凝型无机防水堵漏材料标记如下：FD Ⅰ GB 23440—2009。材料的物理力学性能应符合表 3-27 的要求。

无机防水堵漏物理力学性能[31]　　表 3-27

序号	项目		缓凝型（Ⅰ型）	速凝型（Ⅱ型）
1	凝结时间(min)	初凝	≥10	≤5
		终凝	≤360	≤10
2	抗压强度(MPa)	1h	—	≥4.5
		3d	≥13.0	≥15.0
3	抗折强度(MPa)	1h	—	≥1.5
		3d	≥3.0	≥4.0
4	涂层抗渗压力(MPa)(7d)		≥0.4	—
	试件抗渗压力(MPa)(7d)		≥1.5	
5	粘结强度(MPa)(7d)		≥0.6	
6	耐热性(100℃,5h)		无开裂、起皮、脱落	
7	冻融循环(20 次)		无开裂、起皮、脱落	

1. 水泥-无机促凝剂类

以普通水泥为基材，外掺一定比例的无机快凝组分，如水玻璃、生石膏粉、硫酸钠五矾防水剂、801 堵漏剂等。促凝组分需单独加工，并在现场与水泥拌合后方可使用。这类堵漏材料存在一些缺点，如凝结太快，往往拌合不均，质量难以保证；有的对皮肤有腐蚀作用，操作人员不愿使用；收缩性较大，堵水后周边常渗水，造成二次渗漏，防水效果差。目前这类材料使用不多。

2. 水泥-有机促凝剂类

以普通水泥为基材，掺入一定比例的有机溶液，如脂肪酸金属盐、合成树脂乳液和水溶性树脂等。这类材料价格昂贵，性能不稳定，效果较差，目前应用较少。

3. 合成堵漏材料[32]

以普通水泥为基材，加入一种或多种无机防水基材混合而成。这类材料无需现场配制，只需加入20%～30%的水拌合后即可使用。因使用操作方便，价格合理，效果良好等优势，近年来应用较广，常见的产品有"堵漏灵""901速效堵漏剂""防水宝"等。

4. 快速堵漏材料

中国建筑材料科学研究院开发生产的快速堵漏剂（简称FLSA）是一种新型的特种水泥类的堵漏材料。它用特定原料经高温烧成含有氟铝酸钙等矿物组分的烧结料，再经粉磨而成。该材料具有凝结硬化快、膨胀不收缩，强度与膨胀率匹配合理，抗渗性好，粘结强度高等优点，故堵漏硬化体与周边结合紧密，堵漏效果耐久可靠。常用的快速堵漏材料有"堵漏灵""防水宝""水不漏"。

"堵漏灵"防水堵漏材料是以无机原料制成的粉状高效多功能堵漏防水材料。这种材料无毒、无味，不污染环境，不损害施工人员的身体健康；粘结力强，抗渗性能好，耐候性强；在潮湿面上施工，操作简便，背水面和迎水面都能获得同样防水效果。其主要适用于新旧建筑工程的地下室、地下仓库、地铁、坑道、人防工程、水库大坝、蓄水池、水渠、游泳池等建筑的堵漏防水。

"防水宝"是一种建筑用刚性无机防水材料，外观呈固体粉状。该产品具有无毒、无味、不燃、耐化学腐蚀，粘结力好、强度高、抗冻抗渗性好等优异性能。"防水宝"系列包括Ⅰ型和Ⅱ型。Ⅰ型"防水宝"属水硬性无机胶凝材料，与石英粉以及硅酸盐水泥按一定比例混合料后使用。适用于自来水池、游泳池、养殖池、密封污水处理系统等的防水、防潮、防渗漏。Ⅱ型"防水宝"属固体粉状无机防水材料，加水调和即可使用。它具有干固快、强度高、抗渗性好、粘结力强无毒、无味等优点，而且能在大面积渗漏的施工面施工，达到快速止水的效果。它适用于所有建筑物中屋顶、地下室、水箱和隧道的防水和防漏。

"水不漏"是采用国内外先进技术开发的高效防渗材料，按固化速度分为缓凝型（Ⅰ型）和速凝型（Ⅱ型），适用于隧道、地下建筑物和结构的防水。它的主要特点是：可以带水使用，止水速度快，抗渗能力强，附着力强，耐水性好，涂层薄，成本低，粘结牢固。"水不漏"可用于各种砖、石、混凝土结构，尤其适合于各种地下构筑物、沟道、水池、厕浴间等工程的防潮、抗渗、堵漏；也可作为粘贴瓷砖、马赛克、大理石等块材的粘结材料。

5. 纳米防水水泥[33]

纳米防水水泥是一种可注入的渗透结晶型材料。普通水泥的可灌性不佳，主要是由于在外部压力的作用下，水分子从孔缝内泌出，水泥的颗粒会"团聚"在孔缝内，这种"团聚"体的体积比水泥的颗粒要大得多，堵住了混凝土内的孔缝，阻止了水泥浆的继续进入。纳米防水水泥即是在水泥中加入一部分硅酸盐溶液及胶体，避免水泥颗粒形成团聚体，并用一些外加剂加以改性，增加水泥浆的流动性、分散性、悬浮性和胶体塑性。这其中，纳米级的材料单体是不可缺少的成分。

通过纳米改性，水泥的可灌性会有很大提高。在压力的作用下，纳米防水水泥与混凝土体能紧密地联结成一个整体并结晶，在解决了防水问题的同时也提高或者恢复了混凝土的力学指标，与有机材料相比，这是其优点。这种材料可注入孔隙大于 0.3mm 的混凝土中解决渗漏问题，但仍难以注入小于 0.2mm 的孔隙。这表明纳米防水水泥仍有一定的不足，但这不影响其较高的应用价值，与有机材料相比，用纳米防水水泥灌浆更易解决渗漏的缺陷，防水等级更高，力学指标也更强。在实际工程中，可用于“蜂窝”、“麻面”、孔洞、徐变裂缝、混凝土劈裂、砖结构、老化混凝土以及止水带漏水等结构及部位的修复[34]。

3.8 新型防水材料

3.8.1 再生防水材料

由于建筑业突飞猛进的发展，防水材料的需求量逐年增加，各种各样的防水材料在过去几十年得到了飞速的发展。由于防水材料的巨大使用量以及国家对再生资源的开发利用十分重视，鼓励倡导可持续发展的原则，使得节约材料、对其他废弃物材料进行再利用成为一个重要的发展方向。其中，再生塑料与再生胶均可以作为原料生产出新的防水卷材应用于建筑工程中。

1. 再生 PVC 卷材

随着国民经济的发展，聚氯乙烯（PVC）薄膜的使用范围在日益扩大，工业、农业、民用消费量，都在逐年递增，其废弃量也随之增加。废弃 PVC 薄膜不易自解，其自然分解时间长达几十年，弃置于农田会危害土壤，进入水域对水生生物的危害更大。因此，需对它进行回收利用，这样既保护了环境，又节约了资源[35]。

聚氯乙烯（PVC）卷材具有弹性好、延伸率高、收缩小、低温韧性好、施工方便、美观、耐老化、无环境污染、防水效果好、使用寿命长等优点。但价格相对较贵，PVC 防水卷材一次性投资较高。以废旧软 PVC 塑料作为主体树脂生产高性能的 PVC 防水卷材，既可以有效处理废旧塑料，减少对环境的污染，实现资源的再生，又能降低 PVC 防水卷材的生产成本，提高社会效益和经济效益。相关试验证明，在废旧软聚氯乙烯回收塑料中添加一定量的 PVC 树脂、增塑剂 DOP、增韧剂 CPE、填充剂 $CaCO_3$ 及其他助剂，可以生产合格的 PVC 防水卷材[36]。

2. 丁基再生橡胶

丁基再生橡胶是异丁烯和少量异戊二烯的共聚物的再生产品，也是一种具有化学稳定性的再生橡胶，与乙丙氯丁再生橡胶并用作防水材料，具有耐老化性好的特点，又能改善各种天然橡胶与再生橡胶并用的生产工艺。

再生橡胶的生产工艺主要包括对废旧硫化橡胶进行分类清洗、干燥、粉碎、过筛配料、远红外辐射、捏炼、精炼，最终制成具有塑性并可再硫化的再生胶。由于硫化橡胶中的网状结构受到一定程度的破坏，故再生不能使硫化胶的聚合硫与橡胶分子分离，也不能使硫化橡胶复原到生胶的结构状态[37]。

废旧丁基橡胶可用辐射法进行降解，并将其用于生产建筑防水片材。丁基橡胶具有耐热、耐老化、耐水等特点，对基层伸缩开裂适应性强，可采用冷施工，能节约能源，减少环境污染。

从微观结构看，丁基橡胶的分子链排列十分整齐，不饱和程度很小，用一般再生方法很难达到完全再生效果。而高能射线对橡胶的主要作用是给予橡胶分子能量，使其发生电离和激发，通过电荷的中和及分子内部能量再分配，分子产生离合现象。降解的过程中，在γ射线的辐射下主链中C—C键键能被削弱，促进了主链的断裂，从而实现再生。辐射法制备的丁基再生橡胶基本保持了丁基橡胶良好的物理机械性能和耐臭氧老化性能。除此以外，其还具有优异的耐候性、耐热老化性、耐酸碱性、耐寒性，加之产品价格适中，符合国情，是一种具有良好发展前景的防水材料。

3. 共混体系

聚烯烃类塑料和橡胶都是非极性材料，且溶解度参数相近，这使得二者具有一定互溶性。再生丁基橡胶的小颗粒呈网状结构，当其与聚乙烯塑料共混时易形成一种热塑性弹性体，使其具有橡胶的弹性的同时，还可以在加热条件下拥有可塑性。另外，再生丁基橡胶具有耐老化性，这对于防水片材来说是最重要的性能。

在再生丁基橡胶和再生塑料的共混体系中，二者的混合比例对混合物的物理性能的影响非常明显。当橡胶的含量增加时，材料的抗拉强度下降，但延伸率上升，硬度下降。高聚物共混时，能否形成微多相形态结构是影响材料物理性能好坏的关键因素，大多数高聚物自身的相容性不好，与填料的相容性则更差，对此可通过加入相容剂来使其聚乙烯分子链和填料等形成共价键，从而提高相容性，降低共混所需消耗的能量，使二者易于混合，同时相容剂也会使材料的伸长率提高[38]。

采用再生丁基橡胶和再生聚乙烯塑料作为原料，通过机械共混所得到的热塑性弹性体材料具有优异的耐老化性、耐臭氧性，其使用温度的范围大，力学性能也能满足使用要求，可媲美正常的防水材料。这种再生防水材料的原料来源充足且价格低廉，所再生的防水卷材可适用于中、低档屋面或地下防水工程。该产品发挥了再生材料的优势，可以变废为宝，其应用前景是令人乐观的。

3.8.2 自修复材料

自修复这个概念诞生于20世纪90年代，其核心是通过能量和物质方面的补给，来模仿生物体受损伤后自愈合的功能，使得材料对内部或者外部损伤能够呈现自我应对的能力，即自修复和自愈合。使用自修复材料可消除使用过程中的隐患，延长使用寿命，提高性能，扩大使用范围[39]。

水泥基渗透结晶型防水材料（CCCW），由普通硅酸盐水泥、石英砂或硅砂以及带有活性功能基团的化学复合物组成。它是一种用于水泥混凝土的刚性无机防水材料，其与水作用后，材料中含有的活性化学物质以水为载体在混凝土中渗透，与水泥水化物产生不溶于水的针状结晶体，填塞毛细孔道和微细缝隙，从而提高混凝土致密性与防水性。水泥基渗透结晶型防水材料按使用方法分为水泥基渗透结晶型防水涂料（代号C）和水泥基渗透结晶型防水剂（代号A），即外涂型和掺入型两类[40]。

由于混凝土组分的多样性、内部结构的复杂性，一般认为水泥基渗透结晶型防水材料的自修复原理可以用沉淀反应机理和络合-沉淀反应机理解释。沉淀反应机理认为混凝土、水泥石中存在着大量的$Ca(OH)_2$和游离Ca^{2+}等碱性物质，当CCCW涂抹于混凝土表面时，活性化学物质会通过混凝土孔隙中存在的水渗透到混凝土内部，并与其中的游离石灰和氧化物发生化学反应，生成不溶于水的结晶体，从而使混凝土中的毛细管网、毛细孔及微裂缝等密封，这时材料便处于不漏水状态，从而实现防水自修复。因此，对于水泥基渗透结晶型防水材料，当防水有效，没有水分渗入混凝土内部，混凝土为干燥状态时，活性化学物质以固态形式存在，并不会发生化学反应。但是一旦混凝土产生微裂纹等缺陷时，外界的水会重新沿着新产生的裂纹再次进入混凝土，从而使得相应的活性物质遇水再次被激活，与混凝土中游离物质发生作用，直至裂纹再次被堵塞。

络合-沉淀反应机理是指进入混凝土内部的活性化学物质在 $Ca(OH)_2$ 的高浓度区可与其中的钙离子络合，形成易溶于水的、不稳定的钙络合物。钙络合物随水在混凝土孔隙中扩散，遇到未水化水泥、水泥凝胶体等活性较高的物质，硅酸根、铝酸根等会取代活性化学物质，发生结晶和沉淀反应，从而将 $Ca(OH)_2$ 转化为具有一定强度的晶体合成物，填充混凝土中的裂缝和毛细孔隙。而活性化学物质会重新出来，继续向内部迁移，不断反复地与未水化的物质进行反应，不断产出结晶，从而使裂缝、孔隙封闭[41]。

水泥基渗透结晶型防水材料具有较强的渗透性、永久的防水作用、独特的自我修复能力、特有的整体防水性能、防化学侵蚀，并对钢筋起保护作用，无毒、无味、无污染，对人体无害，适用于复杂的混凝土基面等特点。与传统材料相比，提供了一个长久解决防水问题的办法是它最大的优势。因此水泥基渗透结晶型防水材料可以应用于路桥工程、建筑外墙、厨卫防水、屋面维修等多个领域。

聚合物水泥防水涂料也是一种自修复材料，其自闭性能表现为防水涂膜在水的作用下，通过物理和化学反应使涂膜裂缝自行愈合、封闭。聚合物水泥防水涂料之所以具有自闭性能，是由于在浸水的环境下，当聚合物含量很高时，亲水的聚合物链运动能力提升，在微裂缝处受吸水膨胀产生挤压力的作用，分子链出现相互渗透、穿插、交缠现象，从而显现出一定程度的自愈合性能[42]。

聚合物水泥防水涂料中使用普通硅酸盐水泥及快硬硫铝酸盐水泥的水化产物相对比较稳定，其余的又易溶于水，在裂缝处不能形成堆积，无法堵塞裂缝；而快硬铁铝酸盐水泥水化产物一部分出现水解，形成沉淀堆积在裂缝处阻碍水分的通过，所以使用快硬铁铝酸盐水泥的涂料具有自修复性。由于吸水树脂的锁水功能比较强大，并且能够承受一定的水压，添加吸水树脂可以提高其自修复能力。并且增加粉料和水泥的用量，可以提高刚度，使形成的裂缝较小，从而提高自修复性能[43]。

3.8.3 喷涂速凝橡胶沥青防水涂料

喷涂速凝橡胶沥青防水涂料（简称 SQRA 防水涂料）是一种新型双组分防水涂料，能够在喷涂后瞬间固化成膜，其主要成分是由两种以上的高性能改性乳化橡胶沥青和化学促凝催化剂组成，具有迅速初凝固结特征的双组分系统[44-45]。该防水涂料采用冷机械高压喷涂作业，能使材料中的纳米成分和微小分子胶团迅速与混凝土水泥基层贴合，通过吸盘效应堵塞基面毛孔并固化成膜。这种材料与基材的黏附力好，综合性能突出，并且优化了传统防水卷材的施工工艺。

美国镭钠公司于 1993 年发明了 SQRA 防水涂料的生产技术，因性能优异，该防水涂料在北美、欧洲和中东等地区得到大规模的推广和应用。SQRA 防水涂料在国外被称为

“Liquid Rubber”，即液体橡胶。我国SQRA防水涂料的发展始于2007年，由天津波力尔科技发展公司从加拿大引进。到2009年，国内某些公司开始独立研发、生产SQRA防水涂料。随后，SQRA防水涂料在我国防水行业受到越来越多的重视和青睐，极大地推动了SQRA防水涂料的发展，其应用市场不断扩大。

SQRA防水涂料与传统防水卷材性能相比，具有如下优异的特性：

（1）成膜速度快。该防水材料利用促凝催化原理实现迅速初凝，能够快速成膜，初凝固化时间仅3～5s。

（2）产品适应性强，对基层要求低，施工条件简便。异形基面也可以使用，并且能够形成致密连续的防水层实现完美包覆。只要干净、无明水的表面即使是潮湿环境也可以施工。

（3）有超高弹性。该防水材料形成的涂膜具有高弹性，抗穿刺性能和耐冲磨性能，断裂延伸率达1200%～1400%，弹性恢复率高达96%，并具有优异的自愈能力，使用寿命长。对热胀冷缩型混凝土裂缝具有极好的防护性，对易剥落混凝土结构也有修复作用。

（4）耐高低温性、耐热稳定性和抗低温性能良好。成膜后在－20℃寒冷气候条件下也不会脆断，130℃高温条件下不流淌。

（5）耐化学腐蚀性能优异。一般情况下可耐常见的酸、碱和盐溶液，在化工行业、污水处理行业的罐体和结构中具有广阔的应用前景。

（6）防火性能好。该产品防火阻燃、离火自熄，燃烧性能符合安全施工要求。

（7）环保性好。其从原料生产到喷涂施工均为水性，无毒、无味、无刺激，生产、施工过程冷制冷喷，不使用有机溶剂，无明火、无污染，常温施工，无烟气排放。

（8）良好的粘结性。该涂膜易于黏附在混凝土、钢铁、木材、金属等多种材料表面，可以对基层起到很好的保护作用。

（9）涂装方式多。在施工过程中可以刷涂、喷涂和刮涂，涂装工艺简单，适应性强，可以在落水口、阴阳角、施工缝、结构裂缝等特殊部位作业。

尽管SQRA防水涂料有着诸多的优势，但是其防水质量和使用寿命易受施工质量影响，因此在使用时须注意以下几方面：

（1）材料是由两种组分构成，在使用时需要比较专业的喷涂施工，并且保证材料在自然条件下干燥、固化，最终成膜。

（2）根据不同的成膜厚度，需要对材料用量进行精准的控制，保证厚度的均匀性。如厚度1.5mm时，材料用量应为1.5～2.0kg/m^2。

（3）涂膜在固化成膜的初期，表面会析出少量水分，在施工过程中，要保证温度不低于5℃。

（4）对防水材料强度有较高要求的工程或防水重点部位要设置加强层。

喷涂速凝橡胶的应用十分广泛。在钢结构屋顶防水防腐中，由于喷涂速凝橡胶优异的防水性和施工便捷性，可以选择使用，比如长沙梅溪湖媒体中心的钢结构就应用了这种材料。在建筑物地下结构防水中，卷材应用较多，但是卷材在复杂部位不易施工，耐老化性能稍差，而普通的防水涂料使用年限较短并且环保性较差，因此喷涂速凝橡胶作为新型的高端防水涂料发挥空间较大。在屋面防水工程中，为避免防水涂料对环境和施工人员身体健康的损害，无毒无害的新型防水涂料将会得以使用。在桥梁、地铁、隧道工程中，卷材施工复杂，接缝过多常常会导致施工质量较低，喷涂速凝橡胶可以有效解决该问题。

随着我国工程建设高质量发展的不断推进，对防水材料的要求也越来越高。喷涂速凝橡胶沥青防水涂料是21世纪初发展起来的一种性能独特、效果较好的新型防水材料[46]，发展潜力巨大。

3.8.4 防水微晶材料

新型抗渗防水微晶材料是一种可生成具备优异防水性能的高性能砂浆防水膜层的材料。其主要成分为优质胶凝材料和优质级配骨料，并通过使用硅质类抗渗添加剂以及其他多种超细微晶防水防潮添加剂实现性能提升。其中，优质胶凝材料与骨料形成具备较高抗渗等级的刚性防水层；超细微晶材料则对胶凝材料的性质进行改善，进一步填充材料本身及混凝土基底形成的缝隙与孔隙，从而实现水泥基材料抗渗防水能力的增强。

防水微晶材料一般分为防潮型和防水型两种。防潮型防水微晶材料的优异性能主要表现在：1）强度较高，强度等级大于M15，凝结时间为3～8h；2）防水抗渗性能好，抗渗压力≥2.5MPa，保水性≥88%；3）自带吸潮功能，能够在一定程度上预防冷凝水带来的潮湿问题；4）耐腐蚀能力较好，可有效防止霉变；5）耐久性能优异，使用寿命与建筑主体结构寿命相当；6）组成材料无污染，生产及使用过程绿色环保，无毒无害；7）施工快捷方便。该材料可广泛应用于各种房屋建筑地下室的防潮处理，对市政地下工程中的地铁、车站、隧道的防潮、防霉、防结露也具有较好的适用性。但是该材料作为一种广泛意义上的高性能砂浆材料，抗裂性较差，工程应用时需要对结构基层开裂进行设计约束；同时，该材料容易受潮结块，运输、存储时要注意环境温湿度，并需要注意材料的保质期。

为了改善防潮型防水微晶材料的抗裂性能，科研人员对材料进一步添加聚合物树脂类胶粉，研发形成防水型防水微晶材料。该材料同样具备如下优点：较高的材料强度，28d强度≥24MPa，凝结时间为3～12h；较好的抗渗性能，抗渗压力≥1.5MPa；优异的耐腐蚀性能和耐久性；材料制作方便，且绿色环保无污染。更重要的是，其抗裂性能得到大幅度提升；与基层的粘结性能得到了加强，粘结强度≥1.2MPa；背水面防水能力出众。作为一种高性能抗裂砂浆类防水材料，该材料具备更广泛的适用性，可用于各种房屋建筑地下室渗漏背水面修补，地下工程结构的渗漏修补，游泳池、电梯井、污水井、地下室穿墙孔等长期浸水部位的渗漏修补。但是该材料对施工工艺要求较高，并且材料保质期较短，需要注意材料的保质期及运输存储条件。

参考文献

[1] 刘尚乐．沥青防水卷材［J］．中国建筑防水材料，1986（1）：37-48.

[2] 刘婧．SBS改性沥青防水卷材的性能与应用［J］．合成材料老化与应用，2010，39（4）：29-32.

[3] 中国建筑材料工业协会．弹性体改性沥青防水卷材：GB 18242—2008［S］．北京：

中国标准出版社，2009.
[4]　侯本申，李鹏，蒋雅君．我国高聚物改性沥青防水卷材专利技术综述 [J]．新型建筑材料，2013，40 (9)：65-68.
[5]　中国建筑材料工业协会．塑性体改性沥青防水卷材：GB 18243—2008 [S]．北京：中国标准出版社，2008.
[6]　中国建筑材料联合会．自粘聚合物改性沥青防水卷材：GB 23441—2009 [S]．北京：中国标准出版社，2010.
[7]　敖光智，耿彦威，张萍．合成高分子防水卷材的特点及其发展 [J]．品牌与标准化，2014 (10)：11-12.
[8]　中国石油和化学工业联合会．高分子防水材料 第1部分：片材：GB 18173.1—2012 [S]．北京：中国标准出版社，2013.
[9]　赵守佳．浅谈国内聚氨酯防水涂料的现状和趋势 [J]．聚氨酯工业，2000 (3)：9-12.
[10]　中国建筑材料联合会．聚氨酯防水涂料：GB/T 19250—2013 [S]．北京：中国标准出版社，2014.
[11]　林劲柏，庄希勇．我国聚氨酯的现状和发展 [J]．广东建材，2018，34 (9)：72-73.
[12]　中国建筑材料联合会．聚合物水泥防水涂料：GB/T 23445—2009 [S]．北京：中国标准出版社，2010.
[13]　邓超．自闭型聚合物水泥防水涂料 [J]．新型建筑材料，2006 (8)：39-40.
[14]　王治，邓超．聚合物水泥防水涂料发展概述 [J]．新型建筑材料，2009，36 (10)：79-81.
[15]　崔崇．浅析PVC板材热转印技术 [J]．上海塑料，2014 (1)：46-49.
[16]　中国轻工业联合会．硬质聚氯乙烯板材 分类、尺寸和性能 第1部分：厚度1mm以上板材：GB/T 22789.1—2008 [S]．北京：中国标准出版社，2009.
[17]　倪士民，麻晓雷．PVC发泡板材的开发与应用 [J]．化工时刊，1999，13 (6)：18-20.
[18]　刘君．PVC低发泡板材应用迎来高速增长 [J]．应用科技，1999 (8)：19.
[19]　中国轻工业联合会．绝热用挤塑聚苯乙烯泡沫塑料 (XPS)：GB/T 10801.2—2018 [S]．北京：中国标准出版社，2019.
[20]　钱选青．挤塑板是否适用于外墙外保温 [J]．建设科技，2006 (15)：48-50.
[21]　刘振华，熊玉钦，刘志维．EVA防水板产品质量的鉴别 [J]．中国建筑防水，2015 (20)：17-19.
[22]　国家铁路局．铁路隧道防水材料 第1部分：防水板：TB/T 3360.1—2014 [S]．北京：中国铁道出版社，2015.
[23]　弓晓芸，严虹．彩色涂层钢板在房屋建筑中的应用 [J]．钢结构，2007，22 (1)：23-26.
[24]　全国轻质与装饰装修建筑材料标准化技术委员会．建筑防水沥青嵌缝油膏：JC/T 207—2011 [S]．北京：中国建材工业出版社，2012.

[25] 全国轻质与装饰装修建筑材料标准化技术委员会．聚氨酯建筑密封胶：JC/T 482—2003 [S]．北京：中国建材工业出版社，2003.
[26] 中国建筑材料工业协会．聚硫建筑密封胶：JC/T 483—2006 [S]．北京：中国建材工业出版社，2007.
[27] 中国石油和化学工业联合会．高分子防水材料 第2部分：止水带：GB 18173.2—2014 [S]．北京：中国标准出版社，2015.
[28] 中国石油和化学工业联合会．高分子防水材料 第3部分：遇水膨胀橡胶：GB 18173.3—2014 [S]．北京：中国标准出版社，2015.
[29] 郑亚平，杨晓东，赵卫全．堵漏灌浆材料 AC-MS 的研究与应用 [J]．防渗技术，2002，8 (4)：11-15.
[30] 刘玉亭，孙德文，冉千平，等．高性能水活性聚氨酯灌浆堵漏材料的制备与性能研究 [J]．中国建筑防水，2015 (1)：11-14+20.
[31] 中国建筑材料联合会．无机防水堵漏材料：GB 23440—2009 [S]．北京：中国标准出版社，2010.
[32] 韩江凌．水溶性聚氨酯堵漏灌浆材料的制备及性能研究 [D]．西安：西安科技大学，2015.
[33] 王权平，朱琳．"纳米防水水泥"修复混凝土缺陷的理论与实践 [J]．市政技术，2010，28 (1)：144-148.
[34] 何波辉．纳米防水水泥在超限结构地下防水工程中的应用 [J]．建筑技术，2017，48 (2)：195-197.
[35] 周元海，刘永挺．利用废聚氯乙烯薄膜制建筑防水材料 [J]．化工环保，1991，11 (4)：242-243.
[36] 吴清鹤，谭寿再，王玫瑰．PVC 防水卷材的配方研究 [J]．塑料工业，2006，34 (12)：60-62.
[37] 李光祖．废旧硫化橡胶的再生及其在防水材料中的应用 [J]．中国建筑防水，1990 (4)：19-23.
[38] 李素，贾兰琴，付吉元．再生防水材料的研究 [J]．中国物资再生，1992 (10)：11-12.
[39] 周振哲，王东，项晓睿．JS 防水涂料自修复性能测试方法的研究 [J]．中国建筑防水，2017 (21)：15-18+23.
[40] 中国建筑材料联合会．水泥基渗透结晶型防水材料：GB 18445—2012 [S]．北京：中国标准出版社，2013.
[41] 陈光耀，吴笑梅，樊粤明．水泥基渗透结晶型防水材料的作用机理分析 [J]．新型建筑材料，2009，36 (8)：68-71.
[42] 韩光，段文锋，王会元，等．聚合物水泥防水涂料的自闭性能研究 [J]．中国建筑防水，2017 (13)：1-4.
[43] 韩朝辉．聚合物水泥防水涂料的自修复性能研究 [J]．中国涂料，2011，26 (9)：55-58.
[44] 刘志杰，边振江，尚昊，等．喷涂速凝橡胶沥青防水材料在工程中的应用 [J]．

新型建筑材料，2010，37 (8)：77-79.
［45］ 卢飞，赵磊，祝志，等．喷涂速凝橡胶沥青防水涂料的特性与应用研究［J］．新型建筑材料，2016，43 (5)：120-122.
［46］ 许尚农，刘晓丽，黄毅翔，等．喷涂速凝橡胶沥青防水涂料在建筑领域的应用现状及发展前景［J］．新型建筑材料，2017，44 (4)：137-139.

第4章　混凝土抗渗性能

4.1　混凝土抗渗性与抗渗要求

混凝土的抗渗性通常采用抗渗等级或渗透系数表征。其中，抗渗等级是在我国较为普遍采用的评级标准。混凝土抗渗等级以28d龄期的标准试件，按“逐级加压法”进行试验时所能承受的最大水压力来确定。GB 50164—2011[1]规定，混凝土抗渗性划分成六个等级：P4、P6、P8、P10、P12、＞P12，相应表示能抵抗0.4MPa、0.6MPa、0.8MPa、1.0MPa、1.2MPa、1.2MPa以上的静水压力而不渗水。“逐级加压法”是20世纪50年代由苏联引进的，具有试验方法简单、试验结果直观的优点，但部分研究者认为该方法表征抗渗性能的准确性有待商榷[2]。基于渗透高度试验的抗渗系数在英国、德国等欧洲国家应用广泛。类似地，我国GB/T 50082—2009[3]采用渗水高度试验和“相对渗透系数”来描述混凝土的抗渗性能。渗透高度试验相较“逐级加压法”更加科学合理，但渗透高度试验的试验要求高、时间长，无法适应工程实践需要。值得注意的是，“逐级加压法”所得抗渗等级与渗透高度法所得渗透系数间存在一定的内在联系，可将“逐级加压法”看作渗透高度法的一个特例。

我国工程建设各行业现行规范中对混凝土的抗渗要求和评定方法不尽相同，通常根据水力坡降（作用水头与混凝土厚度之比）规定混凝土防水等级和最大水灰比。现行的国家标准GB 50069—2002[4]、交通行业标准JTS 202—2—2011[5]、水利行业标准SL 319—2018[6]等均依据水力坡降来决定抗渗等级，见表4-1。国家标准GB 50108—2008[7]中则按不同结构埋深，要求混凝土达到不同抗渗等级，见表4-2。

混凝土抗渗等级设计取值　　**表4-1**

<table>
<tr><th colspan="3">《水运工程混凝土质量控制标准》
JTS 202—2—2011</th><th colspan="3">《给水排水工程构筑物结构设计规范》
GB 50069—2002</th><th colspan="3">《混凝土重力坝设计规范》
SL 319—2018</th></tr>
<tr><th>水力坡降</th><th>抗渗等级</th><th>最大水灰比</th><th>水力坡降</th><th>抗渗等级</th><th>最大水灰比</th><th>水力坡降</th><th>抗渗等级</th><th>最大水灰比</th></tr>
<tr><td>＜5</td><td>P4</td><td>0.55</td><td>＜10</td><td>S4</td><td rowspan="5">0.50</td><td>＜10</td><td>W4</td><td rowspan="5">不同部位最大水灰比在0.45～0.60</td></tr>
<tr><td>5～10</td><td>P6</td><td>0.5</td><td>10～30</td><td>S6</td><td>10～＜30</td><td>W6</td></tr>
<tr><td>11～15</td><td>P8</td><td rowspan="3">0.45</td><td>＞30</td><td>S8</td><td>30～＜50</td><td>W8</td></tr>
<tr><td>16～20</td><td>P10</td><td></td><td></td><td>≥50</td><td>W10</td></tr>
<tr><td>＞20</td><td>P12</td><td></td><td></td><td></td><td></td></tr>
</table>

地下工程混凝土抗渗等级设计取值　　　　表 4-2

工程埋置深度(m)	抗渗等级	最大水灰比
<10	P6	水灰比不得大于 0.50,有侵蚀性介质时水灰比不得大于 0.45
10～<20	P8	
20～<30	P10	
≥30	P12	

相较于以水力坡降为选择依据的方法，依据埋置深度来选定混凝土抗渗等级的方法存在两方面问题。首先，结构埋置深度与水头压力高低的相关性并不明确。在地下水位较低的地区，埋置深度远远大于实际的水头高度，依据埋置深度要求混凝土抗渗等级并不合理。其次，混凝土的几何厚度对结构的抗渗能力具有重要影响，在混凝土材料抗渗等级不变的基础上，增大混凝土墙板的厚度同样可以达到抗渗要求。因此，考虑最大水头压力、混凝土厚度对结构抗渗性能的影响，以水力坡降为选择依据确定混凝土抗渗要求更为科学合理。

由于现行规范中混凝土的抗渗等级采用无应力状态下的素混凝土逐级加压试验，实际工程中受到荷载和环境的影响，混凝土结构长期处于一定应力状态下，特别是拉应力状态，对混凝土抗渗要求应考虑一定的富裕度。因此可以适当提高混凝土抗渗等级要求，将来也可以增加不同应力状态下（如受拉应力）混凝土抗渗能力的测定方法。配筋混凝土相较素混凝土对耐久性的要求更为严格，特别是在海水环境等有侵蚀性介质的条件下。因此，在一些规范中已经对钢筋混凝土的强度等级、抗冻性等级、最大水灰比等均提出了更为严格的要求，但在混凝土抗渗等级选定方面缺乏更加有针对性的相关规定。

4.2　普通抗渗混凝土设计[8]

普通抗渗混凝土是由普通混凝土发展而来，通过调整配合比满足建筑防水所需的抗渗等级要求。普通抗渗混凝土具有材料来源广泛，制备、施工便捷等优势，设计优良的普通抗渗混凝土最高抗渗压力可达 3.0MPa。

普通抗渗混凝土的主要组分包括水泥、粗细骨料和水，其中对水泥和粗骨料具有较高的要求。制备普通抗渗混凝土时要求水泥具有较好的抗渗性能，较低的水化热、较小的泌水性等特点，一般要求选用 42.5 级以上的水泥。为了降低砂浆的孔隙率，应当适当减小水灰比，增加水泥用量和砂率，保证粗骨料周围的砂浆包覆。

抗渗混凝土的粗骨料选择方面，首先要求骨料本身密实度高、抗渗性强，如卵石和碎石。两类常用粗骨料对普通抗渗混凝土抗渗性的影响参见表 4-3。其次，要求选择恰当的粗骨料级配，特别是限制粗骨料的最大粒径。由于混凝土是具有三相结构的复合材料，其硬化过程中水泥砂浆和石子的收缩不协调会导致大量原生裂隙，而粗骨料粒径越大，收缩差越显著，因此，抗渗混凝土中粗骨料粒径不应大于 40mm。

粗骨料对普通抗渗混凝土抗渗性的影响　　表 4-3

水灰比	水泥用量(kg/m³)	砂率(%)	石子品种	坍落度(cm)	抗压强度(MPa)	抗渗压力(MPa)
0.50	400	51.5	卵石	6.20	21.7	>2.5
			碎石	1.10	26.8	2.3
0.55	382	51.5	卵石	7.50	20.8	>2.6
			碎石	3.30	27.7	2.5
0.60	333	51.5	卵石	5.40	21.4	1.4
			碎石	2.30	23.3	0.9
0.50	340	32	卵石	1.07	27.2	>2.5
			碎石	0.10	31.4	1.2
0.55	327	32	卵石	5.00	30.3	1.0
			碎石	0.53	30.8	0.8
0.60	300	32	卵石	11.05	25.0	1.2
			碎石	0.35	25.6	0.8

注：粗骨料最大粒径为 30mm。

普通抗渗混凝土的配合比设计一般采用绝对体积法，设计时主要包括以下步骤：

(1) 水灰比的确定。为了保证混凝土材料的抗渗性，往往要求混凝土具有较低的水灰比，相应的强度一般能够满足设计要求，因此抗渗混凝土的设计中优先考虑其抗渗性，其次考虑和易性和强度要求。混凝土材料中的水灰比直接影响着材料的强度和内部原生孔隙结构特征。硅酸盐水泥水化反应中的理论水灰比限值为 0.25，因此，理论上讲，在水泥水化完全的前提下，水灰比越低，混凝土固化后的孔隙率越低，抗渗性能越好。过高的水灰比会导致混凝土固化后，内部包含大量原生孔隙，出现强度过低，抗渗性较差的现象。然而，在工程实践中，过低的水灰比会导致混凝土施工困难，浇筑和振捣过程中将引入大量气泡，造成混凝土强度和抗渗性的劣化。综合考虑水化反应机理和工程实践需要，抗渗混凝土的水灰比一般不大于 0.55。混凝土抗渗等级与最大水灰比对应关系见表 4-4。

混凝土抗渗等级对应最大水灰比　　表 4-4

设计抗渗等级	最大水灰比	
	C20～C30	C30 以上
P6	0.60	0.55
P8～P12	0.55	0.50
>P12	0.50	0.45

(2) 确定拌合水和水泥的用量。普通抗渗混凝土的坍落度不得超过 50mm，泵送混凝土的坍落度在 100～140mm。在设计中，根据工程实际情况，考虑结构条件、施工工艺等因素，确定普通抗渗混凝土的坍落度，然后确定用水量。

在确定用水量之后，可以根据水灰比计算水泥用量，计算式如下：

$$m_c = \frac{m_w}{W/C} \tag{4-1}$$

式中：m_c——水泥用量（kg）；

m_w——用水量（kg）；

W/C——水灰比。

由于过低的水泥用量会导致拌合物黏滞性较差，出现分层离析等施工质量问题，因此，水泥用量在普通抗渗混凝土中不低于 $320kg/m^3$。

（3）砂率的确定。在水灰比和水泥用量一定的前提下，抗渗混凝土的抗渗性一定程度上还受到砂率的影响。抗渗混凝土的砂率可依据普通混凝土配合比设计方法中的砂率确定方法来选定，参见表4-5。试验表明，较高的砂率有助于提高混凝土的抗渗性，抗渗混凝土的砂率宜选为35%～45%。

抗渗混凝土砂率设计 **表4-5**

水灰比	卵石最大公称粒径			碎石最大公称粒径		
	10.0mm	20.0mm	40.0mm	16.0mm	20.0mm	40.0mm
0.40	26%～32%	25%～31%	24%～30%	30%～35%	29%～34%	27%～32%
0.50	30%～35%	29%～34%	28%～33%	33%～38%	32%～37%	30%～35%
0.60	33%～38%	32%～37%	31%～36%	31%～41%	35%～40%	33%～38%

注：本表中数值系中砂的选用砂率，对细砂，可相应地降低砂率。

（4）粗细骨料用量计算。假定混凝土总体积等于各组分绝对体积之和，依据前述的砂率，采用绝对体积法即可计算获得粗细骨料的用量。

$$\frac{m_c}{\rho_c}+\frac{m_w}{\rho_w}+\frac{m_{sg}}{\rho_{sg}}=1000 \tag{4-2}$$

式中：m_c，ρ_c——$1m^3$ 混凝土中的水泥用量（kg/m^3），水泥密度（t/m^3）；

m_w，ρ_w——$1m^3$ 混凝土中的水用量（kg/m^3），水的密度（t/m^3）；

m_{sg}，ρ_{sg}——$1m^3$ 混凝土中的砂石总用量（kg/m^3），砂石混合密度（t/m^3）。

1）砂石混合密度按式(4-3) 计算。

$$\rho_{sg}=\rho_s\beta_s+\rho_g(1-\beta_s) \tag{4-3}$$

式中：ρ_s——细骨料的表观密度（t/m^3）；

ρ_g——粗骨料的表观密度（t/m^3）；

β_s——砂率。

2）砂石总用量按式(4-4) 计算。水泥密度一般取 $2.9\sim3.1t/m^3$。

$$m_{sg}=\rho_{sg}\left(1000-\frac{m_c}{\rho_c}-\frac{m_w}{\rho_w}\right) \tag{4-4}$$

3）按式(4-5)、式(4-6) 分别计算细、粗骨料的用量。

$$m_s=m_{sg}\beta_s \tag{4-5}$$

$$m_g=m_{sg}-m_s \tag{4-6}$$

在计算完成后，对胶砂比进行校验，胶砂比以1∶2～1∶2.5为宜。过低的胶砂比会导致混凝土拌合物黏性较差，极为干涩，不利于拌合。而过高的胶砂比又伴随着不均匀收缩问题。因此，合适的胶砂比才有利于提高混凝土的抗渗性。

（5）试配与配合比的确定。根据步骤（1）～（4），可初步确定混凝土的质量配合比：

$$水泥：细骨料：粗骨料 = m_c : m_s : m_g$$

$$水灰比 = \frac{W}{C} \tag{4-7}$$

依据以上配合比进行材料的称量，其中，粗细骨料的称量以干燥状态为基准。称量完成后进行试配，检验混凝土的坍落度、黏聚性、保水性、含气量等指标。当拌合物不符合标准时，原则上调整用水量和含砂量，以保持水灰比不变，直到指标符合要求。从以上试验获取基准配合比，并在基准配合比基础上针对水灰比增减 0.05，获得 3 组配合比。根据 3 组配合比分别制样并开展抗渗性试验和强度测试试验。依据强度试验建立强度-水灰比关系，再结合抗渗试验结果确定混凝土最终配合比。

4.3 高抗渗性能混凝土设计[8]

1950 年 5 月，美国国家标准与技术研究院（NIST）和美国混凝土协会（ACI）首次提出高性能混凝土的概念。它以耐久性作为设计的主要指标，针对不同用途要求，对耐久性、工作性、适用性、强度、体积稳定性和经济性等性能重点予以保证。在防水工程中，混凝土兼具承重、围护和防水三方面的作用，要求抗渗混凝土除抗冻性、抗渗性明显高于普通混凝土之外，其抗化学腐蚀性能也应显著优于普通强度混凝土。因此，制备出具有高抗渗性的高性能混凝土是保障建筑防水工程质量的重要基础。抗渗混凝土的密实性、憎水性和抗渗性是多方面因素共同作用的结果，主要因素包括配合比、外加剂、水泥品种、养护方法和龄期等。抗渗混凝土的设计应考虑以下原则：

1）满足建筑工程所需的抗渗性要求，兼顾强度、耐久性要求。

2）根据工程实际情况和经济性要求，确定水泥品种和水泥强度等级，优先选择本地砂石材料。

3）根据性能需要选择合适的外加剂和外掺料。

4.3.1 高抗渗性能混凝土减水剂

减水剂是一种能够提高水泥水化效率，减少单位用水量，提高混凝土和易性的外加剂。通过添加不同类型的减水剂可有效提高混凝土的抗渗性能。减水剂的引入降低了水泥颗粒之间的吸引力并减少了水泥颗粒的絮凝，从而改善了水泥的分散效果。减水剂能够在保障混凝土稠度要求的前提下，显著降低水灰比。而水灰比对混凝土的密实性和抗渗性具有决定性的影响，水灰比增大时混凝土的渗透系数将迅速增大，当水灰比由 0.4 增长至 0.7 时，渗透系数增大 100 倍以上。减水剂的种类众多，分类方法多样，常用分类依据包括塑化效果、引气量、凝结时间及早期强度、原材料及化学成分等（表 4-6）。

常用减水剂种类及主要特征 **表 4-6**

分类依据	减水剂种类	主要特征
塑化效果	普通减水剂	减水率 5%～10%
	高效减水剂	减水率大于 10%

续表

分类依据	减水剂种类	主要特征
引气量	引气型减水剂	含气量 3.5%～5.5%
	非引气型减水剂	含气量小于 3%。国内将含气量小于 2%的称为非引气型减水剂，3%左右称为低引气型减水剂
凝结时间及早期强度	早强型减水剂	具有显著提高混凝土早期强度的效果，3d 强度提高 100%，7d 强度提高 70%，28d 强度提高 40%
	标准型减水剂	初凝时间延长 1～3.5h，终凝时间延长不超过 3.5h
	缓凝型减水剂	延缓凝结时间 2～5h，大大改善混凝土和易性
原材料及化学成分	木质素磺酸盐类减水剂	由纸浆废液加工而得，属于天然高分子化合物，可分为钙盐和钠盐两类，其中木质素磺酸钙最为常用
	聚烷基芳基磺酸盐类减水剂	又称煤焦油系减水剂，由煤焦油中某些馏分经磺化反应生产磺酸衍生物，而后与甲醛缩合，并进行中和处理所得
	磺化三聚氰胺甲醛树脂磺酸盐类减水剂	又称蜜胺树脂减水剂，由三聚氰胺、甲醛、亚硫酸钠经磺化、缩聚而成，属于阴离子表面活性剂
	糖蜜类减水剂	以制糖工业制糖过程中提炼食用糖后剩余残液（即糖蜜）为原材料，与石灰调制而成，属于非离子表面活性剂
	聚羧酸减水剂	具有掺量低，保坍性好，收缩率低，生产过程中不使用甲醛等优点

混凝土中减水剂的使用，不仅具有减少用水量的作用，其功能还包括增强、引气、塑化、缓凝、降低水泥初期水化热、提高拌合物黏聚性等作用。不同种类的减水剂的功能有所不同，可根据工程实际情况加以选择。具有减水引气作用的减水剂常用于配制耐冻融、耐盐类侵蚀、防水的混凝土。具有减水增强作用的减水剂可用于配制早强混凝土，可有效缩短工期、加速场地周转；可用于配制高强混凝土，或采用较低强度等级水泥制备高强混凝土，在大跨度结构、高层建筑中使用此类混凝土可缩小结构断面。具有塑化作用的减水剂可显著改善混凝土施工条件、加快施工进度，提高浇筑混凝土的质量，主要用于泵送混凝土、商品混凝土和流态混凝土。对于在高温施工环境中制备混凝土，应选择具有较强阻滞效果的减水剂；在制备大体积混凝土时，建议选择降低初始水化热的减水剂。

工程中最为常用的几种减水剂包括亚甲基萘磺酸钠（MF）、亚甲基二萘磺酸钠（NNO）、糖蜜、聚羧酸减水剂和木质素磺酸钙等。多环芳香族磺酸钠系的 NNO 和 MF 多用于冬期低温施工的抗渗混凝土工程中，均属于高效减水剂，减水率达 12%～20%，能够显著改善和易性，同时具有一定的增强效果，可增强 15%～20%。其中，MF 兼具引气作用，抗冻性、抗渗性优于 NNO。多环芳香族磺酸钠系减水剂由于价格偏高，货源较少，实际应用较少。糖蜜类减水剂具有掺量小、经济实惠的优势，且具有显著缓凝作用。木质素磺酸钙具有较好的减水效果，减水率为 10%～15%，同时兼具引气、增塑、缓凝等作用，且价格低廉，货源充足，常用于大坝等大体积混凝土工程当中。但相比 NNO 和 MF 等高效减水剂，木质素磺酸钙的分散作用较弱。同时，温度较低时混凝土强度发展较慢，木质素磺酸钙不适合冬期施工。

减水剂抗渗混凝土的配合比设计一般采用绝对体积法，具体的设计步骤可参考普通抗渗混凝土。但由于减水剂对抗渗混凝土的水灰比有直接影响，应在普通抗渗混凝土配合比的用水量中减除部分用水量开始设计。配合比设计中应注意以下几点：

1）抗渗混凝土的水泥用量一般在 350kg/m^3 左右，具体用量根据混凝土强度而定。

要求水泥具有泌水性小、水化热低等特性，强度等级不低于42.5MPa，可选择普通硅酸盐水泥和矿渣水泥。

2）抗渗混凝土制备一般采用中砂，含砂率不低于35%。

3）水灰比的确定优先考虑混凝土抗渗性，其次考虑强度要求，一般水灰比控制在0.5～0.6；抗渗性要求较高，抗渗等级高于P12时，水灰比需进一步降低至0.45～0.5。

不同品种减水剂的建议掺量如表4-7所示，具体掺量宜根据施工实际所有材料进行配合比试验，在施工中误差应控制在±1%以内。当混凝土内拌入掺合料时，减水剂的减水效果可能会受到影响，故应适当调整减水剂的掺量。减水剂应溶于60℃左右的温水中，制成浓度20%的溶液后掺入混凝土中。

不同减水剂的建议掺量　　表4-7

减水剂种类	建议掺量(%)	备注
木质素磺酸钙	0.2～0.3	掺量大于0.3%会导致混凝土强度过低或过分缓凝
NNO、MF	0.5～1.0	由于此类减水剂成本较高，在此范围内可控制混凝土的造价，对混凝土其他性能影响不大
糖蜜	0.2～0.3	掺量大于0.3%会导致混凝土强度过低或过分缓凝

注：建议掺量为减水剂占水泥质量的百分比。

4.3.2 高抗渗性能混凝土引气剂

引气剂在本质上是一种表面活性剂，它能够定向吸附于气泡表面形成坚固的单分子吸附膜。常用的引气剂包括皂苷类、烷基苯磺酸类及松香树脂类引气剂三种。通过添加引气剂可在混凝土内引入均匀、稳定、互不连通的微小气泡，改变混凝土内部含气量，从而改善混凝土的抗渗性能。混凝土的含气量和孔隙孔径分布特征直接影响其抗渗性能，而引气剂抗渗混凝土的孔隙结构由其原材料特性、混凝土配合比设计和施工工艺共同决定。

原材料方面，引气剂抗渗混凝土配制中对水泥品种不作特殊要求，矿渣水泥、普通硅酸盐水泥、火山灰水泥均可作为配制原料。在引气剂掺量相同的情况下，普通硅酸盐水泥混凝土的含气量高于矿渣水泥和火山灰水泥混凝土的含气量。一般采用中砂或细砂作为细骨料，砂的粒径越小，则混凝土内部孔隙平均孔径越小，然而过小的粒径会增加用水量和水泥用量，一定程度上导致混凝土收缩性的增长。综合考虑以上因素，在引气剂抗渗混凝土中选用细度模数2.6的砂为宜。对粗骨料无特殊要求，一般采用级配（10～20)mm∶(20～40)mm＝30∶70。在引气剂掺量一定时，混凝土含气量会随着骨料粒径的增大和砂率的减小而减小。拌合水的硬度增大会导致引气剂引气效果变差，一般采用饮用水即可。

配合比设计方面，一般按照普通抗渗混凝土配合比设计方法确定基准配合比，然后根据试验条件确定引气剂用量。在设计参考配合比时，应特别注意胶砂比和水灰比的设计。胶砂比直接影响混凝土黏度，较低的胶砂比降低混凝土的黏度，影响混凝土密实性。当胶砂比较高时，混凝土质地不均匀，影响抗渗性能。而水灰比对引气剂抗渗混凝土的抗渗性能具有更为显著影响。一方面，水灰比对混凝土内部原生孔隙结构和毛细管网络的发展程度都具有直接影响；另一方面，水灰比不同对应的引气剂极限掺量也不相同。为了保证混凝土同时满足抗渗性和强度要求，引气量一般不超过6%，相应的水灰比和引气剂极限掺量如表4-8所示。

水灰比与引气剂极限掺量的关系　　表 4-8

水灰比	0.50	0.55	0.60
引气剂极限掺量	1/10000～5/10000	0.5/10000～3/10000	0.5/10000～1/10000

在确定基准配合比的基础上，设计确定引气剂的种类及其用量。引气剂的种类和掺量直接影响着引气剂抗渗混凝土内的含气量和孔隙结构特征，均匀、细小的孔隙能够有效提高混凝土的抗渗性能，并相应改善其抗冻性和耐腐蚀性。引气剂引入的气泡呈球形，直径在 0.02～0.2mm，气泡间距应小于 0.2mm。当引入气泡孔径过大或气泡数量过多，含气量过高时，往往出现混凝土性能的快速下降。在常用的三种引气剂中，烷基苯磺酸引气剂具有高发泡能力和低掺量的优点。例如，十二烷基苯磺酸钠仅需水泥质量 0.006%的掺量。但这一类引气剂所产生的气泡稳定性较差，消泡时间短，小气泡会在破碎后聚集为大气泡，对建筑物的表观质量有潜在影响。皂苷类引气剂能够产生具有较厚泡壁的气泡，气泡较为稳定，混凝土试件的强度也相对较高。但皂苷类引气剂引入的气泡黏聚力过强，不易分散，均匀性较差，对混凝土拌合物和易性的改善效果不显著。松香树脂类引气剂具有引气效率高、掺量小、对混凝土和易性改善效果好等优点。然而，由于这种引气剂的聚合度不同，由不同的引气剂引起的质量差异是巨大的。抗渗混凝土常用引气剂用量及性能见表 4-9。

常用引气剂种类及主要特征　　表 4-9

名称	有效成分	建议掺量(%)	主要特征
PC-2 引气剂	松香热聚物	0.006	具有引气、减水作用，含气量 3%～8%，混凝土强度略有降低，常用于港工、水工混凝土工程
CON-A 引气减水剂	松香皂三乙醇胺	0.005～0.01	具有引气、减水、增强作用，含气量 8%左右，常用于有防冻、防渗、耐碱要求的混凝土工程
OP 乳化剂	烷基酸环氧乙烷缩聚物	0.005～0.06	具有引气、减水作用，有效改善混凝土和易性，含气量 4%左右，减水率 7%左右
烷基磺酸钠引气剂	烷基磺酸钠等	0.008～0.01	具有引气作用，含气量 4%左右，常用于有防冻、防渗要求的水工混凝土
烷基苯磺酸钠引气剂	烷基苯磺酸钠	0.005～0.01	具有引气作用，含气量 3.7%～4.4%，常用于有防冻、防渗要求的混凝土工程

注：引气剂建议掺量为占水泥质量的百分比。

引气剂的搅拌方法和时间，振捣模式和时间以及固化条件对抗渗性有很大影响。通常，在引气剂相同的条件下，充气加气混凝土具有比手动搅拌更高的气体含量。混凝土的气体含量首先趋于增加，然后随着搅拌时间的增加而减少。在初始搅拌阶段，气体含量随着搅拌时间的增加而增加，并在 2～3min 达到峰值。在随后的搅拌过程中，气体含量逐渐降低。振捣过程导致气泡破裂和气体含量减少。振动频率越高，振动时间越长，气体损失越大。为了平衡夹带混凝土的空气的紧凑性和夹带效应，当使用振动台或平面振动器时，振动持续时间不得超过 30s；当使用插入式振动器时，振动持续时间应进一步缩短。

4.3.3 高抗渗性能混凝土早强剂

在混凝土中加入适量的早强剂，可以提高早期强度和抗渗性能。早强剂可分为无机早强剂、有机早强剂和复合早强剂。在早期阶段，单独使用无机早强剂，后期使用复合早强剂，充分发挥早强效应，达到减水、增强和密实的效果。

三乙醇胺早强剂是建筑防水工程中最为常用的一类早强剂。该早强剂为无臭、不燃的橙黄色透明黏稠状液体，呈碱性，掺入混凝土后可提高混凝土早期强度和密实性。它由水、三乙醇胺和氯化钠三种材料按照不同配合比制备而成，常用的基本配方见表4-10。其中，配方1常用于常温及夏期施工，配方2、3可用于冬期施工。掺入适量的三乙醇胺早强剂，抗渗压力可提高3倍以上，混凝土的抗渗性能显著提高，如表4-11所示。从表中可知，对于重要的防水工程宜采用序号2和序号4的混凝土配合比。

三乙醇胺防水剂配料 **表4-10**

配方	主要组分	组分用量1(kg)	组分用量2(kg)
配方1	水	98.75	98.33
	三乙醇胺0.05%	1.25	1.67
配方2	水	86.25	85.83
	三乙醇胺0.05%	1.25	1.67
	氯化钠0.5%	12.50	12.50
配方3	水	61.25	60.83
	三乙醇胺0.05%	1.25	1.67
	氯化钠0.5%	12.50	12.50
	亚硝酸钠1%	25.00	25.00

注：1. 表中为每100kg三乙醇胺复合防水剂的配料表；

2. 组分用量1为采用化学纯度100%的三乙醇胺配制所需用量，组分用量2为采用纯度75%的工业三乙醇胺配制所需用量，所用氯化钠和亚硝酸钠均为工业品；

3. 表中百分数为水泥质量分数，如“三乙醇胺0.05%”表示三乙醇胺占水泥质量0.05%。

三乙醇胺抗渗混凝土的抗渗性能 **表4-11**

序号	水泥品种	水泥：砂：石子	水灰比	水泥用量(kg/m³)	早强防水剂(%)		抗渗压力(MPa)
					三乙醇胺	氯化钠	
1	52.5级普通水泥	1：1.6：2.93	0.46	400	—	—	1.2
2	52.5级普通水泥	1：1.6：2.93	0.46	400	0.05	0.5	>3.8
3	42.5级矿渣水泥	1：2.19：3.50	0.60	342	—	—	0.7
4	42.5级矿渣水泥	1：2.19：3.50	0.60	342	0.05	—	>3.5
5	42.5级普通水泥	1：2.66：3.80	0.60	300	0.05	—	>2.0

注：1. 序号1、2、5所用砂细度模数为2.16～2.71，石子粒径为20～40mm；

2. 序号3、4石子粒径为5～40mm。

早强剂抗渗混凝土配合比设计方面，与引气剂抗渗混凝土设计相类似，首先按照普通抗渗混凝土配合比设计方法确定基准配合比，而后根据试验情况确定早强剂掺量。配合比设计时应注意以下几点：

1）可采用普通硅酸盐水泥或矿渣水泥进行配制。由于早强剂对混凝土具有早强、增强和密实的作用，因此其水泥用量低于其他抗渗混凝土（可低至300kg/m³）。

2）配制用砂选用中砂，砂率宜取40%左右。在水泥用量减少的前提下，需相应提高砂率以保障混凝土的砂浆量，掺入三乙醇胺早强剂后，胶砂比可小于普通抗渗混凝土1∶2.5的限制。

4.3.4 高抗渗性能混凝土密实剂

在混凝土拌合物中掺入适量密实剂可以提高混凝土密实度，从而改善混凝土的抗渗性。根据抗渗防水机理的不同，抗渗混凝土中使用的密实剂主要包括减渗性密实剂和憎水性密实剂两类，其中减渗性密实剂以氯化铁密实剂为代表，憎水性密实剂以硅质密实剂为代表。

用于制备密实剂的氯化铁的原料主要包括氧化铁、铁粉和工业盐酸。氯化铁在混凝土内部生成氢氧化铁和氢氧化铝胶体，填充混凝土的原生孔隙，阻塞水的渗透通道，进而改善混凝土的致密性和抗渗性。制备氯化铁防渗混凝土的过程可以参考普通抗渗混凝土。设计中应注意以下几点：

1）氯化铁防渗混凝土中所用水泥可以是普通硅酸盐水泥或火山灰水泥。

2）设计水灰比不宜大于0.55，水泥用量不宜小于310kg/m^3，水泥用量增加过多对混凝土抗渗性能影响不大。

3）氯化铁密实剂的掺量取3%左右，掺量过大对混凝土干缩、凝结时间有不良影响。

4）养护条件对氯化铁防渗混凝土的抗渗性能影响显著，自然养护时需时刻保持混凝土充分湿润，需采用湿草袋覆盖、定期浇水养护等方式。蒸汽养护试样抗渗性能优于自然养护试样，但养护温度不宜高于50℃。

硅质密实剂则属于有机聚合物类防水剂，主要成分包括甲基硅醇钾（钠）和高沸硅醇钾（钠）。与氯化铁通过提高密实性改善混凝土抗渗性的机理不同，硅质密实剂在混凝土内部的孔壁和毛细管壁表面形成致密性良好的憎水膜（甲基硅醚），提高混凝土的抗渗性。硅质密实剂能够在混凝土材料内部颗粒表面形成包覆膜，在保护材料不受风化作用影响的前提下，保留了粒间通风和排水性能，使得在混凝土硬化过程中多余的水分得以顺利排出。硅质密实剂本身是无色或淡黄色液体，可直接涂刷于墙壁、预制板、地面的表面形成防水膜，也可以与水混合后制成硅水配制抗渗混凝土。有机硅水属于碱性材料，在工程环境有特殊要求时，可适当加入硫酸铝或硝酸铝配制中性硅水，配合比见表4-12。

硅水配合比 **表4-12**

硅水类型	质量比		
	硅质防水剂	水	硫酸铝或硝酸铝
碱性硅水	1	7～9	—
中性硅水	1	5～6	0.4～0.5

硅质密实剂抗渗混凝土的配制方法与普通抗渗混凝土类似，但对混凝土配合比要求较高。应当注意硅质密实剂抗渗混凝土的原材料中不可使用火山灰水泥，选用普通硅酸盐水泥强度等级不宜低于42.5级。配制用砂宜选用含泥量不大于2%的中砂或粗砂，骨料宜选用含泥量不大于1%的碎石。

4.3.5 高抗渗性能混凝土膨胀剂[9]

掺入膨胀剂可使混凝土产生适当体积膨胀，从而弥补混凝土的干缩变形，以达到提高混凝土密实性和抗渗性的目的。

混凝土膨胀剂的作用机制主要是掺入混凝土中的膨胀剂与水泥、水发生水化反应生成水化硫铝酸钙或氢氧化钙，引发固相体积膨胀。混凝土膨胀剂性能指标如表4-13所示。根据膨胀产品的不同，膨胀剂通常分为硫铝酸钙类、氧化钙类、氧化镁类、氧化铁类和复合类。常用膨胀剂的推荐用量如表4-14所示。在建筑防水工程领域主要使用硫铝酸钙类、硫铝酸钙-氧化钙类和氧化钙类膨胀剂。

另外，也可采用膨胀水泥为原材料制备的抗渗混凝土，其防水机制是利用膨胀水泥自身具有的体积膨胀补偿混凝土干缩造成的体积减小，实现混凝土密实性和抗渗性的强化。膨胀水泥根据膨胀源可分为两种类型：硫铝酸钙型膨胀水泥和氧化钙型膨胀水泥。其中，常见的硫铝酸钙型膨胀水泥膨胀机理是形成钙矾石，其固相体积膨胀率在1.22～1.75之间。氧化钙型膨胀水泥的膨胀机理是氧化钙与水反应生成的氢氧化钙膨胀，固相体积膨胀率为0.98。

混凝土膨胀剂的性能指标 **表4-13**

项目			指标值	
			Ⅰ型	Ⅱ型
细度	比表面积(m^2/kg)	≥	200	
	1.18mm筛筛余(%)	≤	0.5	
凝结时间	初凝(min)	≥	45	
	终凝(min)	≤	600	
限制膨胀率(%)	水中7d	≥	0.025	0.050
	空气中21d	≥	−0.015	−0.010
抗压强度(MPa)	7d	≥	22.5	
	28d	≥	42.5	

注：本表摘自《混凝土膨胀剂》GB/T 23439—2017。

抗渗混凝土膨胀剂的品种及建议掺量 **表4-14**

膨胀剂品种	建议掺量(%)	适用范围
明矾石膨胀剂	13～17	可广泛应用于屋面及地下防水、基础后浇缝、钢筋混凝土、预制构件、预应力混凝土等领域
硫铝酸钙膨胀剂	8～10	
氧化钙膨胀剂	3～5	
氧化钙-硫铝酸钙复合膨胀剂	8～12	

注：掺量为膨胀剂占水泥的质量百分比。

膨胀抗渗混凝土的设计流程与普通抗渗混凝土设计相同，但由于选用了膨胀水泥或掺入膨胀剂，在设计中需注意以下几点：

1）水泥可选用膨胀水泥、普通硅酸盐水泥、矿渣水泥、火山灰水泥、粉煤灰水泥等。水泥用量不低于350kg/m^3，推荐用量为350～380kg/m^3。

2）膨胀剂用量可参考表4-14，并根据工程的实际要求以及所用水泥特性对膨胀剂用量进行调整，以最为常用的U型膨胀剂（United Expansing Agent）为例，根据配筋情况和水泥特性建议掺量（占水泥质量的百分比）如表4-15所示。

3）采用膨胀剂制备膨胀抗渗混凝土时，配合比设计计算中水泥用量一般取膨胀剂和水泥质量之和。特别地，膨胀剂选用铁屑膨胀剂时，其质量不计入水泥用量。

4）要求水灰比不大于 0.60，建议水灰比取 0.50～0.52。

U 型膨胀剂建议掺量　　**表 4-15**

使用条件	水泥强度等级	U 型膨胀剂建议掺量(%)
砂浆	42.5	6～8
	52.5	6～10
低配筋混凝土	42.5	10～12
	52.5	10～14
高配筋混凝土	42.5	8～10
	52.5	8～12

4.4　抗渗性能检测标准和试验方法

4.4.1　标准规范

抗渗性是混凝土的长期性能之一，各国均有相应的测试规范（表 4-16），例如 EN 12390-8：2009（英国）、ASTM C642：2013（美国）、GB/T 50082—2009（中国）等。其中，美国、英国和欧洲的标准相似，而我国的国家标准与欧洲标准差别较大。欧洲标准的抗渗试验样品可以是圆柱形、立方形或棱柱形，我国国家标准采用圆柱形或圆台形试样。在抗渗试验过程中，欧洲标准规定了压力作用区域对应于试样尺寸的一半，初始压力约 0.5MPa，我国国家标准与行业标准的测试过程和结果计算也存在差异。

国内外混凝土抗渗性测试规范　　**表 4-16**

标准名称及编号	标准类别
《普通混凝土长期性能和耐久性能试验方法标准》GB/T 50082—2009	中国国家标准
《水运工程混凝土试验检测技术规范》JTS/T 236—2019	中国交通行业标准
《水工混凝土试验规程》DL/T 5150—2017	中国电力行业标准
《硬化混凝土试验　第 8 部分：加压时水的渗透深度》BS EN 12390-8：2009	英国国家标准
《硬化混凝土密度、吸收性及空隙度标准试验方法》ASTM C642：2013	美国国家标准

4.4.2　测试方法

常用的混凝土材料抗渗性能检测方法包括逐级加压法、相对渗透系数法、电通量法、快速氯离子迁移系数法和气体渗透法等五种测试方法。

1. 逐级加压法

该方法通过逐步施加水压来实现，并且通过抗渗等级来评价混凝土的抗渗性能。根据《普通混凝土长期性能和耐久性试验方法标准》GB/T 50082—2009[3]，测试流程和要求如下：

1）试件的制备与安装：试样采用上口内部直径 175mm、下口内部直径 185mm、高度 150mm 的圆台体，每组试验以 6 个试件为一组。试件采用标准养护（温度 20±2℃，相对湿度95%以上），龄期为28d。在达到试验龄期前一天，从养护室中取出试件，待试件表面干燥后进行密封。密封材料宜选用石蜡加松香或水泥加黄油等材料，也可采用橡胶套等其他有效密封材料。

2）逐级加压试验：试验时，水压应从0.1MPa开始，以后每隔8h增加0.1MPa水压，并随时观察试件顶端面渗水情况。当6个试件中有3个试件表面出现渗水时，或加至规定压力（设计抗渗等级）在8h内6个试件中表面渗水试件少于3个时，可停止试件并记录相应水压力。

3）试验结果计算：混凝土的抗渗等级应以每组6个试件中有4个试件未出现渗水时的最大水压力乘以10来确定。混凝土的抗渗等级应按下式计算：

$$P=10H-1 \tag{4-8}$$

式中：P——混凝土抗渗等级；

H——6个试件中有3个试件渗水时的水压力（MPa）。

2. 相对渗透系数法

本方法采用一次加压法进行试验，依据测试中试样的平均渗水高度计算混凝土的渗透系数。根据《水工混凝土试验规程》DL/T 5150—2017[10]，试验中恒定压力（0.8MPa）24h后，测试水的平均渗透高度，并根据下式计算相对渗透系数：

$$K_r=aD_m^2/2tH \tag{4-9}$$

式中：K_r——相对渗透系数（mm/h）；

a——混凝土的吸水率，一般为0.03；

D_m——平均渗水高度（mm）；

t——恒压时间（s）；

H——水压力，以水柱高度表示（mm）。

3. 电通量法

电通量法是国内外评估混凝土抗氯离子渗透性能的常用试验方法。它由美国测试和材料协会开发，是一种氯离子渗透到混凝土中的标准测试方法[11]。该方法在我国国家标准《普通混凝土长期性能和耐久性能试验方法标准》GB/T 50082—2009的7.2节中被引用。应该注意的是，电通量法不适用于测试混有良好导电材料如亚硝酸盐和钢纤维的混凝土的氯离子渗透性。

测试程序如下：

1）在规定的试验龄期56d前，对预留的试块进行钻芯制作，试件直径为95～102mm，厚度为51±3mm，试验时以三块试件为一组。将试件暴露于空气中至表面干燥，以硅橡胶或树脂密封材料涂于试件侧面，必要时填补涂层中的孔道以保证试件侧面完全密封。测试前应进行真空饱水。将试件放入1000mL烧杯中，然后一起放入真空干燥器中，启动真空泵，数分钟内真空度达133Pa以下，保持真空3h后，维持这一真空度并注入足够的蒸馏水，直到淹没试件。试件浸泡1h后恢复常压，再继续浸泡18±2h。

2）从水中取试件，抹掉多余水分。将试件安装于试验槽内，用橡胶密封环密封，并用螺杆将两试验槽和试件夹紧，以确保不会渗漏。然后将试验装置放在20～23℃的流动水槽中，其水面宜低于装置顶面5mm，试验应在20～25℃恒温室内进行。将浓度为3.0%的氯化钠和0.3mol/L的氢氧化钠溶液分别注入试件两侧的试验槽中，注入氯化钠溶液的试验槽内的铜网连接电源负极，注入氢氧化钠溶液的试验槽内的铜网连接电源正极。

3）接通电源，对上述两铜网施加60V直流恒电压，并记录电流初始读数I_0，通电并保持试验槽中充满溶液。开始时每隔5min记录一次电流值，当电流值变化不大时，每隔10min记录一次电流值，当电流变化很小时，每隔30min记录一次电流值，直至通电6h。

4）绘制电流与时间的关系图，将各点数据以光滑曲线连接起来，对曲线作面积积分，或按梯形法进行面积积分，即可得到试验6h通过的电量。取同组3个试件通过电量的平均值，作为该组试件的电流量。可以使用以下简化公式计算每个样品的总电流量：

$$Q=900(I_0+2I_{30}+2I_{60}+\cdots+2I_t+2I_{300}+2I_{330}+2I_{360}) \tag{4-10}$$

式中：Q——通过试件的总电流量（C）；

I_0——初始电流（A），精确到0.001A；

I_t——在时间t（min）的电流（A），精确到0.001A。

4. 快速氯离子迁移系数法（RCM）

该方法原理是利用外加电场的作用引起位于测试片外部的氯离子迁移到测试片的内部。一段时间后，将试验片沿轴向切开，通过喷射硝酸银溶液测量氯离子的渗透深度，以计算混凝土中氯离子的扩散系数。测试程序如下：

1）试件在试验室制作时，一般可使用ϕ100mm×300mm或150mm×150mm×150mm的试模。标准试件尺寸为ϕ100±1mm，h=50±2mm。试件制作后立即用塑料薄膜覆盖并移至标准养护室，24h后拆模并浸没于标准养护室的水池中。试验前7d加工成标准试件尺寸的试件，并用砂纸（200～600号）、细锉刀打磨光滑，然后继续浸没于水中养护至试验龄期。试件在实体混凝土结构中钻取时，应先切割成标准试件尺寸，再在标准养护室水池中浸泡72h，然后才可以进行试验。

2）试件安装前需进行15min超声清洗并用相距200～300mm的电吹风（用冷风挡）吹干。超声浴槽事先需用饮用水（室温）冲洗60s。试件的表面应该干净、无油污、无灰砂。置RCM测定仪在20±5℃的实验室中，其试验槽在试验前需用40±2℃的温饮用水冲洗干净。试件的直径和高度应该在试件安装前用游标卡尺测量（精度0.1mm），并填入显色深度计算表和试验原始记录表。试件装入试件筒内，拧紧环箍螺丝至30～35N·m。

3）在无负荷状态下，把40V/5A的直流电源调到30±0.2V，然后关闭电源。把装好试件的试件筒安装到试验槽中，安装好阳极板，然后在试件筒中注入约300mL 0.2mol/L的KOH溶液，使阳极板和试件表面均浸没于溶液中。在试验槽中注入（含5%NaCl的0.2mol/L KOH）溶液，直至试件筒中的KOH溶液的液面。打开电源，记录时间，同步测定并联电压、串联电流和温度。测量电流时，万用表调到200mA挡；测量电压时，万用表调到200V挡；两种溶液的温度测定应精确到0.2℃。试验时间按测得的初始电流确定。试验数据填入试验原始记录表。试验结束时，先关闭电源，断开连线，取出试件筒，倒出KOH溶液，松开环箍螺丝，然后从上向下移出试件。

4）试件从试件筒移出后，在压力试验机上劈成两半。在劈开的试件表面立即喷涂显色指示剂，混凝土表面一般变黄（实际颜色与混凝土颜色相关），其中含氯离子部分明显较亮；表面稍干后（约10min）喷0.1mol/L $AgNO_3$ 溶液；然后将试件置于采光良好的实验室中，含氯离子部分不久（约1d）即变成蔷薇紫罗兰色（颜色和时间按混凝土掺和料的不同略有变化），不含氯离子部分一般显灰色。若直接在劈开的试件表面喷涂0.1mol/L $AgNO_3$ 溶液，则可在约15min后观察到白色硝酸银沉淀。测量显色分界线离底面的距离，把测定值（精确到毫米）填入记录。计算所得的平均值即为显色深度。试验后排除试验溶液，结垢或沉淀物用黄铜刷清除，试验槽和试件筒仔细用饮用水和洗涤剂冲洗60s，最后用蒸馏水洗净并吹干。

5）混凝土氯离子扩散系数按下式计算：

$$D_{\mathrm{RCM},0}=2.872\times10^{-6}\ \frac{Th(x_{\mathrm{d}}-\alpha\sqrt{x_{\mathrm{d}}})}{t} \tag{4-11}$$

$$\alpha=3.338\times10^{-3}\sqrt{Th} \tag{4-12}$$

式中：$D_{\mathrm{RCM},0}$——RCM法测定的混凝土氯离子扩散系数（m^2/s）；

T——温度（K）；

h——试件高度（m）；

x_{d}——氯离子扩散深度（m）；

t——通电试验时间（s）；

α——辅助变量。

一组试样的混凝土氯离子扩散系数为3个试样的算术平均值。如有一个测值与中值的差值超过中值的15%，则应剔除此值，再取其余两值的平均值为测定值；如有两个测值与中值的差值都超过中值的15%，则该组试验取中值为测定值。

5. 气体渗透法

气体渗透法是根据混凝土在气体的压力之下所产生的一系列变化对混凝土的渗透性能进行评价，并能够计算出混凝土的渗透系数。这种方法的优点很多，并且测量也相对快捷。测试步骤如下：

1）将试件烘干至恒重；

2）将空气抽空或注入气体至一定的压强 P_1，记下时间 t_1；

3）当压强变为 P_2（自定）时，或当 $t_2=t_1+t$（t 自定，如取 $t=120s$），读 P_2；

4）重复以上的2）、3）步，直到压强变化率为恒定时，以此计算混凝土的渗透系数。

4.5 荷载和环境作用下混凝土抗渗性能

近年来，混凝土耐久性劣化加剧成为困扰世界各国工程界的重大问题，部分国家每年在修缮钢筋混凝土建筑方面的投入高达数百亿美元。混凝土的渗透性与其耐久性之间存在着十分密切的关系，提高混凝土的抗渗性能是改善其耐久性能的关键。如前所述，针对混凝土本身渗透性的测试方法已趋成熟，但在实际工程中混凝土结构的渗透性往往是由外部因素（荷载作用、环境作用等）和内部因素（材料渗透性）共同决定的。混凝土结构在使用过程中经受着荷载和环境的双重作用，长期处于一定应力水平必然导致混凝土产生微观裂缝甚至宏观裂缝，严重影响混凝土结构的抗渗性能。

4.5.1 荷载对混凝土渗透性的影响

国内外针对应力状态下混凝土渗透性变化的研究已经取得了丰硕的成果，研究内容涉及荷载类型、加载方式、荷载大小等方面。

在各种荷载类型中轴向拉力对混凝土抗渗性能影响最为直接，相关研究也最为常见。Desmettre C 和 Charron J P[12] 进行了普通混凝土和纤维混凝土在拉应力作用下抗渗性能的对比分析。研究结果表明，相比于普通混凝土，纤维混凝土具有开裂时间较晚，裂纹扩展较慢的优势，纤维混凝土渗透系数在各级应力条件下均比普通混凝土低 60%～70%。Charron J P 等[13] 开展了拉应力作用对超高性能纤维混凝土抗渗性能影响的研究，超高性能纤维混凝土本身具有超低渗透率，同时具有显著的拉应力强化特征，因此超高性能纤维混凝土中存在 0.13%的残余拉伸变形时仍能保持较优的抗渗性能，其允许裂缝开度可达 0.13mm，远大于普通混凝土的 0.05mm。Liu H 等[14] 也对纤维混凝土进行了拉力作用后抗渗性能的试验研究，并在此基础上建立了纤维混凝土抗渗性能预测的数学模型。研究结果表明，得益于纤维混凝土受拉作用时形成的裂纹宽度均较小，纤维混凝土受拉作用下仍能保持较高的抗渗性，其渗透率与拉应力具有二次函数关系。进一步的研究中分析了纤维混凝土渗透率随时间变化规律，试验结果表明受到纤维混凝土中微裂隙自修复现象的影响，在卸载后的一段时间内，纤维混凝土的渗透率逐渐降低。在对纤维混凝土内单一裂纹渗透率的分析中指出，纤维混凝土中单一裂纹渗透率随时间（30 天内）呈现指数增长。

而对于受轴向压力的混凝土，其渗透性变化与荷载大小密切相关。当轴向压力小于 30%极限压力时，混凝土内部原生裂纹在荷载作用下趋于闭合，混凝土渗透性降低；而较大的压力则会导致新裂纹的产生与发展，从而增大混凝土的渗透性。Tegguer A D 等[15] 的研究表明，轴压作用对混凝土材料产生的初始损伤对其抗渗性能具有显著影响，随着初始裂隙的增大，混凝土的渗透系数逐步增长。由于高性能混凝土本身具有较高的密实度，其抗渗性能始终优于普通混凝土。

对于受弯构件，混凝土受拉区的渗透性与拉应力呈正相关关系，特别是混凝土开裂后，渗透性急剧增大。Qian C 等[16] 对不同荷载和开裂条件下的混凝土试样进行了渗透性能测试，并基于测试结果提出了一系列混凝土中水分渗透模型。研究中指出，无论试样是否承受外荷载作用，未开裂混凝土中的水分渗透过程符合非线性达西模型。而对于已经开裂的混凝土，水分是通过这些裂纹进入混凝土内部的，此时水分传输规律符合线性达西模型。

加载方式对混凝土的渗透性同样存在影响，在持荷作用下，混凝土的渗透性对荷载的大小反应较为敏感；随着荷载的增大，受拉时渗透性增大，受压时渗透性变为先减小后增大。而对于加载到一定程度后卸载的情况，荷载往往需要达到一定阈值后才会对混凝土的渗透性产生影响，如受压试验中，荷载需达到极限荷载的 80%～90%才会导致混凝土抗渗性的增大。周期疲劳荷载对混凝土的抗渗性能影响往往是逐步增大的，Ahn W 和 Reddy D V[17] 对不同水灰比混凝土试样在疲劳荷载作用下的氯离子渗透性进行了研究，试验结果表明混凝土的抗渗性能受到疲劳荷载、尺寸效应和水灰比三种因素的影响。其中，疲劳荷载作用的影响显著大于静力作用，试样中裂纹数量和平均长度均有增长。

4.5.2 环境因素对混凝土渗透性的影响

在实际环境中，混凝土构件不仅要承受荷载，还要受到各种环境因素的影响，如干湿循环、冻融、碳化等。近年来，国内外学者先后开展了一些环境因素作用对混凝土渗透性的影响的研究，尤其是环境-荷载共同作用下混凝土渗透性的相关研究备受关注。

1. 干湿循环

在潮汐区，混凝土构件不仅承受着结构自重引起的压荷载、振动设备引起的疲劳荷载等作用，也经常受到干湿循环的影响。Wang Y 等[18] 比较了人工潮汐环境和盐雾环境对混凝土中氯离子扩散系数的影响，潮汐环境对混凝土抗渗性能的影响显著大于盐雾环境。彭智[19] 的研究中建立了干湿循环与荷载耦合作用下氯离子侵蚀混凝土的模型，研究成果同样得出了干湿循环作用对混凝土氯离子抗渗性具有不利影响的结论。

Castel A 等[20] 对持续荷载-干湿循环共同作用下混凝土的氯离子渗透性进行了长达 20 年的跟踪研究。具研究中对比了持续受弯试件和无荷载试件的渗透性，结果表明，长期干湿循环作用下混凝土氯离子渗透系数逐渐增大，应变最大区的氯离子渗透系数比无应变区增加 40%。

孙伟、蒋金洋、王晶等[21] 测试了疲劳荷载-干湿循环共同作用下高性能混凝土和高性能纤维混凝土试件的氯离子扩散系数。研究中首先对试件施加疲劳弯曲荷载，而后进行 NaCl 溶液的干湿循环，测试了 20 次干湿循环后试件内部氯离子含量。结果表明，氯离子含量随疲劳载荷下残余应变的增加而增加。当残余应变小于 60×10^{-6} 时，氯离子含量变化不大；当残余应变大于 120×10^{-6} 时，混凝土中的氯离子含量显著增加，氯离子的扩散系数大于无初始损伤试样扩散系数的两倍。

2. 冻融循环

在冻融环境下，混凝土内温度应力、结晶膨胀力等多种作用力加速了混凝土内部裂缝的生成，提高了混凝土材料的渗透性。彭超[22] 研究了冻融循环对混凝土中氯离子渗透率的影响，发现氯离子的扩散系数与循环次数呈线性增长关系。

针对冻融循环-疲劳荷载共同作用对混凝土的氯离子渗透性的影响的研究目前较少，前人的研究工作主要集中在结构层面。人们普遍认为，疲劳荷载的影响和冻融循环对混凝土性能的影响与单一因素的影响差别不大。

3. 碳化作用

二氧化碳的进入会造成混凝土的碱性降低，对钢筋的防锈具有不良影响，但碳化作用往往引起混凝土内部孔隙率的减小和孔隙结构连通性的降低，能够一定程度上降低混凝土的渗透性。周胜兵[23] 对不同应力水平下荷载与碳化对氯离子扩散性的研究表明，碳化作用后混凝土的氯离子扩散系数变小，但减小幅度很小，碳化作用对氯离子的扩散性影响并不显著，但钢筋锈蚀后对混凝土氯离子扩散性的影响需要进一步研究。

参考文献

[1] 中华人民共和国住房和城乡建设部．混凝土质量控制标准：GB 50164—2011［S］．北京：中国建筑工业出版社，2011.

[2] 胡骏．论刚性防水［J］．中国建筑防水，2020（7）：1-13.

[3] 中华人民共和国住房和城乡建设部．普通混凝土长期性能和耐久性能试验方法标准：GB/T 50082—2009［S］．北京：中国建筑工业出版社，2009.

[4] 中华人民共和国住房和城乡建设部．给水排水工程构筑物结构设计规范：GB 50069—2002［S］．北京：中国建筑工业出版社，2003.

[5] 中华人民共和国交通运输部．水运工程混凝土质量控制标准：JTS 202—2—2011［S］．北京：人民交通出版社，2011.

[6] 中华人民共和国水利部．混凝土重力坝设计规范：SL 319—2018［S］．北京：中国水利水电出版社，2018.

[7] 中华人民共和国住房和城乡建设部．地下工程防水技术规范：GB 50108—2008［S］．北京：中国计划出版社，2008.

[8] 沈春林．建筑防水工程设计［M］．北京：中国建筑工业出版社，2008.

[9] 中国建筑材料联合会．混凝土膨胀剂：GB/T 23439—2017［S］．北京：中国标准出版社，2017.

[10] 中国电力企业联合会．水工混凝土试验规程：DL/T 5150—2017［S］．北京：中国电力出版社，2018.

[11] American Society for Testing and Materials. Standard test method for electrical indication of concrete's ability to resist chloride ion penetration：ASTM C1202-19［S］．Philadelphia：American Society for Testing and Materials，2008.

[12] DESMETTRE C，CHARRON J P. Water permeability of reinforced concrete with and without fiber subjected to static and constant tensile loading［J］．Cement & Concrete Research，2012，42（7）：945-952.

[13] CHARRON J P，DENARIÉ E，BRÜHWILER E. Permeability of ultra high performance fiber reinforced concretes（UHPFRC）under high stresses［J］．Materials & Structures，2007，40（3）：269-277.

[14] LIU H，ZHANG Q，GU C，et al. Influence of microcrack self-healing behavior on the permeability of engineered cementitious composites［J］．Cement & Concrete Composites，2017，82：14-22.

[15] TEGGUER A D，BONNET S，KHELIDJ A，et al. Effect of uniaxial compressive loading on gas permeability and chloride diffusion coefficient of concrete and their relationship［J］．Cement & Concrete Research，2013，52（10）：131-139.

[16] QIAN C，HUANG B，WANG Y，et al. Water seepage flow in concrete［J］．Construction & Building Materials，2012，35（35）：491-496.

[17] AHN W，REDDY D V. Galvanostatic testing for the durability of marine concrete

under fatigue loading [J]. Cement & Concrete Research, 2001, 31 (3): 343-349.
[18] WANG Y, LIN C, CUI Y. Experiments of chloride ingression in loaded concrete members under the marine environment [J]. Journal of Materials in Civil Engineering, 2014, 26 (6): 1-7.
[19] 彭智. 干湿循环与荷载耦合作用下氯离子侵蚀混凝土模型研究 [D]. 杭州: 浙江大学, 2010.
[20] CASTEL A, FRANCY O, FRANCOIS R, et al. Chloride diffusion on reinforced concrete beam under sustained loading [C] // International Conference on Recent Advances in Concrete Technology. 2001.
[21] 孙伟, 蒋金洋, 王晶, 等. 弯曲疲劳载荷作用下 HPC 和 HPFRCC 抗氯离子扩散性能研究 [J]. 中国材料进展, 2009, 28 (11): 19-26.
[22] 彭超. 单向荷载、冻融循环及龄期对混凝土氯离子渗透性的影响研究 [D]. 大连: 大连理工大学, 2010.
[23] 周胜兵. 环境因素与弯曲荷载对混凝土抗腐蚀性能影响的试验研究 [D]. 杭州: 浙江工业大学, 2011.

第5章　防水体系与设计原则

5.1　防水体系

建筑防水体系（Building Waterproofing System）涵盖建筑、结构、材料、造价、施工、维护等方面，是一个多元性动态系统。防水体系中的设计、材料、工法与结构主体、环境、防水材料的固有性能、维护管理和工程造价等因素密切关联，相辅相成。例如，某种防水材料品质很好，但由于节点设计不合理，或建筑物的结构设计不合理，或施工工法不当，维护管理不到位等，仍旧可能导致防水失效。因此，探究建筑防水体系中元素间的关系，对提高防水系统的可靠度，保证建（构）筑物的防水耐用年限和使用功能，具有重要指导作用[1]。

5.1.1　结构与材料[1]

结构层（即结构基层）目前主要为钢筋混凝土结构，也有少量木结构、钢结构、膜结构等。结构设计应充分考虑结构刚度和变形可能引起的屋面开裂，合理设计变形分格缝满足防水设防的要求。

防水层依附于结构层，即以结构层为基层。防水层与结构层通常紧密连接，结构设计范围内的建筑物不均匀沉降量以及结构受力变形、温差变形、干缩变形和徐变等产生的裂缝虽不危及结构安全和影响结构正常工作，但这些变形在叠加后对承载力相对脆弱的防水层而言可能难以承受。尤其在防水层使用年限的后期，防水材料已逐渐老化变脆变硬，力学性能退化，防水层更易受拉开裂。

材料防水是指在防水主体外设防水层或在防水主体的裂缝（接缝）处采用相应的防水材料弥补裂缝；构造防水是指在防水主体上采用一些构造措施实现防水，如利用滴水、空腔构造等切断和阻止水进入结构表面，是综合考虑了防水工程的功能和特性后所作的防水设计。

当防水材料粘结强度很高时，防水层则紧密粘贴在基层上，此时即使防水材料强度再高，延伸率再好，防水层也难以适应基层变形的要求，它常常随着基层的开裂而被拉裂。为了解决这一问题，铺设防水材料一般采取减小其与基层的粘结力或使两者完全脱离的措施，以避免基层开裂和变形对防水层的影响，比如可采用空铺法、点粘法、条粘法、压埋法、机械固定法工艺或采用不干胶粘结。对于刚性细石混凝土防水层，若受基层制约，当温度骤降基层结构收缩时，防水层就会受到较高拉应力而产生裂缝。设有刚性保护层的防水层，若保护层与防水层粘结过牢，当刚性保护层受热膨胀，防水层会因受拉而开裂，所以也应采取一定的隔离措施，使防水层与基层或刚性保护层之间相互脱离，以减小基层变形对防水层的影响。

5.1.2 抗放结合与防排结合[1]

国内外的理论研究和分析资料表明，导致防水系统防水功能失效的主要原因是防水系统在外荷载（结构荷载）作用和变形作用（材料干缩、温差等）下引起的变形。当变形受到约束时，就会引起防水主体及防水层的开裂。因而，为了减少防水主体或防水层的开裂，抗放结合，减少约束、适应变形尤为重要。

“抗”即提高防水层抵抗变形及开裂的能力。主要是指增强防水层细部节点和接缝密封的整体水密性、抗变形性和耐久性。用于预制构件时，整个防水层应有更大强度，如在氯丁胶改性沥青涂料施涂过程中，铺无纺布、玻纤布，做成二布五涂防水层；外墙防水中，在防水砂浆中加入抗裂纤维或与网格布复合等。

“放”是指减少约束，尽量留有伸缩余地，以释放大部分变形。例如在结构主体上设置变形缝和诱导缝，或在应力集中部位设置隔离层、缓冲层、滑动层，使防水层尽量不受基层变形的影响。在柔性卷材的施工中采取点粘法、条粘法、空铺法或机械固定法也是“放”的措施。

对于结构复杂的防水工程，还可利用变形的时差效应，先“放”后“抗”。比如地下室后浇带，先完成大部分结构自防水的设计及施工，待其变形完成一部分或大部分之后，再进行全封闭柔性防水施工，从而保证防水的可靠性。

防水和排水是一个问题的两个方面。防水是指采取致密的材料堵塞防水主体的孔和缝，阻止水的通过，常采取防水主体自身密实（自防水）和外设防水层相结合的方法；排水是指以最少时间和最短流程排除来水，通常通过构造措施实现，如坡屋面排水，这是防水设防最经济、最有效的方法之一。所谓防水就是抵抗水的渗透压，渗透压是影响防水效果的重要因素，排水的原理即快速减小渗透压，从而减小防水压力。传统的加强防水即增强防御，考虑排水则是削弱攻势，是应该优先考虑的巧妙措施。

考虑防水的同时应考虑排水，先让水顺利、迅速地排走，不产生积水，自然可减轻防水层的压力。例如，屋面工程中平屋面的坡度、天沟、檐沟的集水面积，水落口数量，管径大小的设计，要尽可能使水以较快的速度、简捷的途径顺畅排除。又如地下建筑，若具备自然排水条件时，应首先考虑排水的可能：设置滤水层、排水明沟或盲沟，将水排除，从而解除了地下水压力，使防水的难度降低。室内也要设计合理的排水坡度和方向，使水尽快排除。总之，做好排水是提高防水能力的有力措施，正确运用防排结合的做法，把水防在建筑物之外。

5.1.3 多道设防与复合防水[1]

防水层的基层存在着很多可渗水的毛细孔、孔洞、裂缝，同时在使用过程中还有新裂缝产生和发展。因此所选择的防水层首先要解决对基面渗水通道的封闭，目前建筑防水的发展趋势为从单道设防向多道设防，从单一防水向复合防水进行转变，以提高防水层的整体防水性能。

防水层既要封闭结构基层的毛细孔和微细裂纹，又要与基层粘结牢固，克服基层变形的影响，还要能抵御老化和穿刺。而不同的防水材料具有不同的性能特点、应用范围及施工工艺，因此防水层的构成并不一定局限于单一材料，可将几种不同材料根据其各自特点加以组合构成能独立承担防水功能的层次，即复合防水。

近年来新型防水材料发展较快，各种合成高分子和高聚物改性沥青卷材、涂料、密封材料，各种掺抗渗剂的防水混凝土，以及渗透结晶型等防水材料相继问世，并在工程上广泛应用。但目前大部分防水工程仍习惯采用单一的防水材料设防，而实践证明，采用单一的防水材料，尤其在节点防水上很难满足使用功能要求。就我国目前的情况，客观上已具备在设计中采用多种不同性能的防水材料并做成多层、多道设防形成复合防水的条件。例如：底层用防水涂料，面层用防水卷材的做法；底层用防水卷材，上部用细石混凝土的做法；用两层不同材性的卷材构成复合防水层的做法。又如：在节点部位和表面复杂不平整的基层上采用涂料防水，而平整大面积采用卷材防水，这种做法发挥了材料各自优点和特长，也是一种复合形式。

多道设防，是指采用不同材性的防水材料复合，或采用材料防水和构造防水配合，发挥各自的特点共同防水。实践证明，采用多种材料复合使用，可让不同的防水材料进行优势互补，克服短板效应，提高整体防水性能，是一种经济、合理、可靠的做法。例如，建筑屋面防水就常采用刚性防水和柔性防水复合，以柔性防水来适应变形，以刚性防水来抵抗变化。

多道设防的思想在我国古代重要建筑上得到充分体现。如故宫屋面，它有琉璃瓦、3 道灰泥、1 层锡拉背（锡铅合金）和薄砖等多道防线；传统的三毡四油等做法也是多道设防思想的体现。虽然单层防水从理论上讲是可行的，但它对材料性能、设防设计、施工做法、耐久性及工作环境等各个方面有着过于理想化的要求，这在工程实践中很难实现。因此，从防水工程实际应用出发，设计时就应考虑材料、设计和施工中受诸多因素影响而产生的偏差。采取多道防线设防，即使第一道防线受到破坏时，第二道、第三道设防可以弥补，共同承担并组成一个完整的防水体系，以提高防水的可靠性。对于易出现渗漏的节点部位，应采用卷材、防水涂料、密封材料、刚性防水材料等互补并用的多道设防。

5.1.4　刚与柔的关系[1]

刚性防水主要分为具有承重作用的结构自防水和仅有防水作用的刚性防水材料两大类，前者指各种类型的防水混凝土，后者指各类防水砂浆。

刚性防水层实现其防水功能主要依靠材料自身的密实性来完成。如防水砂浆以水泥、砂石为原料，掺入少量外加剂、高分子聚合物等材料，通过调整配合比，减小孔隙率，改变孔隙结构，制成具有一定抗渗透能力的防水层或通过补偿收缩方式提高混凝土的抗裂防渗能力等，使混凝土构筑物达到防水要求。常用的有防水砂浆、防水混凝土、水泥基防水涂料等。

刚性防水的特点是可以根据不同的工程结构采取不同的设防方法，浇筑后的混凝土细致密实、抗裂防渗，水分子难以通过，防水耐久性好，施工工艺简单方便，造价较低，易于维修。防水混凝土能够实现自防水，但也存在着适应基层变形能力较差、不能完全阻止压力水渗透、易受干燥收缩与温度变化的影响而开裂渗水、混凝土徐变和碳化降低结构耐久性、电化学腐蚀影响性能等缺陷。

柔性防水层具有一定的延展性，在一定程度能够适应结构或基层的变形而不破坏。柔性防水一般以刚性基层为载体，通过柔性防水材料外包在基层上实现防水功能（如防水卷材、防水涂料、密封材料等），是一种被广泛应用的防水方法。

与刚性防水相比，柔性材料也有其局限性：

1）柔性防水层在一般情况下不能与建筑物同寿命。这是因为一般柔性防水材料为有机物，而有机物易老化、腐蚀、分解，因此在不可逆、不能进行材料更换施工的工程（如地下工程、隧道）中，如果采用柔性材料施工，一旦发生渗漏，会大大缩短建筑物的使用寿命，且无法再从外围迎水面进行修补。

2）无法在背水面施工。如地下工程、隧道等在竣工后，一旦发生渗漏，只能在背水面施工，但其基面条件无法满足柔性材料的施工要求。

3）柔性材料要求施工基面高度干燥，一般要求含水率低于9%，否则柔性防水层会起层、脱离基面，形成贯通水层而完全失去防水效果。但对于已竣工的地下工程、隧道，室内卫生间、厨房、阳台等部位，在实际施工中，保持干燥的施工条件极难实现。即使基面含水率低于9%，柔性防水材料与刚性基面粘贴良好，也会影响瓷砖粘贴，并且如果基面持续变形，导致材料持续处于拉伸状态，产生疲劳应力，从而失去弹性。所以，在基面有结构变形的情况下，柔性材料也不能真正起到柔性抗应变的作用。

4）柔性防水材料抗穿刺能力差，对于基面平整度要求高。在实际施工中，柔性防水材料很容易被破坏，而且在接缝处的隐患多，不易发现，对于柔性防水层只要一处有问题，极易发生整体失效。

5.1.5 防水层、结构层和构造节点[1]

建筑物防水层并非单独的个体，它和其他功能层共同作用构成建筑物整体。如屋面防水层，它和屋面结构层、保温层、隔气层等一起形成工业与民用建筑的屋盖体系；桥面防水层，它和桥梁的结构层、混凝土铺装层、沥青混凝土铺装层共同作用才能有效地形成桥面体系。因此，任何建筑物的防水层选材、设计与施工都必须认真考虑其他功能层的使用要求和共同作用的要求。

不同的设防主体对防水层有不同的要求，它应抵御或适应主体结构的各种变形对它的损害，如变形开裂、粘结不牢、起鼓脱离等；它还要抵御设防主体所处的环境条件对防水层的损害，即结构所处的地区和防水层部位在自然环境中受到各种因素的损害，如雨雪风霜、高温日照、冷冻融化、侵蚀介质等；还要抵御施工和使用过程中人们活动所造成的损害，保证在使用年限后期即使材料性能老化衰退时也不会出现渗漏。这样的防水层才是满足设防主体要求的防水层。

防水结构层为钢筋混凝土时，由于受混凝土干燥收缩裂缝的影响，防水层往往在裂缝处断裂。在这种情况下，可以通过提高结构层钢筋混凝土的抗裂性能来解决问题，例如尽量使用干硬性、水密性混凝土或加膨胀剂，用钢筋分散裂缝等。不同的结构层，其防水性能要求各有高低，除了防水混凝土结构自防水以外，可依靠防水层来达到防水的目的，但仍应将裂缝及变形控制在最小限度，并且注意使裂缝变形处的防水层不受过大的应力影响，因此特别要注意精细化施工。为减小变形处的应力影响，可适当地将防水层与结构层（基层）隔离以减小防水层与基层的附着力，实现内力分散。

若结构层坡度在1%左右，则很容易发生存水现象，而局部的凹凸，容易使防水层薄厚不均，降低防水效果。基层不良而采用涂膜防水时，将产生张拉应力，加速材质老化。对于面积小而且形状复杂的结构基层应对其转角部位进行补强，必要时适当配筋，以减少裂缝或使裂缝分散，随后再采取增强防水处理。

构造节点指防水层构造形状复杂部位、多种材料交接部位、防水材料变化部位、容易开裂变形部位、结构应力集中部位等。这些部位防水层变形大，应力、变形集中，用材多样，构造复杂，施工条件苛刻，最易出现质量问题和发生渗漏，因此构造节点的防水是保证防水层整体质量的关键。可以采用下列措施加强构造节点防水：

1）局部增强。这是最经济的设计方法，指对防水层应力变形集中、构造复杂、易受外力损害的部位做局部增强，使它与大面积防水层同步老化。增强处理可采用多道设防，采用与大面积防水层相同的材料，也可采用涂料或增强的无纺布、网格布、纤维材料等。

2）预留分格缝密封。在应力变形集中处、面积较大而易开裂处、材料应变不同而易开裂处、材料后期收缩大而易拉裂处，均应预留分格缝，留出一定尺寸的凹槽，并往其中填嵌密封材料。

3）在易受外力损害的部位采取刚性保护。在防水层易受外力损害时，如种植屋面、道路、设施基础、屋面集中的雨水冲刷处等，应增设刚性材料保护层。

5.1.6　环境适应性与选材[1]

由于防水功能的要求，防水主体要在不同环境、不同条件下工作，要承受各种物理的、力学的、化学的甚至是生物的单一或共同的作用，克服各种不利因素。

防水材料长期受气温变化影响会渐渐老化，故需满足夏季不发生流淌、冬季不硬化变脆的条件。特别是在冬季气温最低的时候，由于防水基层裂缝扩大，材料变脆，致使防水层处于易断裂状态。要考虑到防水层的工作环境温度与建筑物所处地区有关，如屋面工程中倒置式的防水层温度处于正温度，在冻土层以下的地下工程则是负温度，外墙防水层完全处于地区大气温度作用下。故考虑温度作用时，应从实际情况出发，结合当地气候进行合理设计。

工业建筑（尤以化工车间）和储液池、卫生间等防水工程中的防水层，常受酸、碱、盐化学介质的侵蚀，使材料产生化学变化而破坏。屋面防水层同样也会受到酸雨等自然环境的侵蚀，阳光中的紫外线和空气中的臭氧也是加速防水材料老化的重要因素，应尽量避免完全裸露，可通过喷刷涂料或设保护层以防止这类老化。特殊工作条件下的防水层，应检测防水层的耐酸性、耐碱性与耐化学性，并据此采用合适的防水材料。

一般防水层温度高于30℃时会加速柔性防水材料老化，温度过低则导致柔性防水材料变脆，失去延伸变形的性能，此时结构收缩变形加大，极易将防水层拉断。因此，应根据防水层所处工作环境最低温度选择具有相适应的低温柔性的防水材料。

防水材料在低温时还应具有一定的变形能力、延伸率和韧性，否则，防水层就会被破坏。

环境适应性选材应考虑的因素有：

1）降雨量。在南方多雨地区宜选用耐水性强的材料（如玻纤胎、聚酯胎沥青卷材、高分子片材并配套用耐水性强的粘结剂，或厚质沥青防水涂料等）。

2）环境温度。我国南、北方夏季、冬季温度差别很大。若在南方高温地区选用改性沥青卷材时，宜选用耐热度高的APP改性沥青、塑性体沥青卷材；而在北方低温寒冷地区，宜选用低温性能好的SBS改性弹性体沥青卷材。选用其他材料时，也应考虑耐热性和低温性。

3）水位、水质。在水位较高的地下工程，防水层长期浸水，宜选用能热熔施工的改性沥青防水卷材，或耐水性强的、可在潮湿基层施工的聚氨酯类防水涂料，或用复合防水涂料，不采用乳化型防水涂料。对水质较差（含酸、含碱）的工程，应选用较厚的沥青防水卷材或耐腐蚀性好的高分子片材，如4mm厚的沥青卷材、三元乙丙片材等。

5.1.7 质量影响因素[1]

防水系统的质量受到设计、材料、施工、维护中各因素的影响。建筑防水体系的失效早期通常由防水设计不合理，材料质量差，施工方法不当，结构沉降，裂缝未处理，交叉作业相互破坏等引起；使用中通常由结构突变，外力作用，有害液体侵蚀，人为破坏等引起；损耗期间通常由防水层材料年久老化，建筑结构损坏等引起。以下从业主、设计、监理、施工、造价等方面进行分析。

1）业主因素：防水工程作为主体工程的一个分项，容易被轻视。一些业主对防水工程的重要性认识不够，往往擅自更改防水设计方案，甚至通过取消柔性防水层的方式降低造价。同时管理不善也会造成渗漏，如在工程交付使用后，使用部门随意在“设计地下水位”下开洞，又未按要求进行密封处理，或任意更改其用途，使地下室超载而产生裂缝，发生渗漏。

2）设计因素：防水设计是保证防水质量的前提条件。然而部分工程设计不合理，选材不当，没有构造详图，只在图纸上注上防水层几个字，造成乱用材料，马虎施工，验收不严。

提高防水设计水平十分重要。但是防水设计在建筑物设计中仅占很小一部分，建筑师的精力主要放在建筑的平面布局、立面造型和装饰新颖等方面，没有花很多精力在防水设计上。防水设计水平不高，况且房屋渗漏后没有人向设计者追究责任，有的设计者则一味迎合开发商的低价思想，不严格按照标准和规范设计，从而导致防水工程先天不足。

3）监理因素：监理人员在监理过程中往往只注重对结构的监理，而忽视对防水的监理。在防水施工的监理中，虽然监理的作用是明确的，但是监理方往往没有选派具有防水专业知识、具有现场协调能力、责任心较强的人员作为驻地的防水监理，以至于监理形同虚设的情况屡见不鲜。另外在堵漏等维修工程中，也很少有监理单位的介入。

4）施工因素：当下的防水市场极不规范，防水材料和人员准入的门槛低。防水工程施工专业队伍少，技术力量薄弱。多数施工人员未经专门的技术培训，不懂施工规范规定和工艺要求，经常出现层层转包、野蛮施工、偷工减料、掺假、减薄、粗制滥造、施工工序颠倒等现象，导致防水层容易失效。

5）造价因素：防水造价低廉，导致恶性竞争。在国外，一般建筑工程中防水工程造价占总工程造价的8%～10%；但是在我国，一般建筑工程防水工程造价应占总工程造价的1%～3%，而业内对深圳建筑防水工程的调查表明，实际比例仅为0.8%～1.5%，个别甚至连0.5%都达不到。防水造价与建筑重要性有关，特别重要的建筑要三道设防，一般建筑一道设防。设防道数越多，造价必然越高，除了多道设防的造价高于单道设防外，复合防水的造价也高于单一防水，总之，越好的防水质量，必然需要更高的造价。故当造价无法保证时，防水质量就很难得到保证。

5.2 防水层设计原则

5.2.1 防水层性能设计

工程防水进行的专项防水设计应包括防水工程的工作年限和防水做法，不同部位节点构造设计，防水材料的规格型号和技术要求，排水、截水及维护措施。防水层为满足防水的基本性能，需要对防水层材料和施工方法结合具体工程进行设计，核心设计内容为构造层设计与对材料性能提出要求，从而不仅满足普通工业与民用建筑防水基本性能，还能够结合可选择的材料特性实现特殊部位或特殊工程的防水要求。对防水层性能的设计需灵活变通，结合具体工程选用合适材料与构造做法，例如，部分防水层需要具备抗高温老化性能、抗低温冷脆性能、抗穿刺性能、抗特殊介质侵蚀性能；国外常用的单层防水卷材屋面空铺法中不需要考虑与基底的粘结性能等。

在防水层设计中利用单种材料实现防水层高性能以达成工程需要是一种较为先进的技术，这在结构防水层设计尤其是简单常用的防水工程设计中应多加考虑，国际上通常采用TPO、PVC等材料外露使用，并且使用寿命可达30年以上。为了进一步减小失效概率，可选择几种抗渗防水材料共同配合使用来达到较好的防水效果，从而形成更为可靠的防水层。

为了满足主体结构对防水工程的要求，从宏观设计角度出发，防水层需要满足连续性、匹配性、针对性、耐久性与安全性等要求。

1. 连续性

防水层的连续性是指构成同一部位（屋面、室内、地下室、外墙）防水层的防水材料的连续密实性。防水材料和水落口、排气管、穿墙管、穿越楼地面的管道、该板块内的其他附属建筑物之间通过合理使用粘结、密封材料，使之形成一个严密的防水层。这种粘结、密封材料的作用效果，应使接缝处防水层的严密性和耐久性不低于防水层的其他部分。同一防水板块的防水层必须具有连续性，这种连续性分为同种材料之间的连续性和不同种材料之间的连续性。保持防水层的连续性是决定防水成败的关键因素之一。

同种材料的连续性一般通过材料性能检测与施工质量控制来实现。规范对材料性能的外观、质量、取样方法均进行了规定，以保证材料产品层面的连续性。施工质量方面，卷材搭接一般通过热熔或热风焊接完成，可以较好地实现接缝严密、整体统一；涂料等其他材料则以经验和相关要求完成施工质量控制。

不同种材料的连续性需要在设计中着重考虑。在同一部位中使用不同防水材料时需要考虑连接处的防水性能，保证整体防水层的连续性，如地下室底板采用SBS防水卷材，立面采用聚氨酯防水涂料，可以在搭接部位增加胎体布来实现对接缝部位的防水加强[2]。在建筑附属物等可能造成建筑基层不连续部位要合理选用密封材料，实现防水层使用过程中的整体性和连续性，如排气管、穿墙管等与其他附属建筑物之间通过粘接、密封材料形成严密防水层；玻璃屋面与密封胶共同组成连续密封的防水系统。

防水层的连续性方面还需要考虑防水层的窜水问题，即发生局部漏水问题时，水可以在防水层与基体之间流动，这便使得一旦防水层局部渗漏，水便可侵入结构基面薄弱部位直接导致结构漏水[3]。因此可以考虑采用满粘的方式，使用具备阻水性质的粘接材料将防水层与混凝土基层全面粘实，如聚氨酯涂料涂刷、沥青胶结料粘贴防水卷材、预铺反粘防水工法等，使得防水层连续性发生局部破坏后仍能充分发挥基层自防水作用。但满粘设计时要考虑到结构开裂可能会对防水层的开裂造成较大影响，找平砂浆可能提供窜水通道的问题，需要对防水材料和砂浆材料进一步提出设计方案。

2. 匹配性

匹配性包括使用功能匹配、材料匹配、施工条件匹配等。其中，功能匹配要求防水层必须根据被防水的建筑物的使用功能，选择相应的防水材料。比如水塔等饮用水池使用的防水材料，必须无毒、对人体无害；化工厂蓄水池使用的防水材料必须具备耐酸碱盐腐蚀性能；海边建筑有可能接触海水的防水层必须具备耐海水腐蚀性能；热水池使用的防水材料要具有较高的耐热性；冷水池、冷库使用的防水材料要具有较好的低温柔性；种植屋面采用耐穿刺材料或通过构造增加一个隔离层等。

材料匹配是指组成防水系统或防水层的材料之间要具备匹配性，如防水卷材收头的密封材料应与防水卷材匹配；机械固定法施工的固定件应与卷材匹配；基层处理剂应与防水材料匹配等。在多种材料组合形成多层防水时，相邻防水材料之间要具有相容性，变形能力及抗拉强度相近，相邻材料间及其施工工艺不应产生有害的物理和化学反应。材料匹配也要考虑材料与建筑结构使用层面的匹配，如厕浴间、外墙等防水层外有无机面砖装饰层时，要提高防水层强度，避免装饰层与结构层之间出现隔离，破坏建筑结构使用功能的完整。

施工条件匹配主要是指要考虑到在复杂部位部分材料由于材料本身力学特性难以铺设或操作，从而影响防水层的防水性能的情况。如在阳台、天沟等部位使用卷材容易造成空鼓现象导致局部窜水，而局部采用防水涂料可有效改善这一情况；在大面积防水屋面中一味强调卷材材料的统一往往造成接缝复杂、施工质量差的问题，选择可共同工作的卷材与涂料结合使用，灵活变更防水材料设计方案为施工提供便利。此外，还需要考虑特定的防水材料与现场施工条件之间的匹配性，如南方多雨潮湿季节，不通风室内中水溶性防水材料难以成膜固化，需要使用聚氨酯涂料等其他防水材料替换；低温作业时部分防水材料不利于作业甚至水性防水材料会结冰等，需要结合工程现场灵活替换材料或结合气候条件给出备用方案。

3. 针对性

建筑防水工程设计通常按照规范要求，参照选定标准图集，进行设计。规范是通过对大量的工程经验提炼、总结、归纳得出的技术要求，规范作为指导性意见需要考虑不同工程不同条件，而防水工程现场条件复杂，即使设计图纸完全符合规范，实际防水效果也可能不佳，需要从宏观层面有针对性考虑防水设计重点。

根据结构的不同，需在易渗漏部位加强防水，结合实际防水工程经验与后期维修情况，应在某些关键节点着重加强防水设计[3]。如屋面的女儿墙、出屋面管道及部分孔洞；地下室的穿墙管、变形缝、后浇带；室内的卫生间穿楼板管道、干湿分界区域；外墙的窗框、阳台门缝、墙根等。可利用防水涂料、止水条、注浆材料、防水砂浆等进行防水加强。

针对关键防水部位需要注意，应优先考虑采用构造措施防排水，相比完全依赖材料防水在建筑长期使用过程中会更有效[3]。如屋面变形缝处使用金属盖板等方式将水排出要优于在变形缝处布置多道防水卷材；钢结构屋面板将水引导流入天沟等方式避免结构部位处于长期浸水状态等。同时应该尽量有针对性地在迎水面设计防水层，使防水材料更多处于受压状态而不过度依赖于防水材料与基层的粘结作用。当无法采用迎水面防水方案时，要着重考虑防水材料与基底的粘结作用在施工条件和长期使用环境中的可靠性。

4. 耐久性与安全性

防水层设计中要综合考虑其耐久性与安全性，材料的开裂及耐久性的弱化会对防水层的防水能力产生较大影响，同时其使用及施工的安全性也应成为工程设计的重要关注内容。

防水层设计中须避免物理层面的开裂，防水材料大多强度较低，尤其是拉力的出现会对防水层造成不可逆的损伤，在有温差、雪荷载、变形等作用的情况下，以及装配式结构的拼缝等部位中，防水层容易出现拉应力，需要采取卷材空铺、使用变形性能好的密封材料等措施进行处理。

防水层设计中需要考虑耐久性的要求，一般来说多道设防中要意识到其耐久性受最长使用年限防水材料控制，因此需要尽可能减小材料受环境的侵蚀和老化，对紫外线、温差、暴露介质情况进行设计预防，针对不同材料的老化影响因素选用耐腐蚀材料或改善材料使用环境条件，提高防水层耐久性。

防水层设计时还要考虑安全性，如施工过程中有毒挥发性气体应可以快速排出；防水材料与其他面层材料应有足够的粘结强度，保证不会出现脱落伤人情况；渗漏应不会导致建筑电路短路失火，甚至爆炸[3]。因此在设计过程中，要着重对有毒材料如溶剂型防水涂料在密闭空间中的使用提出通风要求，对有饰面要求的部位中的防水材料与基面的粘结性能提出要求，对配电间、化学品储藏室等提高整体防水要求。

5.2.2 防水层抗损伤设计

理想防水层的状态应是在使用阶段中不会发生因破坏而产生渗漏的情况。目前的防水工程设计一般通过施工工艺及增加保护层的方式解决防水层的损伤问题，而为了保证使用阶段的防水层性能，会在增设保护层的同时使用强度高、耐穿刺性能好的防水材料。

从设计层面出发，需要考虑到大多防水材料的强度不足以抵抗机械破坏，甚至部分防水材料几乎没有强度，因此将防水层损伤全归因于施工或使用过程中外力直接作用到防水层是不全面的。在设计中对结构主体容易出现大变形或开裂的部位应提高设计标准，在保障防水层整体连续性的前提下优化局部防水构造措施，形成防水关键区域，以指导工程施工。设计过程中也要考虑特殊部位防水施工作业面和空间区域情况，在防水层施工和面层铺筑时避免运料车、碾压机械等对防水层造成施工损伤，优化设计思路从设计层面提供防水施工作业面。

5.2.3 防水层抗裂设计

防水层开裂大部分是由主体结构的裂缝引起的，而且这种开裂造成的渗漏在地下工程中往往比较严重，因此需要对混凝土结构裂缝进行控制，从混凝土角度考量防水层抗裂设计，这实际上是对结构刚性防水设计提出了更高的要求。一般来说，混凝土裂缝控制从两个方面考虑：一是混凝土正截面受力裂缝控制，二是混凝土材料收缩裂缝控制。

从受力角度出发，需要对混凝土结构进行受力验算，根据规范要求结合工程实际环境类别，控制结构混凝土裂缝宽度。以地下工程为例，一般要求控制裂缝宽度为0.2～0.3mm，如果要求提升为0.1mm甚至无裂缝时，则需要优化配筋或是采用预应力混凝土，而这又将可能导致造价过高与结构设计困难。而设计柔性防水层对地下工程进行外包防水，再结合堵漏灌浆材料对缺陷部位进行修复，共同形成综合防水模式[3]，不失为一种经济合理的做法。

另一方面，在防水设计时还要考虑结构整体受力状态下及长期受力下的开裂情况，需要从设计层面意识到结构主体裂缝开展不仅影响结构受力分配与钢筋和混凝土的腐蚀情况，更会导致结构发生渗漏从而对结构使用功能产生消极影响，而裂缝区域水的出现更会加速混凝土主体结构腐蚀情况。同时防水层设计中也要结合结构设计中的计算情况，对结构在偶然荷载作用下易出现裂缝区域采取加强层的构造措施或使用变形能力较好的材料，做到主体结构设计与防水工程设计的统一抗裂设计。

混凝土材料收缩裂缝一方面通过设置结构缝、施工缝及后浇带控制混凝土收缩，另一方面通过使用外加剂，如膨胀剂、减水剂、水化热抑制剂等调整混凝土由于水化热、自身收缩、环境温差等造成的材料开裂。由于各种外加剂对混凝土影响的内在机理不同，因此在进行结构防水设计时，在刚性防水层面需要根据混凝土构件的尺寸，材料的级配等因素对材料提出设计要求。以补偿收缩混凝土为例，应在设计图纸中明确标注不同结构部位的限制膨胀率，后浇带和膨胀加强带设计强度需要高于两侧混凝土等。

5.2.4 防水层合理厚度

屋面工程中，每道卷材防水层最小厚度应符合表5-1的规定。

每道卷材防水层最小厚度（mm）[4] **表5-1**

建筑类别	合成高分子防水卷材	高聚物改性沥青防水卷材		
		聚酯胎、玻纤胎、聚乙烯胎	自粘聚酯胎	自粘无胎
重要建筑和高层建筑	1.2	3.0	2.0	1.5
一般建筑	1.5	4.0	3.0	2.0

每道涂膜防水层最小厚度应符合表5-2的规定。

每道涂膜防水层最小厚度（mm）[4] **表5-2**

建筑类别	合成高分子防水涂膜	聚合物水泥防水涂膜	高聚物改性沥青防水涂膜
重要建筑和高层建筑	1.5	1.5	2.0
一般建筑	2.0	2.0	3.0

复合防水层最小厚度应符合表5-3的规定。

复合防水层最小厚度（mm）[4] **表5-3**

建筑类别	合成高分子防水卷材＋合成高分子防水涂膜	自粘聚合物改性沥青防水卷材（无胎）＋合成高分子防水涂膜	高聚物改性沥青防水卷材＋高聚物改性沥青防水涂膜	聚乙烯丙纶卷材＋聚合物水泥防水胶结材料
重要建筑和高层建筑	1.2＋1.5	1.5＋1.5	3.0＋2.0	(0.7＋1.3)×2
一般建筑	1.0＋1.0	1.2＋1.0	3.0＋1.2	0.7＋1.3

附加层最小厚度应符合表5-4的规定。

附加层最小厚度（mm）[4] **表5-4**

附加层材料	最小厚度
合成高分子防水卷材	1.2
高聚物改性沥青防水卷材（聚酯胎）	3.0
合成高分子防水涂料、聚合物水泥防水涂料	1.5
高聚物改性沥青防水涂料	2.0

室内防水工程防水层最小厚度应符合表5-5的要求。

室内防水工程防水层最小厚度（mm）[5] **表 5-5**

序号	防水层材料类型		厕所、卫生间、厨房	浴室、游泳池、水池	两道设防或复合防水
1	聚合物水泥、合成高分子涂料		1.2	1.5	1.0
2	改性沥青涂料		2.0	—	1.2
3	合成高分子卷材		1.0	1.2	1.0
4	弹(塑)性体改性沥青防水卷材		3.0	3.0	2.0
5	自粘橡胶沥青防水卷材		1.2	1.5	1.2
6	自粘聚酯胎改性沥青防水卷材		2.0	3.0	2.0
7	刚性防水材料	掺外加剂、掺合料防水砂浆	20	25	20
		聚合物水泥防水砂浆Ⅰ类	10	20	10
		聚合物水泥防水砂浆Ⅱ类、刚性无机防水材料	3.0	5.0	3.0

建筑外墙防水工程防水层最小厚度应符合表 5-6 的要求。

建筑外墙防水工程防水层最小厚度（mm）[6] **表 5-6**

墙体基层种类	饰面层种类	聚合物水泥防水砂浆		普通防水砂浆	防水涂料
		干粉类	乳液类		
现浇混凝土	涂料				1.0
	面砖	3	5	8	—
	幕墙				1.0
砌体	涂料				1.2
	面砖	5	8	10	—
	干挂幕墙				1.2

地下工程防水中，聚合物水泥防水砂浆厚度单层施工宜为 6～8mm，双层施工宜为 10～12mm；掺外加剂或掺合料的水泥防水砂浆厚度宜为 18～20mm。

不同品种卷材防水层的厚度应符合表 5-7 的规定。

不同品种卷材防水层的厚度（mm）[7] **表 5-7**

卷材品种	高聚物改性沥青类防水卷材			合成高分子类防水卷材			
	弹性体改性沥青防水卷材、改性沥青聚乙烯胎防水卷材	自粘聚合物改性沥青防水卷材		三元乙丙橡胶防水卷材	聚氯乙烯防水卷材	聚乙烯丙纶复合防水卷材	高分子自粘胶膜防水卷材
		聚酯毡胎体	无胎体				
单层厚度	≥4	≥3	≥1.5	≥1.5	≥1.5	卷材：≥0.9 粘结料：≥1.3 芯材：≥0.6	≥1.2
双层总厚度	≥4+3	≥3+3	≥1.5+1.5	≥1.2+1.2	≥1.2+1.2	卷材：≥0.7+0.7 粘结料：≥1.3+1.3 芯材：≥0.5	—

掺外加剂、掺合料的水泥基防水涂料厚度不得小于 3.0mm。水泥基渗透结晶型防水涂料的用量不应小于 1.5kg/m^2，且厚度不应小于 1.0mm。有机防水涂料的厚度不得小于 1.2mm。

5.3　防水构造设计

5.3.1　屋面工程

1. 屋面工程防水做法基本要求

屋面工程的防水做法根据不同防水等级有不同要求，平屋面工程防水做法要求见表 5-8，瓦屋面工程防水做法要求见表 5-9，金属屋面工程防水做法要求见表 5-10。

平屋面工程防水做法[8]　　表 5-8

防水等级	防水做法	防水层
一级	不应少于三道	三道卷材，二道卷材＋涂料，卷材＋二道涂料
二级	不应少于二道	卷材＋卷材，卷材＋涂料
三级	不应少于一道	卷材或涂料

瓦屋面工程防水做法[8]　　表 5-9

防水等级	防水做法	防水层	
一级	不应少于三道	屋面瓦	二道卷材，卷材＋涂料
二级	不应少于二道	屋面瓦	卷材或涂料
三级	不应少于一道	屋面瓦	防水垫层

金属屋面工程防水做法[8]　　表 5-10

防水等级	防水做法	防水层	
		金属板	防水卷材
一级	不应少于二道	应选	不应少于一道，厚度不应小于 1.5mm
二级	不应少于二道	应选	不应少于一道，厚度不应小于 1.2mm
三级	不应少于一道	应选	—

2. 屋面工程防水细部构造[4,9]

(1) 檐口

卷材防水屋面檐口 800mm 范围内的卷材应满粘，卷材收头应采用金属压条钉压，并应用密封材料封严，檐口的下端应该做鹰嘴和滴水槽（图 5-1）。

涂膜防水屋面檐口的涂膜收头应该进行多次涂刷，檐口的下端应做鹰嘴和滴水槽（图 5-2）。

混凝土瓦、烧结瓦屋面挑出檐口的瓦头长度宜为 50～70mm（图 5-3、图 5-4）。

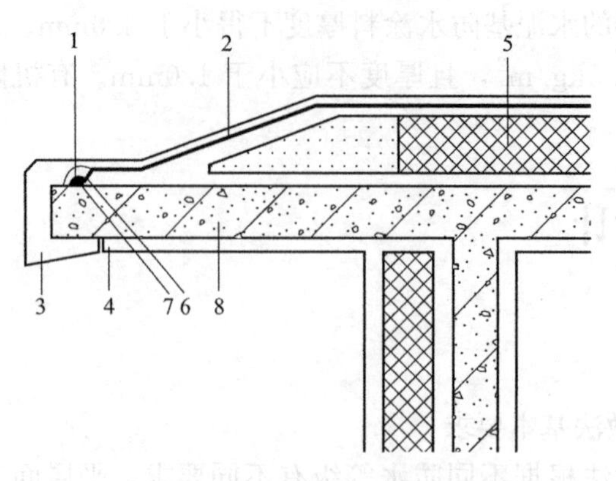

图 5-1　卷材防水屋面檐口

1—密封材料；2—卷材防水层；3—鹰嘴；4—滴水槽；
5—保温层；6—金属压条；7—水泥钉；8—结构层

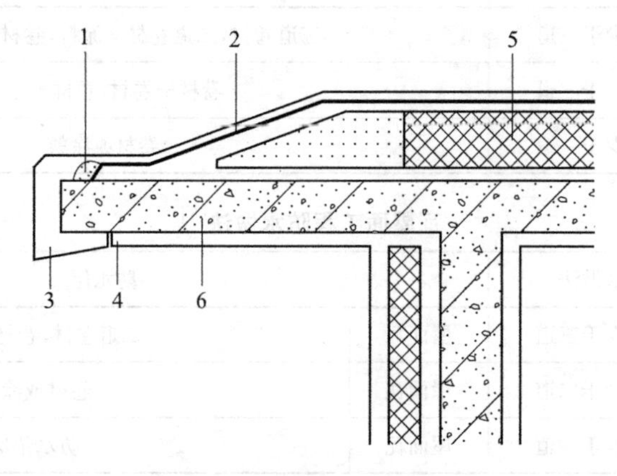

图 5-2　涂膜防水屋面檐口

1—涂料多遍涂刷；2—涂膜防水层；3—鹰嘴；4—滴水槽；5—保温层；6—结构层

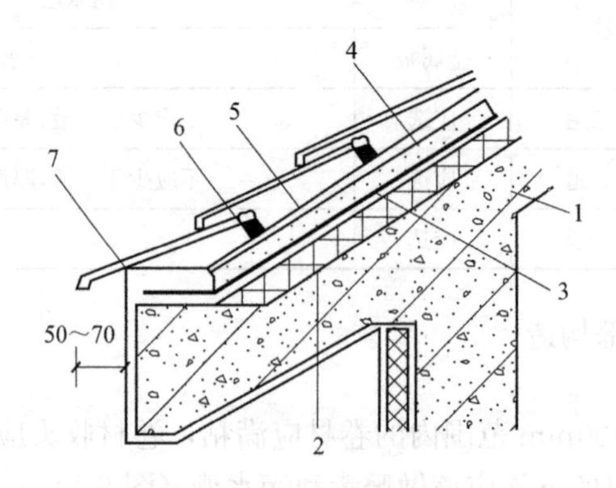

图 5-3　混凝土瓦、烧结瓦屋面檐口（单位：mm）

1—结构层；2—保温层；3—防水层或防水垫层；4—持钉层；
5—顺水条；6—挂瓦条；7—烧结瓦或混凝土瓦

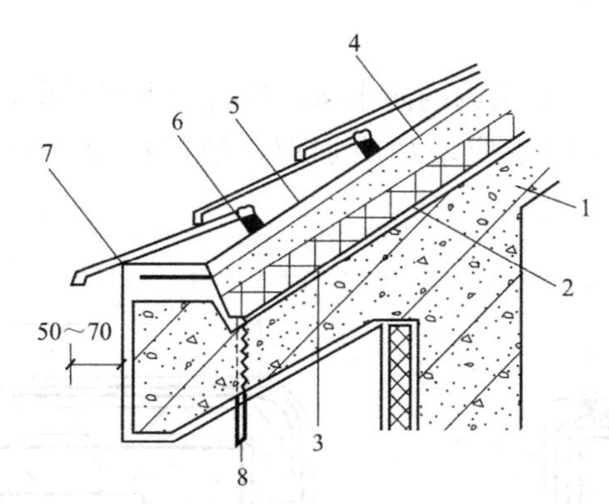

图 5-4　混凝土瓦、烧结瓦屋面檐口（续）（单位：mm）

1—结构层；2—防水层或防水垫层；3—保温层；4—持钉层；5—顺水条；6—挂瓦条；7—烧结瓦或混凝土瓦；8—泄水管

沥青瓦屋面的瓦头挑出檐口的长度宜为 10～20mm；金属滴水板应固定在基层上，伸入沥青瓦下宽度不应小于 80mm，向下延伸长度不应小于 60mm（图 5-5）。

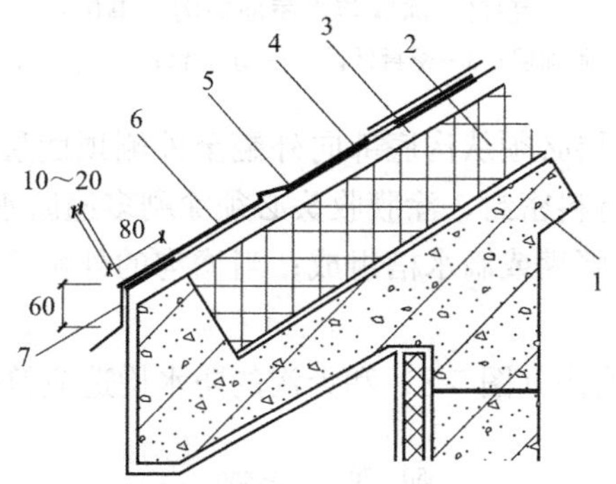

图 5-5　沥青瓦屋面檐口（单位：mm）

1—结构层；2—保温层；3—持钉层；4—防水层或防水垫层；5—沥青瓦；6—起始层沥青瓦；7—金属滴水板

金属板屋面檐口挑出墙面的长度不应小于 200mm，屋面板与墙板交接处应设置金属封檐板和压条（图 5-6）。

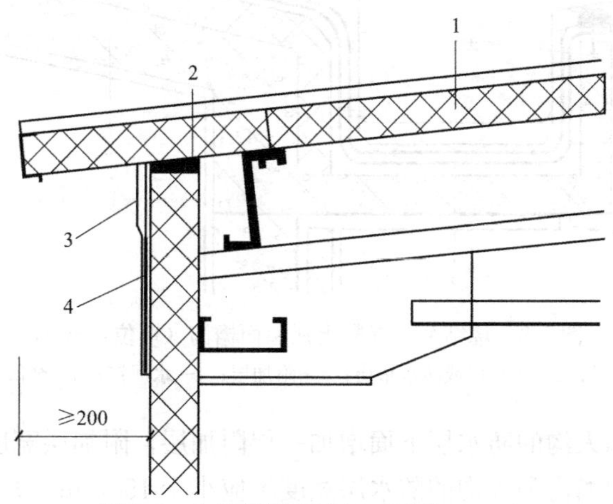

图 5-6　金属板屋面檐口（单位：mm）

1—金属板；2—密封条；3—金属压条；4—金属封檐板

（2）檐沟和天沟

防水屋面檐沟（图5-7）和天沟的防水构造应符合下列要求：

1）檐沟和天沟的防水层下应增加附加层，铺设在屋顶上的附加层的宽度不应小于250mm；

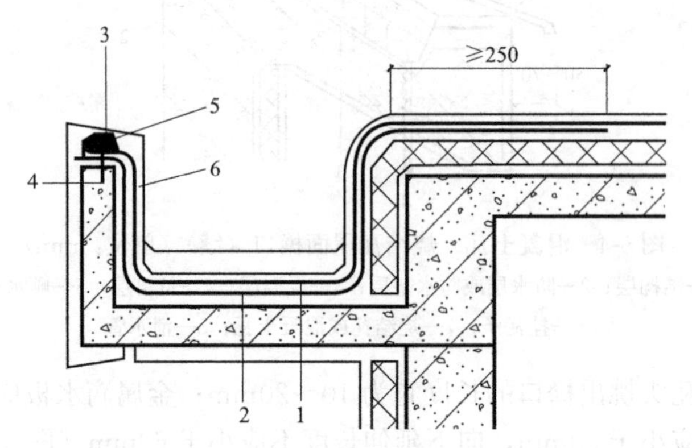

图5-7　卷材、涂膜防水屋面檐沟（单位：mm）

1—防水层；2—附加层；3—密封材料；4—水泥钉；5—金属压条；6—保护层

2）檐沟防水层和附加层必须从沟底部向外翻至外侧顶面层，卷材收头必须用由金属制成的压条垫压并用密封材料密封，涂膜收头必须涂刷多遍防水涂料；

3）檐沟外侧下端应由鹰嘴或滴水槽组成；当檐沟的外侧高于结构顶板时，必须提供溢水口。

烧结瓦、混凝土屋面檐沟（图5-8）和天沟的防水构造应符合下列要求：

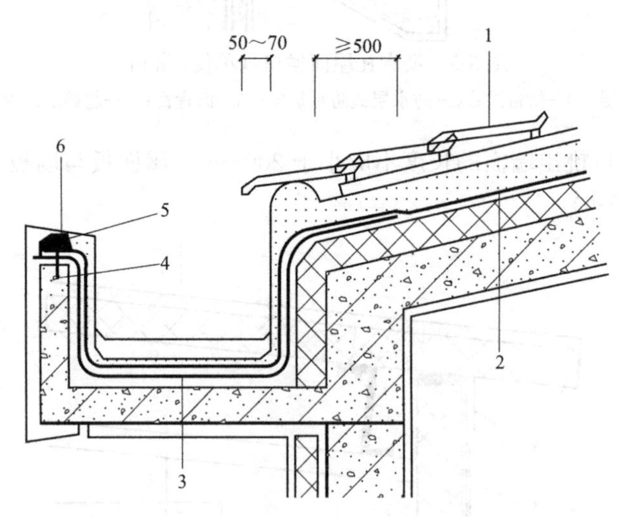

图5-8　烧结瓦、混凝土瓦屋面檐沟（单位：mm）

1—烧结瓦或混凝土瓦；2—防水层或防水垫层；3—附加层；4—水泥钉；5—金属压条；6—密封材料

1）必须在檐沟和天沟的防水层下面增加一层附加层，附加层宽度不得小于500mm；

2）延伸到瓦内的檐沟和天沟的防水层宽度不应小于150mm，并应在屋顶防水层或防水垫层水的顺流方向上设置搭接；

3）檐沟的防水层和附加层必须由沟渠的底部上翻到外侧的顶部，卷材接头应用金属压条钉压封严，防水涂料应在收头处进行多次涂刷；

4）烧结瓦和混凝土瓦延伸到檐沟和天沟中的长度应为50～70mm。

沥青瓦檐沟和天沟的防水构造应符合下列要求：

1）檐沟防水层下应增设附加层，附加层伸入屋面的宽度不应小于500mm；

2）防水层必须延伸到瓦内，宽度不应小于150mm，并且应与屋顶防水层或防水垫层顺流水方向搭接；

3）防水层和附加层必须从沟底上翻至外侧顶部，卷材收头应用金属压条钉压，并涂上密封材料，涂膜收头应用防水涂料多遍涂刷；

4）沥青瓦在沟槽中的长度应为10～20mm；

5）天沟采用搭接式或编织式铺设时，沥青瓦须增加至少1000mm宽度的附加层（图5-9）；

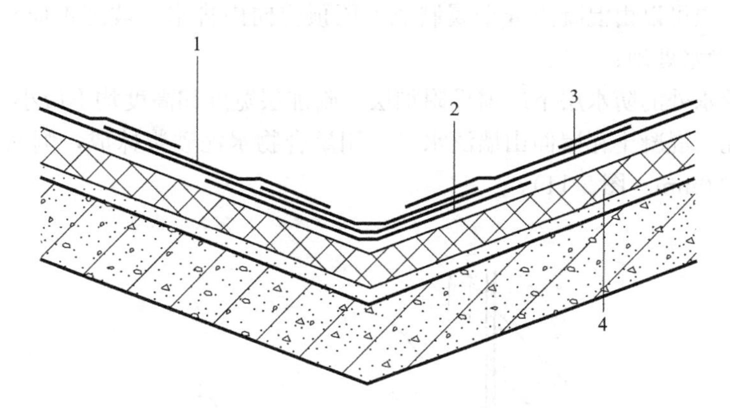

图5-9　沥青瓦屋面天沟

1—沥青瓦；2—附加层；3—防水层或防水垫层；4—保温层

6）天沟采用敞开式铺设时，在防水层或防水垫层上应铺设厚度小于0.45mm的防锈金属板材，沥青瓦与金属板材应顺流水方向搭接，搭接缝应用沥青基胶结材料粘结，搭接宽度不应小于100mm。

（3）女儿墙和山墙

女儿墙的防水构造应符合下列要求：

1）女儿墙压顶可以由混凝土或金属制成；压顶向内排水坡度不应小于5%，压顶内侧下端应作滴水处理；

2）女儿墙泛水处的防水层下应增设附加层，附加层宽度和高度均不应小于250mm；

3）低女儿墙泛水处的防水层可直接铺贴或涂刷至压顶下，卷材收头应用金属压条钉压固定，并应用密封材料封严；涂膜收头应用防水涂料多遍涂刷；

4）高女儿墙泛水处的防水层泛水高度不应小于250mm，泛水上部的墙体应作防水处理（图5-10）；

5）宜涂刷浅色涂料或浇筑细石混凝土保护女儿墙泛水处的防水层表面。

山墙的防水构造应符合下列要求：

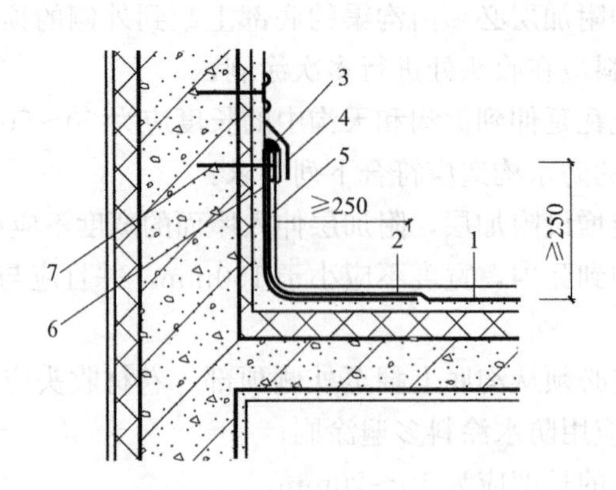

图 5-10 高女儿墙（单位：mm）

1—防水层；2—附加层；3—密封材料；4—金属盖板；5—保护层；6—金属压条；7—水泥钉

1）山墙压顶可以由混凝土或金属制成，压顶应向内排水，坡度不应小于 5%，压顶内侧下端应作滴水处理；

2）山墙泛水处的防水层下应增设附加层，附加层宽度和高度均不应小于 250mm；

3）烧结瓦、混凝土瓦屋面山墙泛水应采用聚合物水泥砂浆抹成，侧面瓦伸入泛水的宽度不应小于 50mm（图 5-11）；

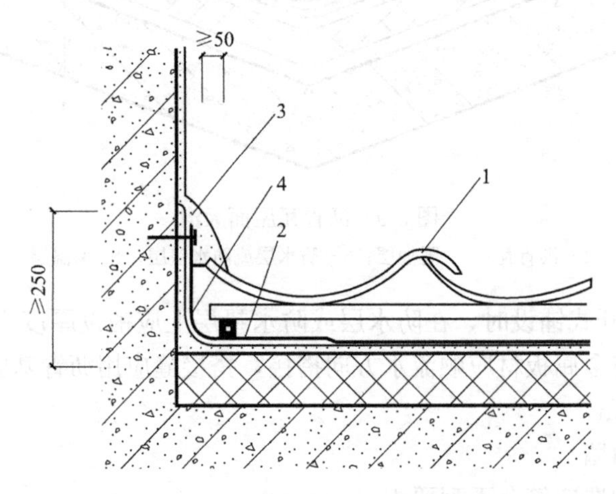

图 5-11 烧结瓦、混凝土瓦屋面山墙（单位：mm）

1—烧结瓦或混凝土瓦；2—防水层或防水垫层；3—聚合物水泥砂浆；4—附加层

4）沥青瓦屋面山墙泛水应采用沥青基胶粘材料满粘一层沥青瓦片，防水层和沥青瓦收头应用金属压条钉压固定，并应用密封材料封严（图 5-12）；

5）金属板屋面山墙泛水应铺钉厚度不小于 0.45mm 的金属泛水板，并应顺流水方向搭接；金属泛水板与墙体的搭接高度不应小于 250mm，与压型金属板的搭接宽度宜为 1～2 波，并应在波峰处采用拉铆钉连接（图 5-13）。

（4）水落口

重力式排水的水落口（图 5-14、图 5-15）应符合下列要求：

1）可使用塑料或金属制品作为水落口的配件，水落口的金属必须经过防锈处理；

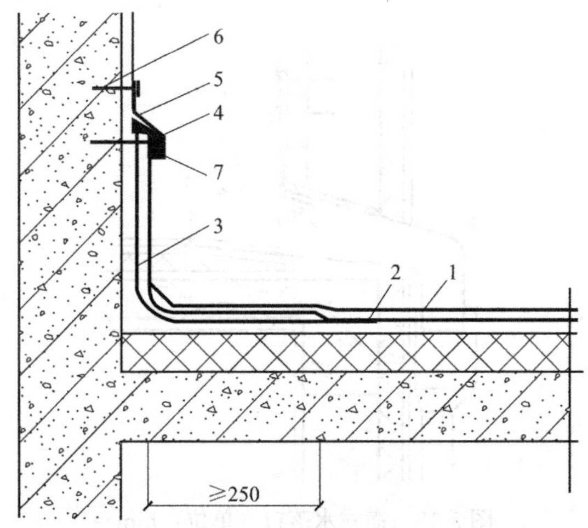

图 5-12　沥青瓦屋面山墙（单位：mm）

1—沥青瓦；2—防水层或防水垫层；3—附加层；4—金属盖板；5—密封材料；6—水泥钉；7—金属压条

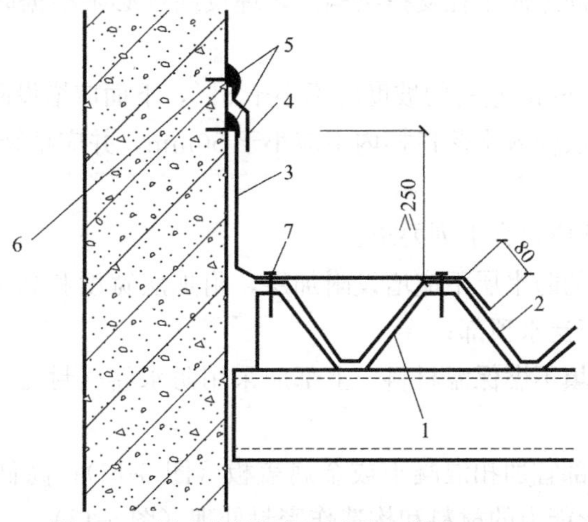

图 5-13　压型金属板屋面山墙（单位：mm）

1—固定支架；2—压型金属板；3—金属泛水板；4—金属盖板；5—密封材料；6—水泥钉；7—拉铆钉

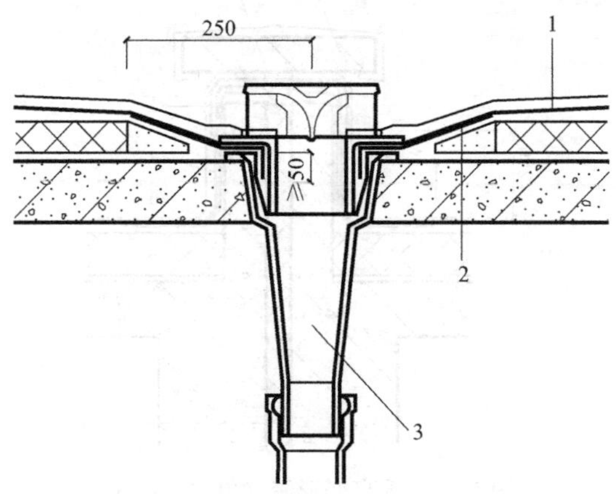

图 5-14　直式水落口（单位：mm）

1—防水层；2—附加层；3—水落斗

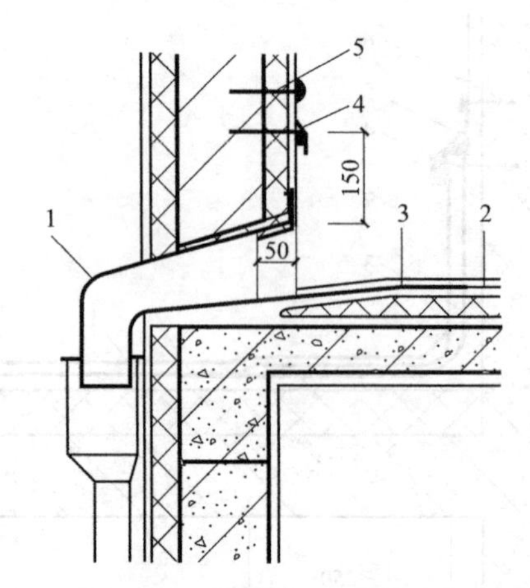

图 5-15　横式水落口（单位：mm）

1—水落斗；2—防水层；3—附加层；4—密封材料；5—水泥钉

2）水落口必须牢固地固定在支撑结构上，埋设高度必须根据附加层的厚度和排水坡的大小确定；

3）水落口直径 500mm 左右的坡度应不小于 5%，下面应增设附加层；

4）防水层和附加层伸入水落口杯内不应小于 50mm，并应粘结牢固。

（5）变形缝

变形缝的防水构造应符合下列要求：

1）变形缝泛水处的防水层下应增设附加层，附加层宽度和高度均不应小于 250mm；防水层应铺贴或涂刷至泛水顶部；

2）变形缝内应预填不燃保温材料，上部应采用防水卷材封盖，并放置衬垫材料，再在其上干铺一层卷材；

3）等高变形缝顶部宜加扣混凝土或金属盖板（图 5-16）；高低跨变形缝在立墙泛水处，应采用有足够变形能力的材料和构造作密封处理（图 5-17）。

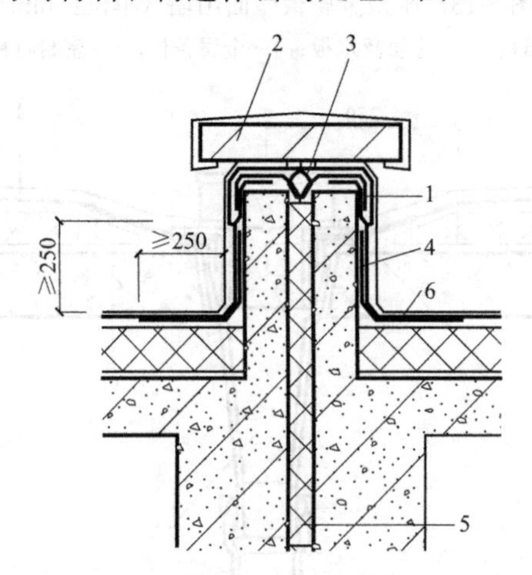

图 5-16　等高变形缝（单位：mm）

1—卷材封盖；2—混凝土盖板；3—衬垫材料；4—附加层；5—不燃保温材料；6—防水层

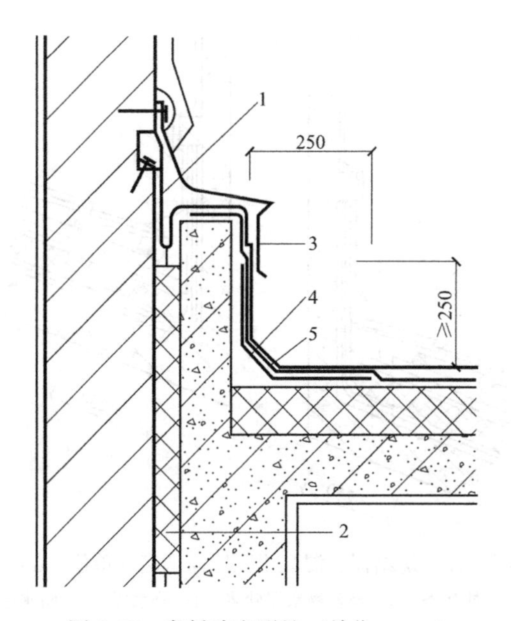

图 5-17　高低跨变形缝（单位：mm）

1—卷材封盖；2—不燃保温材料；3—金属盖板；4—附加层；5—防水层

（6）伸出屋面管道

伸出屋面管道（图 5-18）防水构造应符合下列要求：

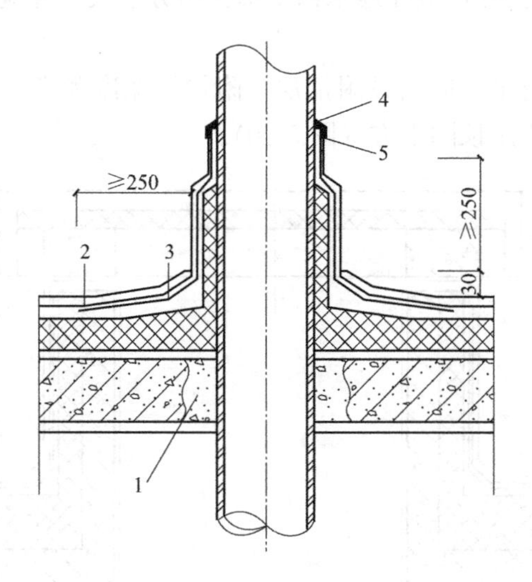

图 5-18　伸出屋面管道（单位：mm）

1—细石混凝土；2—卷材防水层；3—附加层；4—密封材料；5—金属箍

1）围绕该管道周围须有至少 30mm 的排水坡度；

2）管道泛水处的防水层下应增设附加层，附加层宽度和高度均不应小于 250mm；

3）管道泛水处的防水层泛水高度不得小于 250mm；

4）卷材收头处应用金属箍紧固和密封材料封严，涂膜收头处应用防水涂料多遍涂刷。

烧结瓦和混凝土瓦屋面烟囱的防水构造（图 5-19）应符合下列要求：

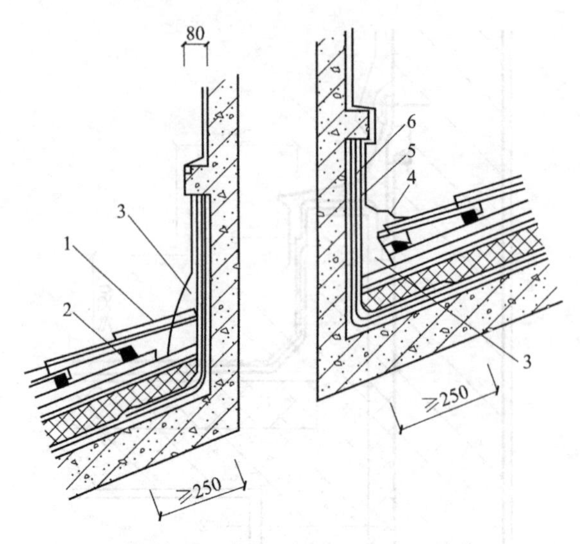

图 5-19　烧结瓦、混凝土瓦屋面烟囱（单位：mm）

1—烧结瓦或混凝土瓦；2—挂瓦条；3—聚合物水泥砂浆；4—分水线；5—防水层或防水垫层；6—附加层

1）烟囱泛水处的防水层或防水垫层下应增设附加层，附加层宽度和高度均不应小于 250mm；

2）屋面烟囱泛水应采用聚合物水泥砂浆抹成；

3）烟囱与屋面的交接处，应在迎水面中部抹出分水线，并应高出两侧各 30mm。

（7）屋面出入口

屋面垂直出入口的泛水处应增设附加层，附加层宽度和高度均不应小于 250mm，防水层收头必须位于混凝土压顶圈下方（图 5-20）。

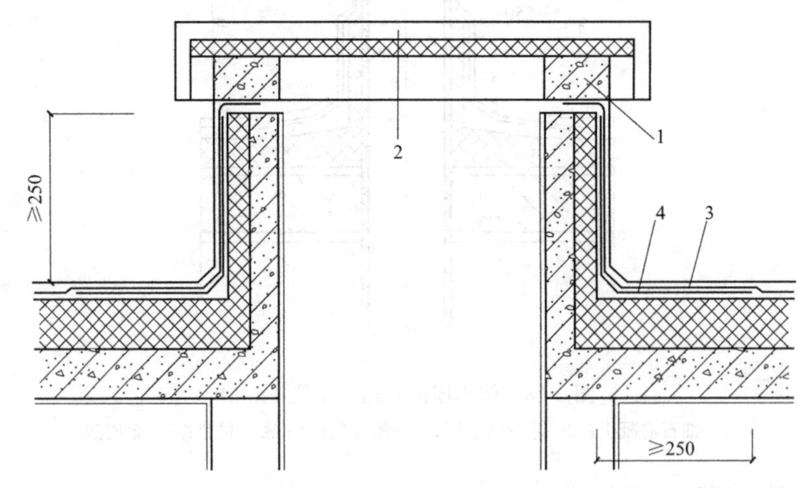

图 5-20　垂直出入口（单位：mm）

1—混凝土压顶圈；2—上人孔盖；3—防水层；4—附加层

屋面水平出入口泛水处应增设附加层和护墙，附加层的宽度不得小于 250mm，且防水层收头应压在混凝土踏步下（图 5-21）。

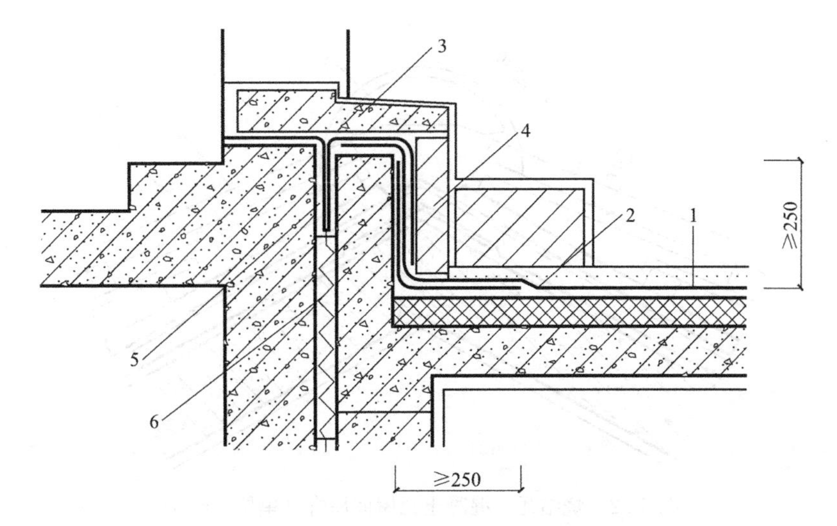

图 5-21　水平出入口（单位：mm）

1—防水层；2—附加层；3—踏步；4—护墙；5—防水卷材封盖；6—不燃保温材料

（8）反梁过水孔

反梁过水孔构造应符合下列要求：

1）应根据排水坡度设置反梁过水孔，图纸应标明孔底的标高；

2）宜使用预埋管道作为反梁过水孔，其直径不得小于 75mm；

3）过水孔可以使用防水涂料和密封材料进行防水设计，埋设管的两端与混凝土接触处应用密封材料封严。

（9）设施基座

当设施基座连接到结构层时，防水层应包裹设施基座的顶部并应在地脚螺栓周围实现密封。在防水层上安装设施时，应根据需要增设附加层。

（10）屋脊

烧结瓦、混凝土瓦屋面的屋脊处应增设宽度不小于 250mm 的卷材附加层。坡面瓦距上端脊瓦下端的高度不宜大于 80mm，在两坡面瓦上的脊瓦每边搭盖宽度不应小于 40mm；脊瓦与坡瓦面之间的缝隙应采用聚合物水泥砂浆填实抹平（图 5-22）。

沥青瓦屋面的屋脊处应增设宽度不小于 250mm 的卷材附加层。在两坡面上脊瓦每边的搭盖宽度不应小于 150mm（图 5-23）。

金属板材屋面屋脊在两坡面金属板上的搭盖宽度不应小于 250mm，应在屋面板端头设置挡水板和堵头板（图 5-24）。

（11）屋顶窗

混凝土瓦、烧结瓦与屋顶窗交接处，应采用窗框固定铁脚、窗口附加防水卷材、金属排水板、支瓦条等连接（图 5-25）。

屋顶窗与沥青瓦屋面交接处应采用窗框固定铁脚、金属排水板、窗口附加防水卷材等与结构层连接（图 5-26）。

（12）屋顶花园

屋顶花园工程的防水，除了考虑附加荷载，如覆盖的土层，还要考虑植物对屋顶防

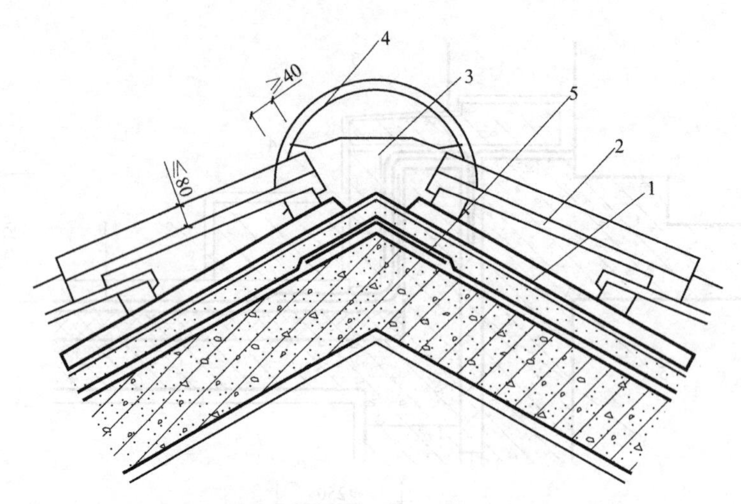

图 5-22　烧结瓦、混凝土瓦屋面屋脊（单位：mm）

1—防水层或防水垫层；2—烧结瓦或混凝土瓦；3—聚合物水泥砂浆；4—脊瓦；5—附加层

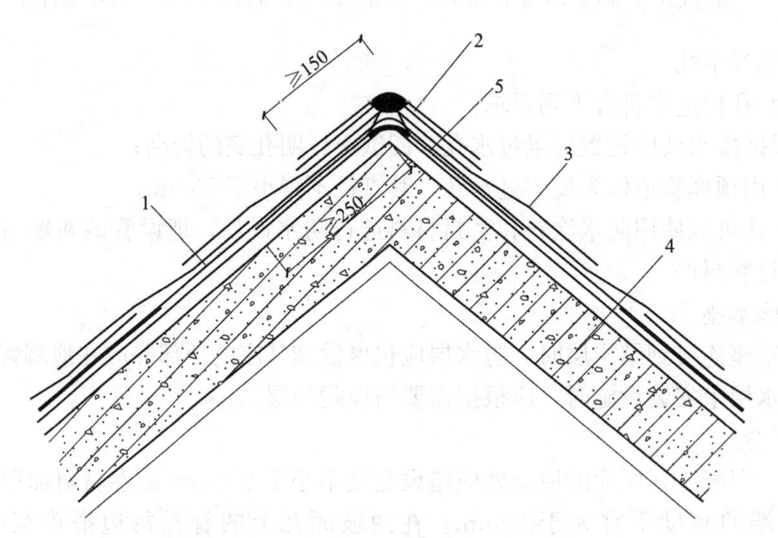

图 5-23　沥青瓦屋面屋脊（单位：mm）

1—防水层或防水垫层；2—脊瓦；3—沥青瓦；4—结构层；5—附加层

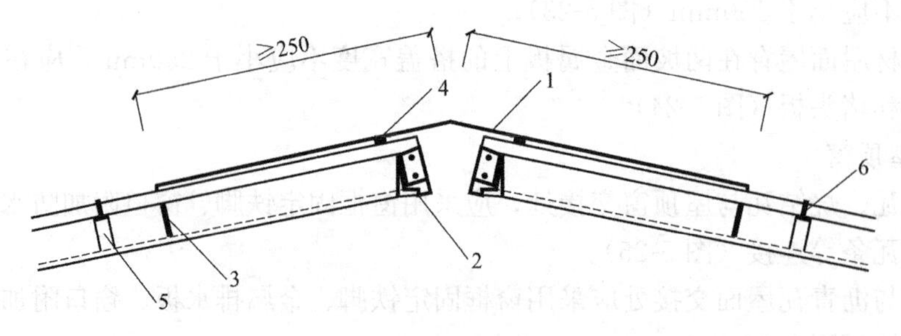

图 5-24　金属板材屋面屋脊（单位：mm）

1—屋脊盖板；2—堵头板；3—挡水板；4—密封材料；5—固定支架；6—固定螺栓

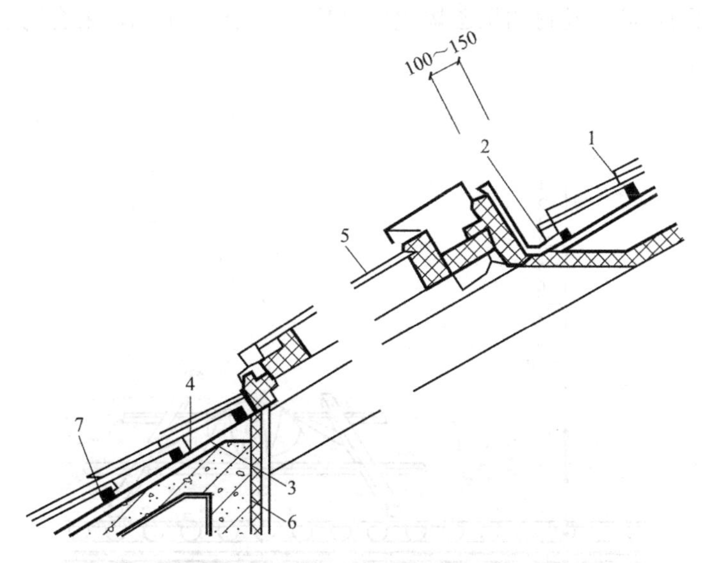

图 5-25 烧结瓦、混凝土瓦屋面屋顶窗（单位：mm）

1—烧结瓦或混凝土瓦；2—金属排水板；3—窗口附加防水卷材；
4—防水层或防水垫层；5—屋顶窗；6—保温层；7—支瓦条

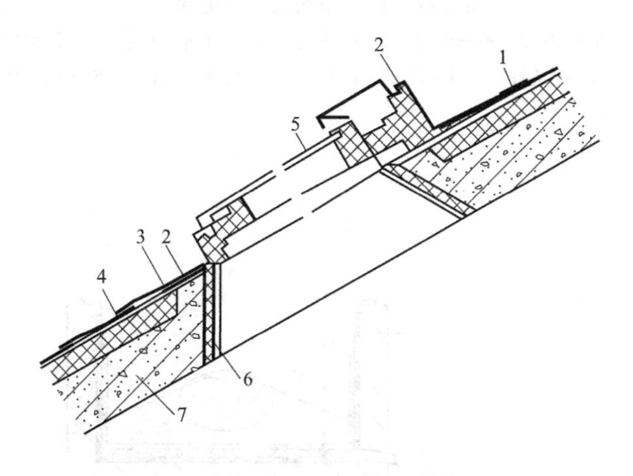

图 5-26 沥青瓦屋面屋顶窗（单位：mm）

1—沥青瓦；2—金属排水板；3—窗口附加防水卷材；
4—防水层或防水垫层；5—屋顶窗；6—保温层；7—结构层

水的影响。屋顶防水层要设计至少一种耐根穿透的防水材料，其必须具有良好的抗霉菌腐蚀性，并且与后一道防水层相容。当耐根穿透的防水材料与防水层不相容时，可以增加一个隔离层，隔离层可以是聚乙烯膜、无纺布、油毡等。其结构层次如图 5-27、图 5-28 所示。

对于耐根穿刺防水材料，弹性体改性沥青防水卷材的厚度应不小于 4.0mm；塑性改性沥青防水卷材的厚度应不小于 4.0mm；PVC 防水卷材的厚度不得小于 4.0mm；热塑性聚烯烃防水卷材的厚度应不小于 1.2mm；高密度聚乙烯土工膜的厚度不得小于 1.2mm；三元乙丙橡胶防水卷材的厚度应不小于 1.2mm；聚乙烯丙纶防水卷材和聚合物水泥胶结料，其中聚乙烯丙纶防水卷材的聚乙烯膜厚度应不小于 0.6mm，聚合物水泥胶结料厚度应不小于 1.3mm。

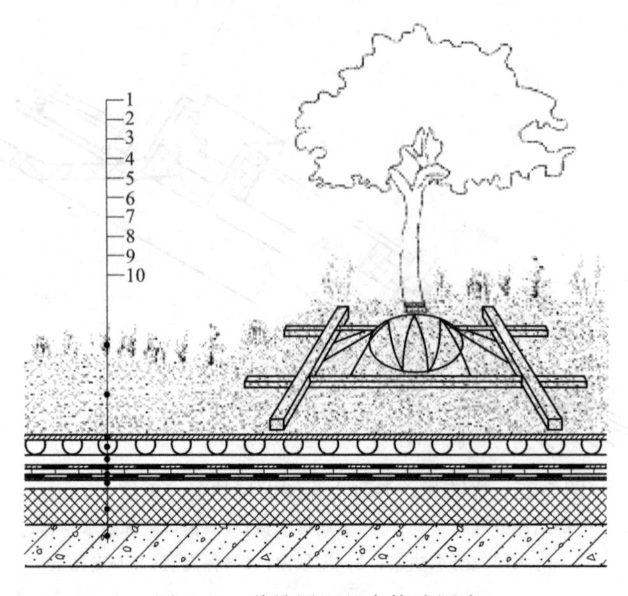

图 5 27　种植屋面基本构造层次

1—植被层；2—种植土层；3—过滤层；4—排（蓄）水层；5—保护层；6—耐根穿刺防水层；7—普通防水层；8—找坡（找平）层；9—绝热层；10—基层

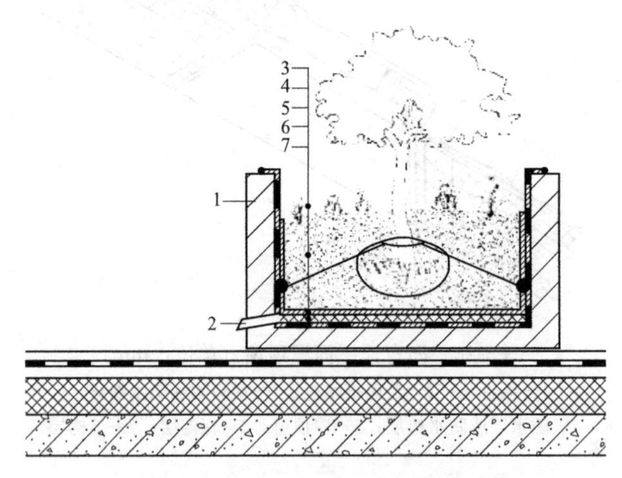

图 5-28　种植池基本构造层次

1—种植池；2—排水管（孔）；3—植被层；4—种植土层；5—过滤层；6—排（蓄）水层；7—耐根穿刺防水层

屋顶坡度大于等于 20%的斜坡种植屋顶设计应具有防滑构造，满覆盖种植时可以采取如挡墙或挡板等防滑措施（图 5-29、图 5-30）。防水层覆盖全部的挡墙，在挡板下需要连续铺设防水层和过滤层。非满覆盖种植时可以采用阶梯式或台地式种植（图 5-31、图 5-32），阶梯式种植的防水层必须铺满挡墙。

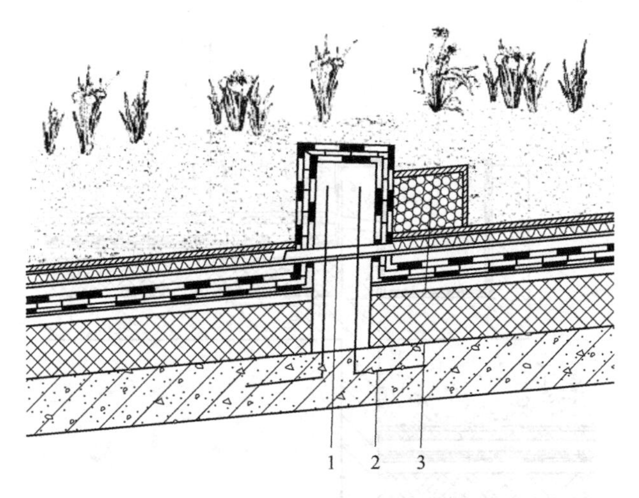

图 5-29　坡屋面防滑挡墙
1—排水管（孔）；2—预埋钢筋；3—卵石缓冲带

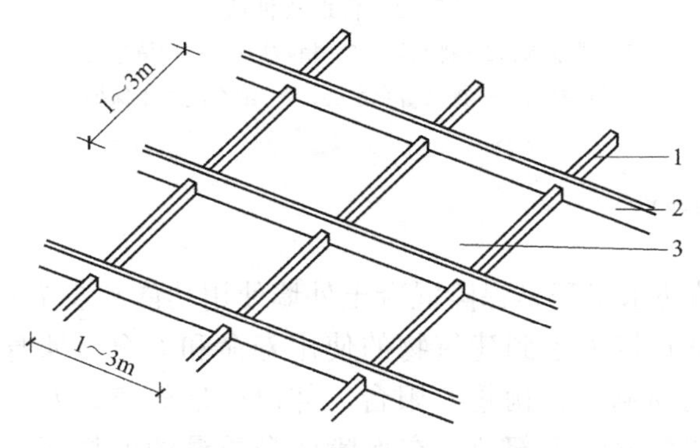

图 5-30　种植土防滑挡板
1—竖向支撑；2—横向挡板；3—种植土区域

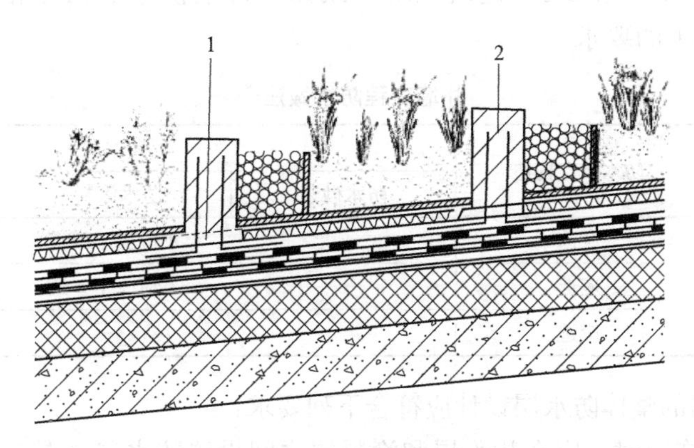

图 5-31　阶梯式种植
1—排水管（孔）；2—防滑挡墙

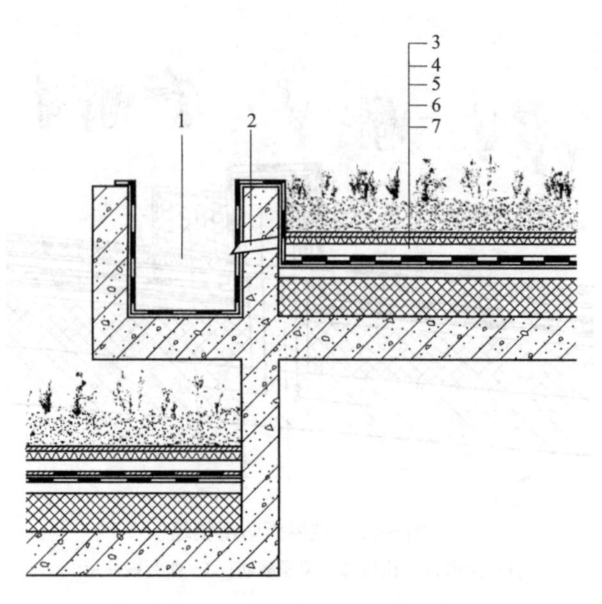

图 5-32　台地式种植

1—排水沟；2—排水管；3—植被层；4—种植涂层；
5—过滤层；6—排（蓄）水层；7—细石混凝土保护层

5.3.2　外墙工程[6-8]

建筑外墙墙面的防水工程是保障混凝土外墙使用功能和装饰效果的重要前提，而墙身的防水工程更是直接关系到建筑物的使用寿命和安全。墙身的渗漏水问题往往出现在建筑外墙的门窗洞口、雨篷、阳台、伸出外墙管道、女儿墙压顶、外墙预埋件、预制构件拼缝和变形缝等部位。在保障墙身质量的前提下，这些特殊部位需要进行专项设计。根据建筑物的重要程度、工程类别和工程防水使用条件对防水等级的分类可参照表 2-1 和表 2-2，建筑混凝土或砌体外墙防水做法根据不同防水等级要求，应符合表 5-11 的要求。

外墙工程防水做法[8]　　**表 5-11**

防水等级	防水节点构造	防水层		
		防水砂浆	防水涂料	其他防水材料
一级	应选	不应少于两道		
二级	应选	不应少于一道		
三级	应选	—		

无外保温外墙的整体防水层设计应符合下列要求：

1）使用涂料饰面时，应在找平层和涂料层之间设置防水层（图 5-33），防水层宜采用聚合物水泥防水砂浆或普通防水砂浆；

2）采用块材饰面时，防水层应设置在找平层和块材的粘结层之间（图 5-34）；防水层宜采用聚合物水泥防水砂浆或普通防水砂浆；

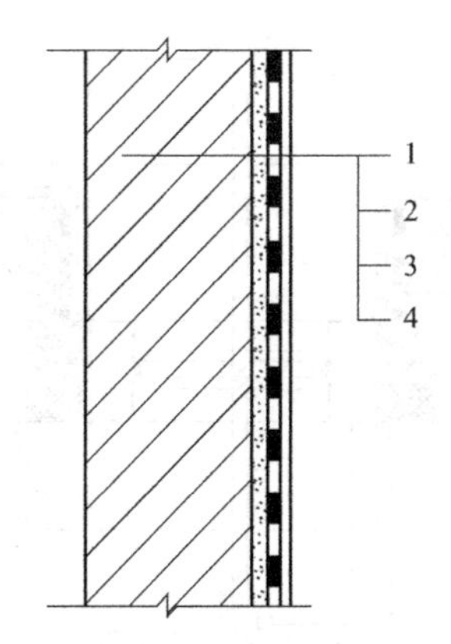

图 5-33　涂料饰面外墙整体防水构造

1—结构墙体；2—找平层；
3—防水层；4—涂料面层

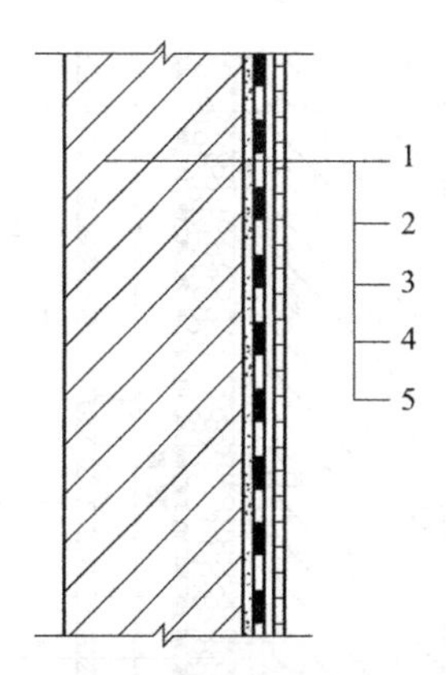

图 5-34　块材饰面外墙整体防水构造

1—结构墙体；2—找平层；3—防水层；
4—粘结层；5—块材饰面层

3）当使用幕墙饰面时，防水层应设置在找平层和幕墙饰面之间（图 5-35），防水层宜采用聚合物水泥防水砂浆、普通防水砂浆、聚合水泥防水涂料、聚合物乳液防水涂料或聚氨酯涂层。

有外保温外墙防水层的总体设计应符合下列要求：

1）使用涂料或块材饰面时，防水层必须放在保温层和墙体基础层之间，可使用聚合物水泥防水砂浆或普通防水砂浆（图 5-36）；

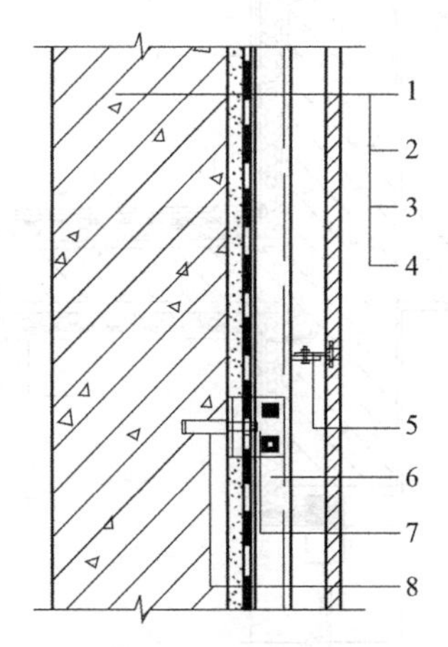

图 5-35　幕墙饰面外墙整体防水构造

1—结构墙体；2—找平层；3—防水层；4—面板；
5—挂件；6—竖向龙骨；7—连接件；8—锚栓

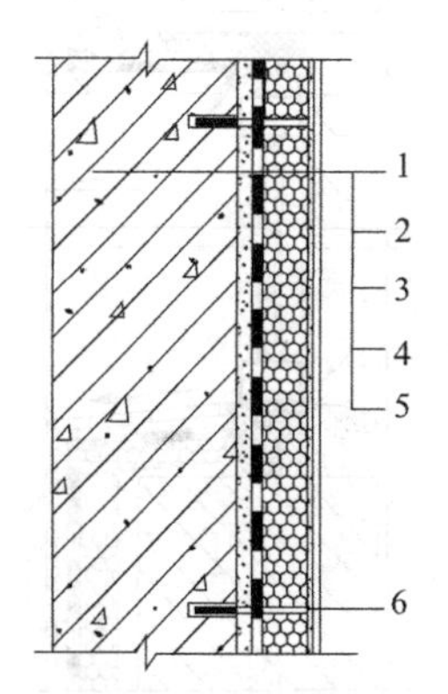

图 5-36　涂料或块材饰面外保温外墙整体防水构造

1—结构墙体；2—找平层；3—防水层；
4—保温层；5—饰面层；6—锚栓

2）当使用幕墙饰面时，防水层宜由聚合物水泥防水砂浆、普通防水砂浆、聚合物水泥防水涂料、聚合物乳液防水涂料或聚氨酯防水涂料制成，当外墙保温层由矿棉保温材料制成时，防水层宜采用防水透气膜（图 5-37）。

门窗框和墙壁之间的缝隙应采用防水密封材料嵌填和密封；外墙的防水层须延伸到门窗框上，在防水层与门之间预留凹槽，嵌入密封材料；门窗洞口的上楣应设置滴水线；外部窗台须具有至少 5%的外部排水坡度（图 5-38、图 5-39）。

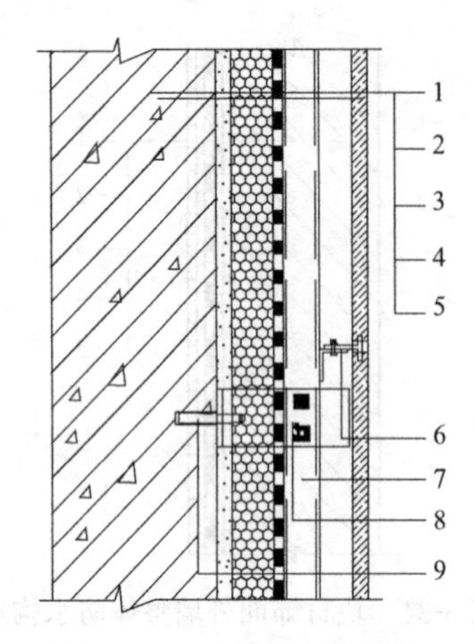

图 5-37　幕墙饰面外保温外墙整体防水构造

1—结构墙体；2—找平层；3—保温层；4—防水透气膜；5—面板；6—挂件；7—竖向龙骨；8—连接件；9—锚栓

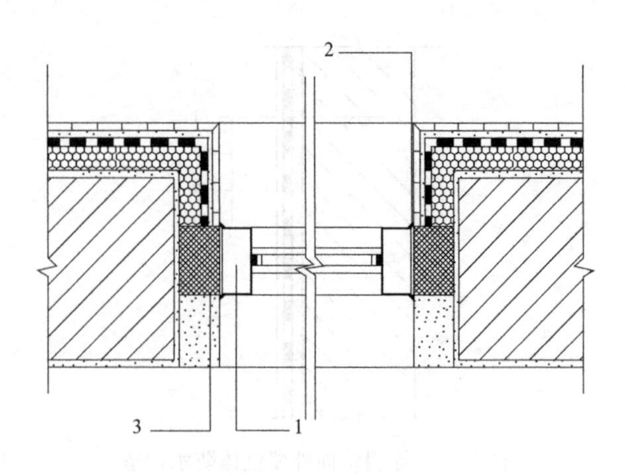

图 5-38　门窗框防水平剖面构造

1—窗框；2—密封材料；3—聚合物水泥防水砂浆或发泡聚氨酯

雨篷应设置至少1%的外排水坡度，并且外口的下边缘应做滴水线；雨篷与外墙交界处的防水层应是连续的；雨篷防水层应沿外口下翻至滴水线（图 5-40）。

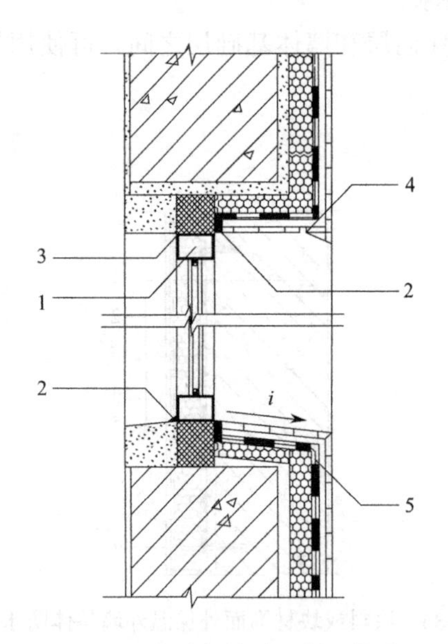

图 5-39　门窗框防水立剖面构造

1—窗框；2—密封材料；3—聚合物水泥防水砂浆或发泡聚氨酯；4—滴水线；5—外墙防水层

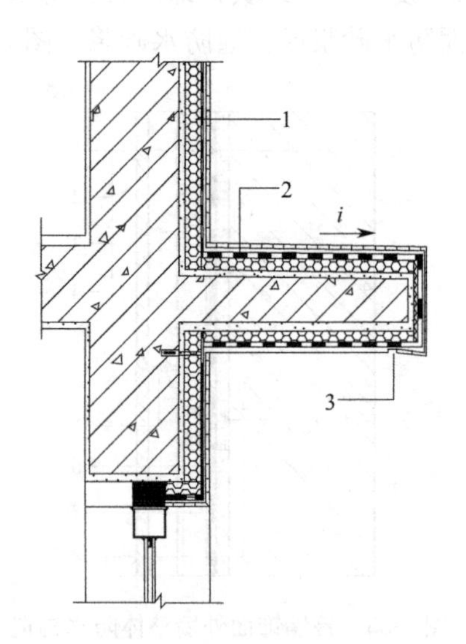

图 5-40　雨篷防水构造

1—外墙保温层；2—防水层；3—滴水线

阳台应向水落口方向设置不小于1%的坡度，密封材料应在水落口周围填充密实，阳台外口的下边缘须做滴水线（图 5-41）。

变形缝部位应增设防水卷材附加层，卷材的两端应满粘在墙上，贴满后的宽度应不小于150mm，并应用钉压固定（图 5-42）。

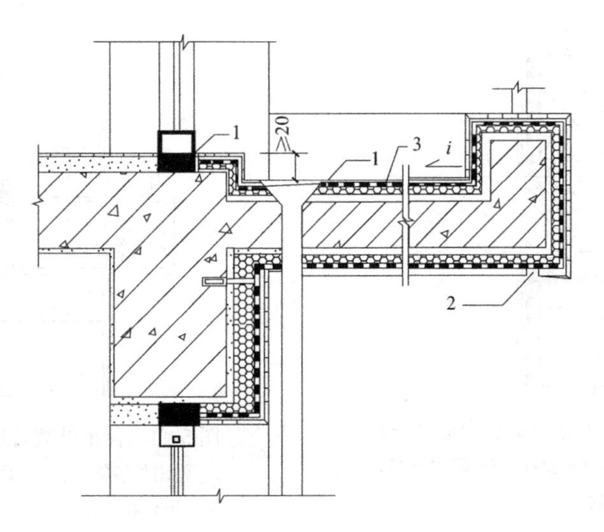

图 5-41　阳台防水构造（单位：mm）

1—密封材料；2—滴水线；3—防水层

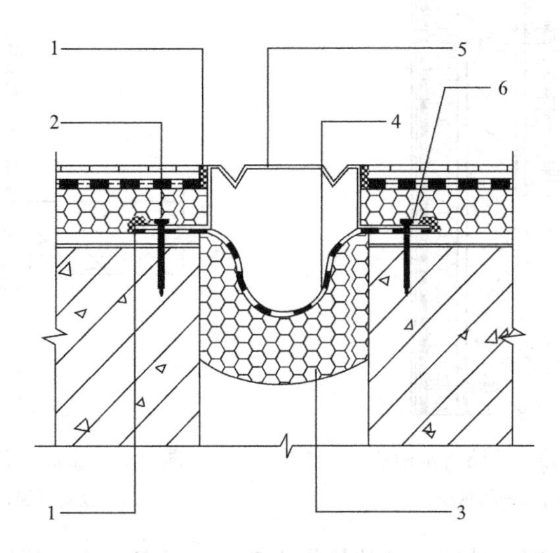

图 5-42　变形缝防水构造

1—密封材料；2—锚栓；3—衬垫材料；4—合成高分子防水卷材；5—不锈钢板；6—压条

穿过外墙的管道宜采用套管，套管设计为内部较高外部较低，且坡度不宜小于 5%，套管必须进行防水密封处理，并采取避免雨水流入和内外防水密封措施（图 5-43、图 5-44）。

女儿墙的压顶应当采用现浇钢筋混凝土或金属压顶，压顶应向内倾斜，坡度不得小于 2%。当采用混凝土压顶时，外壁的防水层应延伸到压顶内侧的滴水线（图 5-45）；当使用金属压顶时，外壁的防水层应设计到顶部，金属压顶应采用特殊配件固定（图 5-46）。

外墙预埋件四周应用密封材料封闭严密，密封材料与防水层应连续。

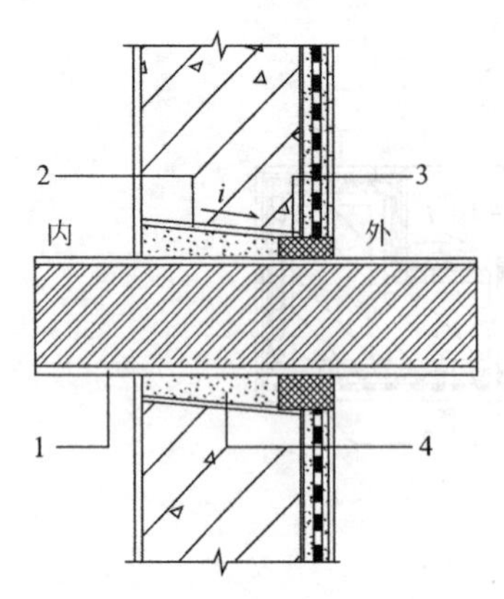

图 5-43 伸出外墙管道防水构造（一）
1—伸出外墙管道；2—套管；3—密封材料；
4—聚合物水泥防水砂浆

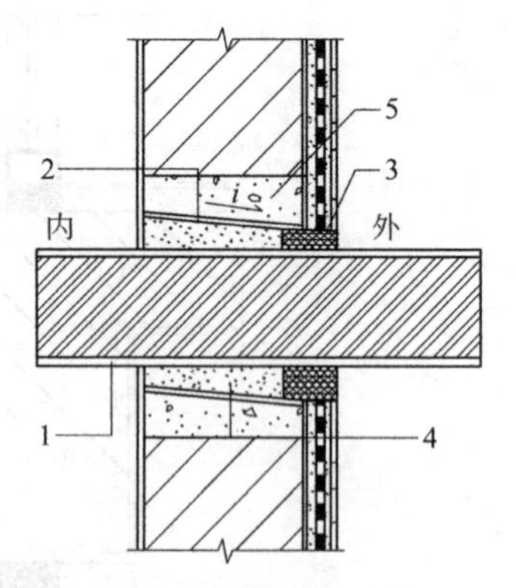

图 5-44 伸出外墙管道防水构造（二）
1—伸出外墙管道；2—套管；3—密封材料；
4—聚合物水泥防水砂浆；5—细石混凝土

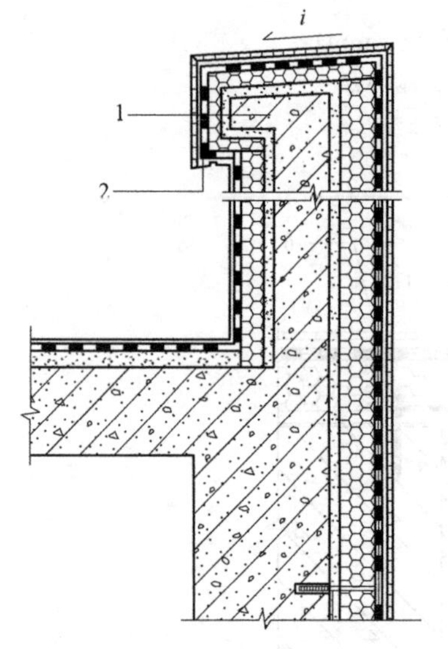

图 5-45 混凝土压顶女儿墙防水构造
1—混凝土压顶；2—防水层

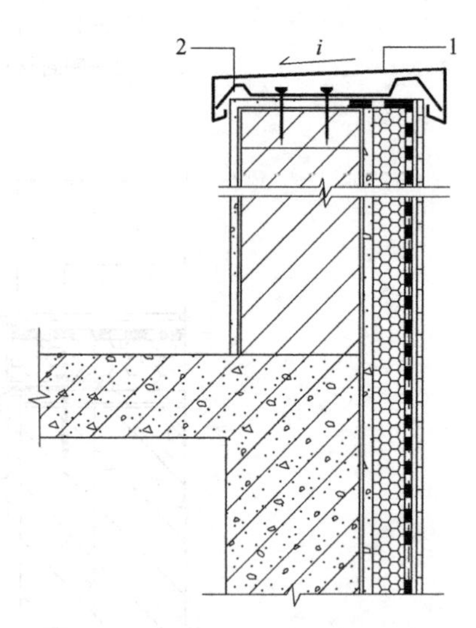

图 5-46 金属压顶女儿墙防水构造
1—金属压顶；2—金属配件

预制装配式钢筋混凝土外墙，尤其是住宅建筑中具备结构、保温、防水、装饰功能的“四位一体”预制建筑外墙板，在满足工程外墙承载力要求及保温要求外，需要对节点构造进行设计。外墙板接缝和门窗接缝应做防排水处理，应根据外墙不同部位接缝特点及使用环境要求，优先选用构造与材料相结合的防排水系统。

外墙板接缝需要使用密封胶及背衬材料进行防水封堵，包括预制外墙水平接缝构造、空调板接缝构造（图 5-47）、勒脚构造（图 5-48）、外墙阳角构造、外墙阴角构造、外墙平角构造等。外墙板接缝应采用耐候性密封胶，密封胶应具有低污染性、防霉及耐水等性能，并应与混凝土具有良好的相容性，其最大伸缩变形量和剪切变形性等应根据设计要求选用。其他性能应满足现行行业标准《混凝土接缝用建筑密封胶》JC/T 881 的规定。外墙板接缝处密封胶的背衬材料宜选用聚乙烯泡沫棒，其直径不应小于 1.5 倍缝宽。

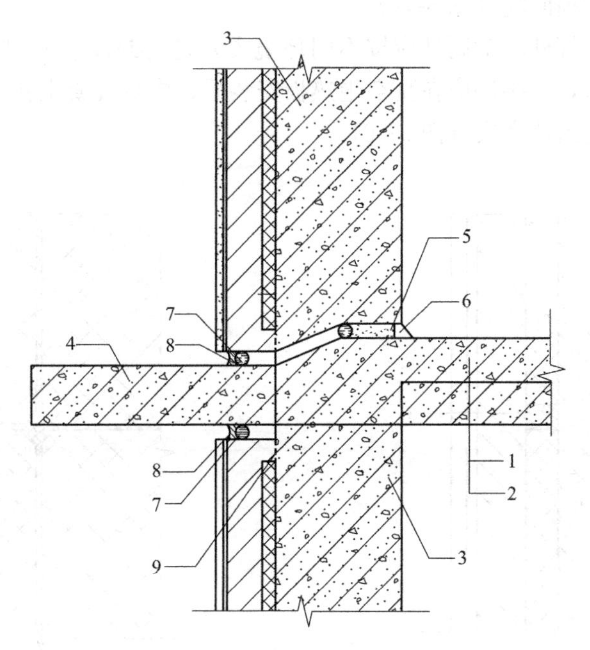

图 5-47　空调板接缝构造

1—现浇叠合层；2—预制阳台板；3—预制外墙；4—预制空调板；5—水泥砂浆；6—防水砂浆；7—背衬材料；8—防水密封胶；9—胶封隔离材料

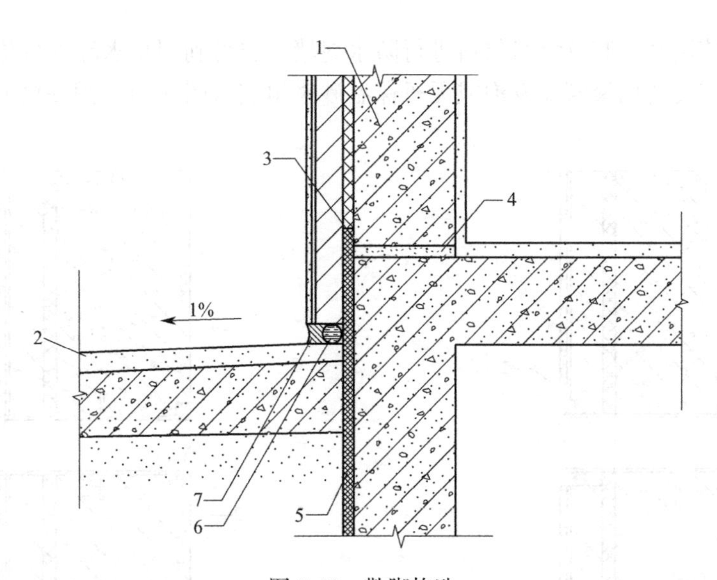

图 5-48　勒脚构造

1—预制外墙；2—散水；3—隔离材料；4—水泥砂浆；5—聚苯板；6—聚乙烯棒；7—防水密封胶

保温板拼装前应进行排版设计，板间接缝不宜超过 10mm，板缝采用聚氨酯发泡进行封堵，真空保温板宜逐块拼装、挤密聚氨酯发泡，保证拼缝聚氨酯发泡密实，现场拼装真空绝热板时应注意产品保护，穿墙管道、预埋件应在真空绝热板安装之前完成，真空绝热板不得出现刺穿、破损问题（图 5-49）。

预埋件和连接件等外露金属件应按不同环境类别进行封闭或防腐、防锈、防火处理，并应满足耐久性要求，连接件应在真空绝热板安装后、内页混凝土初凝前进行安装，连接件周边用聚氨酯发泡封堵密实（图 5-50）。

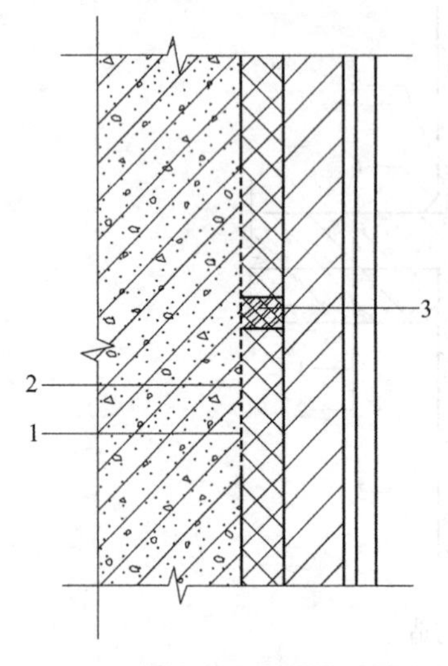

图 5-49　保温板接缝处理

1—隔离材料；2—胶粘剂；3—聚氨酯发泡或无机保温砂浆填实

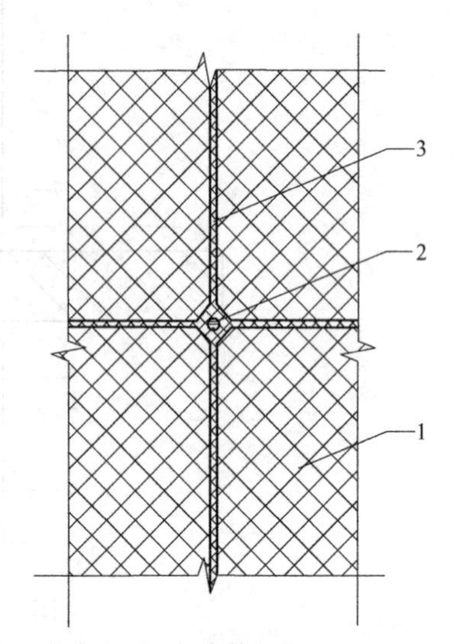

图 5-50　连接件缝隙处理

1—真空绝热板；2—连接件；3—板缝用聚氨酯发泡或无机保温砂浆填实

穿墙管可使用密封胶及背衬材料进行防水封堵，也可利用止水环进行防水构造，在管道及连接件处需要使用聚氨酯发泡或无机保温砂浆填实（图 5-51、图 5-52）。

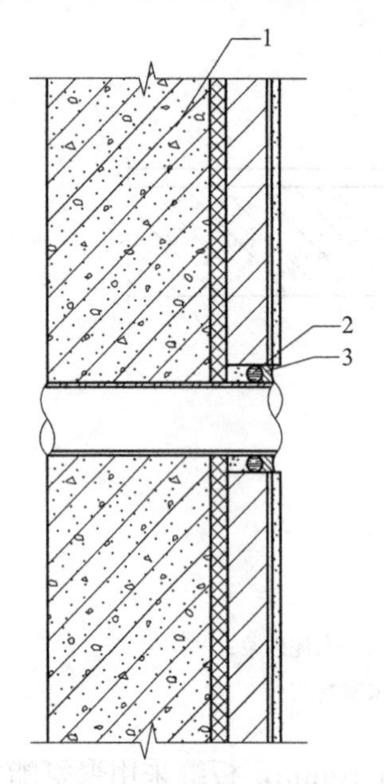

图 5-51　预留穿墙管道做法（一）

1—预制墙；2—聚乙烯棒；3—防水密封胶

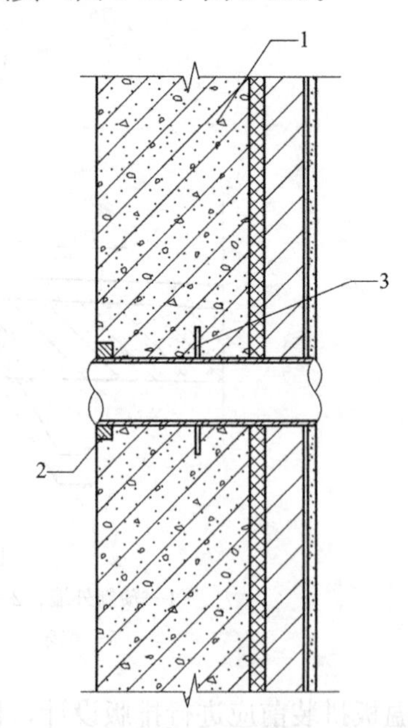

图 5-52　预留穿墙管道做法（二）

1—预制墙；2—防水密封胶；3—方形止水环

5.3.3　地下工程[7,8,11]

地下工程的防水以采用结构自防水为主，并根据需要外设防水层。抗渗混凝土防水常用于工民建的地下室、水池、地下通廊、设备基础和地下人防工程等地下建（构）筑物作结构自防水。采用抗渗混混凝土作为地下工程防水材料时，应兼顾结构承重要求和防水要求，抗渗混凝土的抗渗等级一般依据工程埋置深度（m）来确定。

研究和发展地下工程结构自防水体系，从完全依赖于材料防水的理念中解脱出来，将是地下防水工程的一大进步。目前，在自防水结构的基础上，通常选用不同防水材料连续包覆结构迎水面作外设防水层。根据建筑物的重要程度、工程类别和工程防水使用条件对防水等级的分类可参照表 2-1 和表 2-2，主体结构迎水面外设防水做法应符合表 5-12 的要求，矿山法地下工程外设防水做法应符合表 5-13 的要求。

主体结构迎水面外设防水做法[8]　　**表 5-12**

防水等级	防水做法	混凝土结构自防水	外设防水层		
			防水卷材	防水涂料	水泥基防水材料
一级	不应少于三道	应选	不应少于两道		
二级	不应少于两道	应选	不应少于一道		
三级	两道	应选	应选一道		

矿山法地下工程外设防水做法[8]　　**表 5-13**

防水等级	防水做法	二衬模筑混凝土结构自防水	外设防水层		
			塑料防水板	预铺高分子防水卷材	喷涂防水涂料
一级	不应少于两道	应选	不应少于一道		
二级	应选两道	应选	应选一道		—
三级		应选	应选	—	—

地下工程迎水的主体结构应采用防水混凝土并同时满足抗压、抗裂等基本性能要求，同时结构底板、侧墙、顶板厚度不应小于 250mm 并严格控制裂缝出现。当混凝土工作环境处于中等及以上的腐蚀性介质作用时，混凝土强度要高于 C35，钢筋保护层厚度大于 40mm，抗渗等级高于 P8，防水层的抗腐蚀性能应着重加强合理布置多道具备耐腐蚀性能的卷材或涂料[8]。

明挖法地下工程主体结构应采用防水混凝土，附加防水层应设置在主体结构迎水一侧。在设置防水层时，选材应与结构工法相匹配，比如冷自粘防水卷材不应采用热熔法施工，立面防水卷材铺设应有防止下滑的措施。不同工程部位的接缝防水做法要符合一定要求，施工缝、变形缝、后浇带、诱导缝等要选用一种或多种止水带或嵌缝材料进行防水构造设计。地下连续墙与主体结构侧墙叠合时，地下连续墙的墙面应采用水泥基防水材料处理，底板和顶板应设防水层。逆作法施工的结构，顶板与侧墙连接处应形成整体密封防水层。附建式全地下或半地下工程的防水设防范围超出室外地坪的高度不应小于 300 mm，且不应低于建筑散水高度。对于回填层，基坑回填料不应使用淤泥、粉砂、杂填土等土体，回填时要注意对保护层的损伤防护[8]。

暗挖法地下工程的防水做法要符合不同的防水等级和使用条件所要求的多道防水层要求，矿山法地下工程二次衬砌接缝防水做法也要按照工程部位选用一种或多种密封材料。需要对施工缝、变形缝、穿墙管、结构接口、预留搭接保护、收头密封等部位进行重点防水设防。矿山法工程初衬与二衬结构之间应设置防水层，且二次衬砌结构的拱顶应设置预埋注浆管[8]。

综合管廊应根据气候条件、水文地质条件、结构特征、施工方法和使用条件等因素进行防水设计。对于诸如变形缝、施工缝和预制接缝之类的接缝，应加强防水和耐火性检测。根据国家标准，防水混凝土中各种材料的氯离子含量不得超过凝胶材料总量的0.1%。混凝土宜使用非碱活性骨料，使用碱活性骨料时要严格检查混凝土的碱含量并加入矿物掺合料[11]。

盾构法建议使用钢筋混凝土管片、复合管片和其他装配式衬砌或现浇衬砌。衬砌管片需要采用防水混凝土制作，当隧道位于侵蚀性介质的底层时，可采用相应的耐腐蚀混凝土或外涂防腐的外防水涂层。管片混凝土强度等级不应低于C50，且抗渗等级不应低于P10，管片应至少设置一道密封垫沟槽，管片接缝密封垫应能被完全压入管片沟槽内。焊缝密封垫必须由具有合理结构，良好弹性或水膨胀、耐久性和防水性的橡胶制成，如弹性橡胶密封材料和遇水膨胀密封垫橡胶。密封垫沟槽截面积与密封垫截面积的比不应小于1.00，且不应大于1.15。管片接缝密封垫应满足在计算的接缝最大张开量和估算错位量下，承受埋深水头2～3倍水压下不渗漏的要求。管片螺栓孔的橡胶密封圈外形应与沟槽相匹配。

盾构法隧道防水专项设计应包括管片接缝、螺栓孔密封、管片间传力构造、管片嵌缝、与盾构井接缝等部位的设计。顶管与箱涵顶进法施工的隧道，应采用结构自防水、接口密封圈及接缝构造防水等综合措施，节间接口应能使用容许的变形量并满足防水要求。地下工程穿墙管件穿过主体结构时，穿墙部位应预埋防水套管，结构外包防水层在套管根部做密封收头，套管与管件之间的空隙填充应满足防水、防火的要求。

管片的螺孔应具备较好防水性能，并设有锥形倒角的密封槽。螺孔密封圈采用合成橡胶或遇水膨胀橡胶制成，其要与凹槽匹配，并且在满足止水要求的情况下，断面尽可能小。填缝材料必须具有良好的防水性、耐久性、弹性和抗跌落性。管片外的防水涂层应是封闭型材料或自愈型材料，例如环氧涂层或改性环氧涂料，水泥基渗透结晶型或硅氧烷类的材料。在隧道连接通道处，可以使用双层衬垫：内衬应为防水混凝土，塑料防水板和土工织物组成的夹层防水层设置在衬砌支护与内衬间，并注浆以加强防水；也可以使用内部防水层，内部防水层由聚合物水泥砂浆等制成，应具有良好的抗裂性和抗渗性。

卷材防水层甩槎、接槎构造见图5-53。

防水涂料宜采用外防外涂或外防内涂（图5-54、图5-55）。

当金属板防水层被放置在主体结构中时，金属板必须被焊接到结构内的钢筋上，需要将多个锚固件焊接到金属防水层上（图5-56）。

当金属板防水层设置在主体结构外部时，金属板必须焊接到混凝土结构的预埋件上，焊缝检查完成后，金属板与结构的缝隙必须用水泥砂浆填充密实（图5-57）。

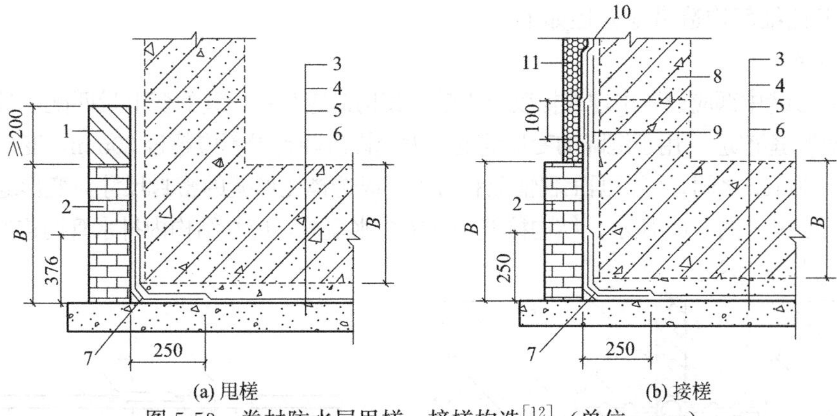

图 5-53　卷材防水层甩槎、接槎构造[12]（单位：mm）

1—临时保护墙；2—永久保护墙；3—细石混凝土保护层；4—卷材防水层；5—水泥砂浆找平层；6—混凝土垫层；7—卷材加强层；8—结构墙体；9—卷材加强层；10—卷材防水层；11—卷材保护层

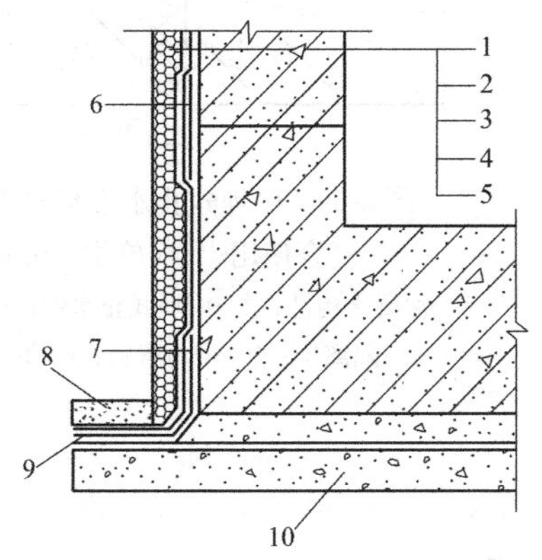

图 5-54　防水涂料外防外涂构造[12]

1—保护墙；2—砂浆保护层；3—涂料防水层；4—砂浆找平层；5—结构墙体；6—涂料防水加强层；7—涂料防水加强层；8—涂料防水层搭接部位保护层；9—涂料防水层搭接部位；10—混凝土垫层

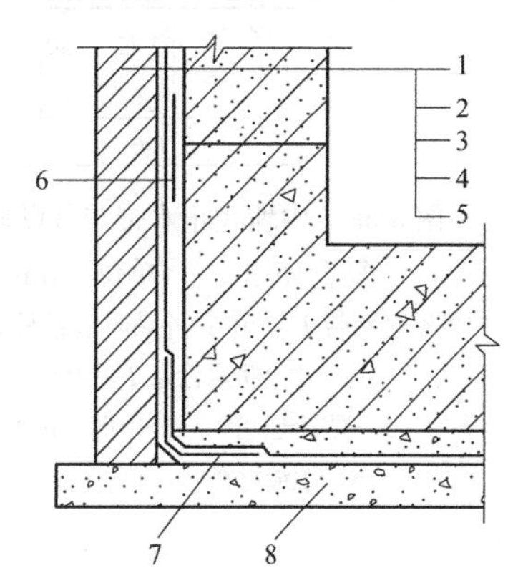

图 5-55　防水涂料外防内涂构造[12]

1—保护墙；2—涂料保护层；3—涂料防水层；4—找平层；5—结构墙体；6—涂料防水加强层；7—涂料防水加强层；8—混凝土垫层

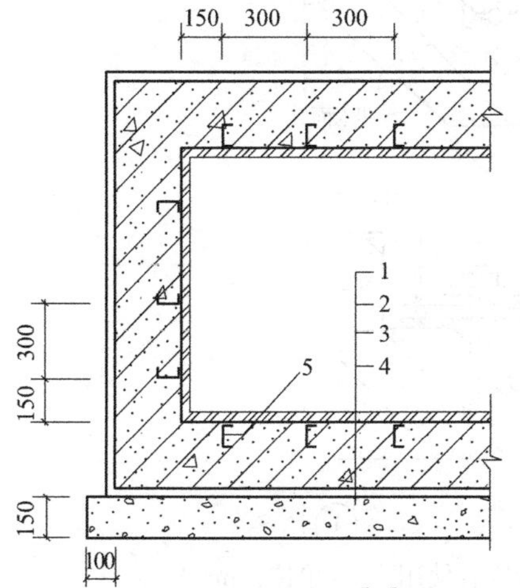

图 5-56　金属板防水层（构造一）[12]（单位：mm）

1—金属板；2—主体结构；3—防水砂浆；4—垫层；5—锚固筋

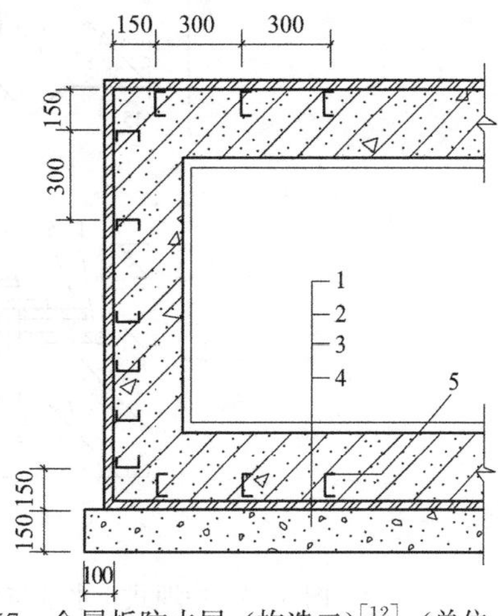

图 5-57　金属板防水层（构造二）[12]（单位：mm）

1—防水砂浆；2—主体结构；3—金属板；4—垫层；5—锚固筋

地下工程细部构造措施分述如下。

1. 变形缝

结构变形缝中部应设置中埋式橡胶止水带，其构造应与变形缝的变形量匹配，且中孔直径应不小于变形缝缝宽 。用于沉降的变形缝的最大允许沉降差异不应超过 30mm，变形缝的宽度必须在 20～30mm 之间，可根据工程情况和防水等级选择变形缝的密封尺寸，变形缝的复合防水结构如图 5-58～图 5-60 所示。结构接缝处预留接水盒时，应与结构内排水管网连通。

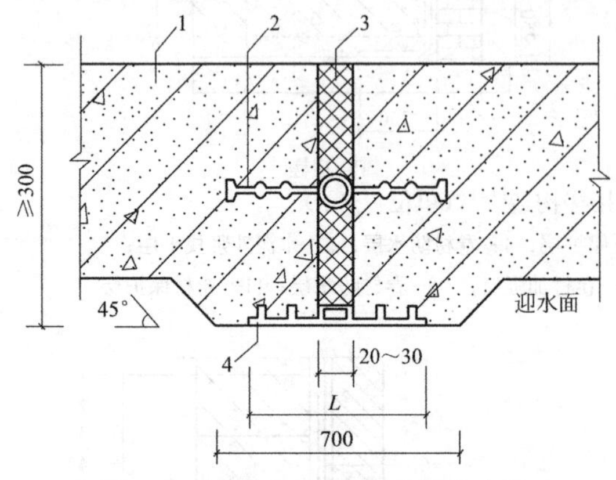

图 5-58　中埋式止水带与外贴防水层复合使用[12]（单位：mm）

外贴止水带 $L \geqslant 300$；外贴防水卷材 $L \geqslant 400$；外涂防水涂层 $L \geqslant 400$

1—混凝土构件；2—中埋式止水带；3—填缝材料；4—外贴防水层

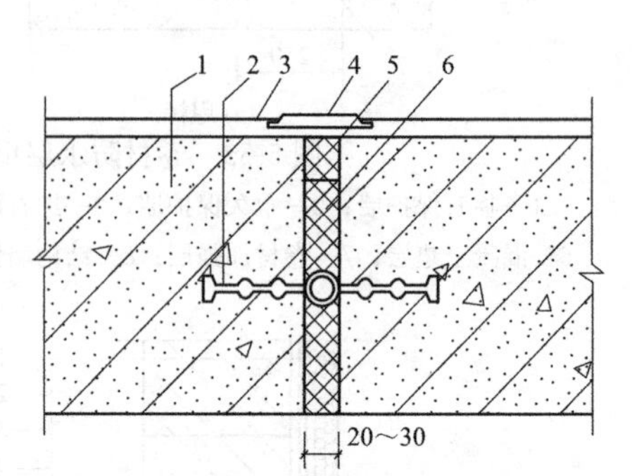

图 5-59　中埋式止水带与嵌缝材料复合使用[12]（单位：mm）

1—混凝土构件；2—中埋式止水带；3—防水层；4—隔离层；5—密封材料；6—填缝材料

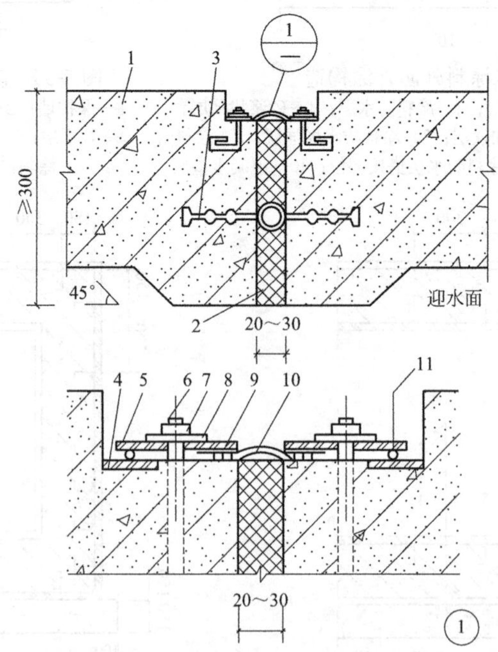

图 5-60　中埋式止水带与可卸式止水带复合使用[12]（单位：mm）

1—混凝土构件；2—填缝材料；3—中埋式止水带；4—预埋钢板；5—紧固件压板；6—预埋螺栓；7—螺母；8—垫圈；9—紧固件压块；10—Ω 形止水带；11—紧固件圆钢

环境温度高于 50℃时，埋地止水带可由金属制成（图 5-61）。

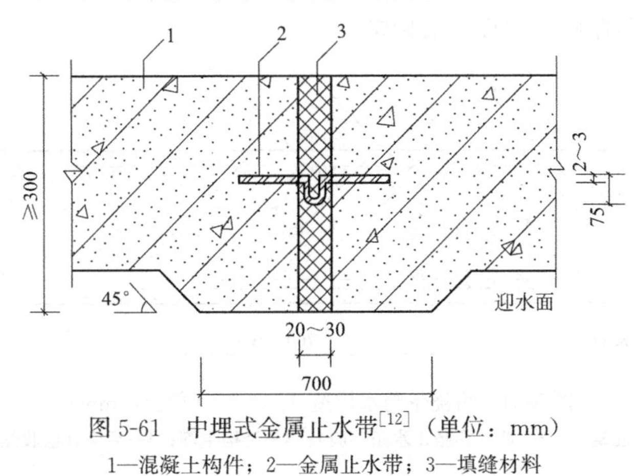

图 5-61　中埋式金属止水带[12]（单位：mm）

1—混凝土构件；2—金属止水带；3—填缝材料

2. 后浇带

后浇带应设置在力和变形小的地方，间距和位置应根据结构的设计要求确定，宽度应为 700～1000mm，后浇带可以在两侧做成平直缝或阶梯缝，防水构造形式可在图 5-62～图 5-64 中选择采用。

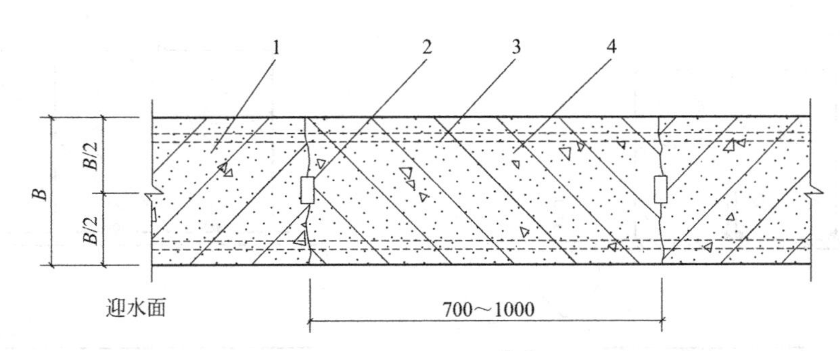

图 5-62　后浇带防水构造（一）[12]（单位：mm）

1—先浇混凝土；2—遇水膨胀止水条（胶）；3—结构主筋；4—后浇补偿收缩混凝土

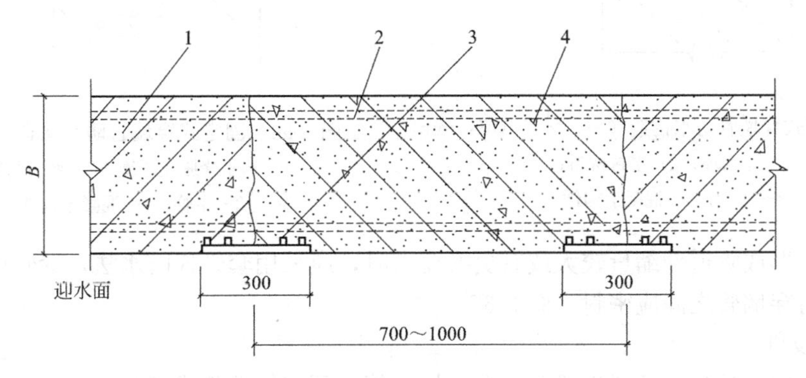

图 5-63　后浇带防水构造（二）[12]（单位：mm）

1—先浇混凝土；2—结构主筋；3—外贴式止水带；4—后浇补偿收缩混凝土

在水中养护 14d 后，掺膨胀剂的补偿收缩混凝土膨胀率应不小于 0.015%，膨胀剂用量根据各个部件的限制膨胀率设定值确定。

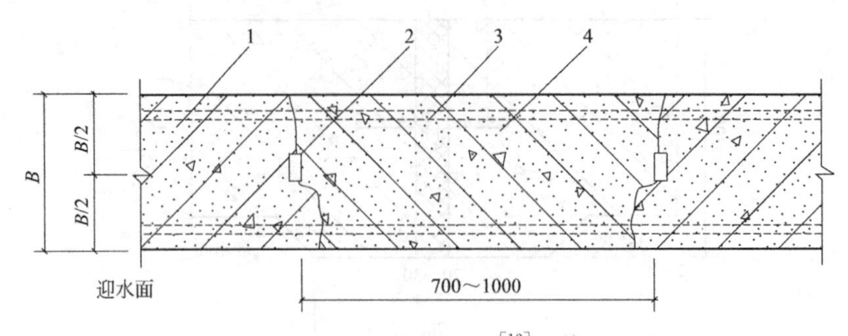

图 5-64　后浇带防水构造（三）[12]（单位：mm）

1—先浇混凝土；2—遇水膨胀止水条（胶）；3—结构主筋；4—后浇补偿收缩混凝土

3. 穿墙管（盒）

穿墙管（盒）在浇筑混凝土之前完成预埋。穿墙管与内墙角和凹凸部分之间的距离应大于 250mm。当结构变形或管道的膨胀和收缩程度较小时，可将主管道直接埋入混凝土中来设置固定式穿墙管，主管应加焊止水环或环绕遇水膨胀止水圈，槽内必须用密封材料填充密实。防水构造如图 5-65 和图 5 66 所示。

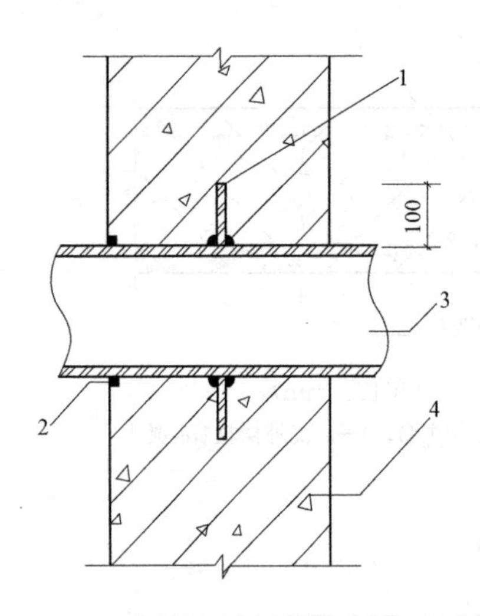

图 5-65　固定式穿墙管防水构造（一）[12]（单位：mm）

1—止水环；2—密封材料；3—主管；4—混凝土构件

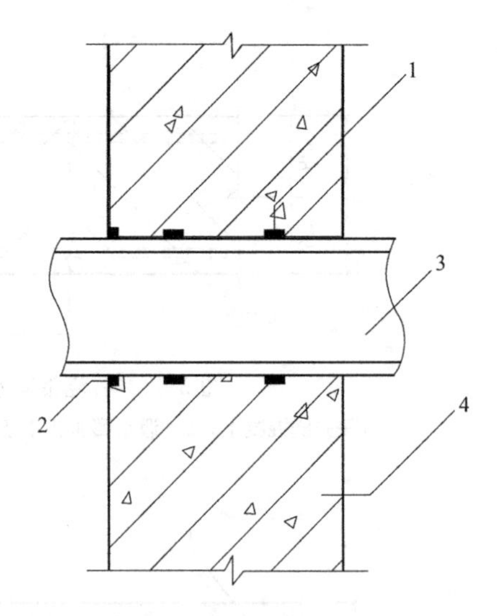

图 5-66　固定式穿墙管防水构造（二）[12]

1—遇水膨胀止水圈；2—密封材料；3—主管；4—混凝土构件

结构变形或管道伸缩量较大或有更换要求时，应采用套管式防水法，套管应加焊止水环，套管与穿墙管之间应密封（图 5-67）。

4. 埋设件

结构的埋设件是指预埋件或预留孔（槽）等。预埋件端部或预留孔（槽）底部的混凝土厚度不得小于 250mm。如果厚度小于 250mm，则应采取局部增厚或其他密封措施（图 5-68）。预留孔（槽）中的防水层必须与孔（槽）外的结构防水层保持连续。

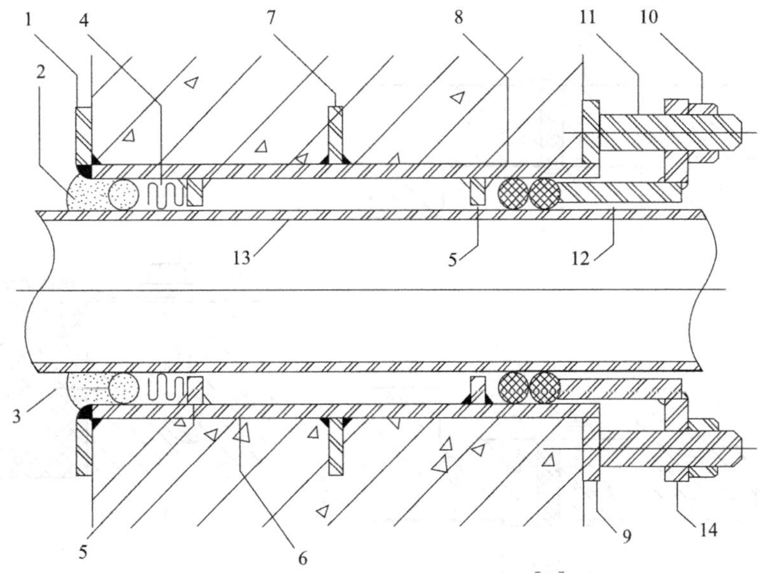

图 5-67　套管式穿墙管防水构造[12]

1—翼环；2—密封材料；3—背衬材料；4—填充材料；5—挡圈；6—套管；7—止水环；8—橡胶圈；9—翼盘；10—螺母；11—双头螺栓；12—短管；13—主管；14—法兰盘

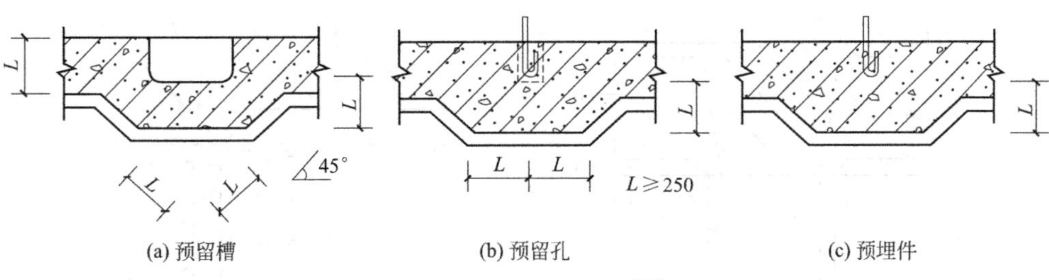

图 5-68　预埋件或预留孔（槽）处理[12]（单位：mm）

5. 预留通道接头

预留通道接头处的最大沉降差异不得超过 30mm。预留的通道接头应通过设置变形缝来实现防变形防水构造（图 5-69、图 5-70）。

6. 桩头

用于桩头的防水材料必须具有良好的粘结性和湿固化性。桩头的防水材料必须与垫层的防水层紧密结合。桩头防水构造如图 5-71 和图 5-72 所示。

7. 孔口

通往地面的所有类型的孔口，包括排水管沟、地漏、出入口、窗井、风井等应采取防倒灌措施，寒冷及严寒地区的排水沟应采取防冻措施。人员出入口需要高出地面 500mm 以上的高度，为汽车出入口设计排水沟时，高度宜为 150mm，同时采取防雨措施。

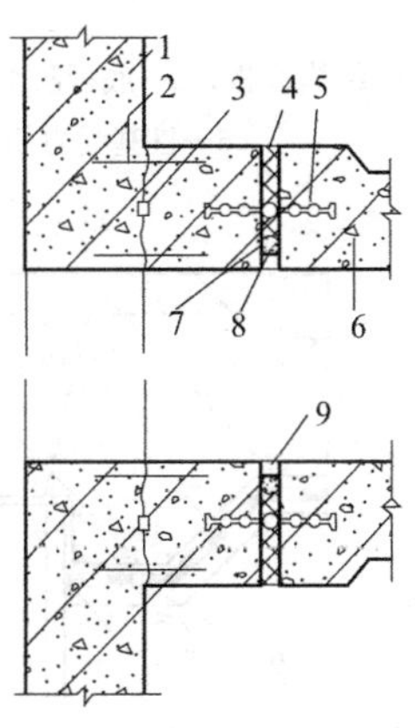

图 5-69　预留通道接头防水构造（一）[12]

1—先浇混凝土构件；2—连接钢筋；3—遇水膨胀止水条（胶）；4—填缝材料；5—中埋式止水带；6—后浇混凝土构件；7—遇水膨胀橡胶条（胶）；8—密封材料；9—填充材料

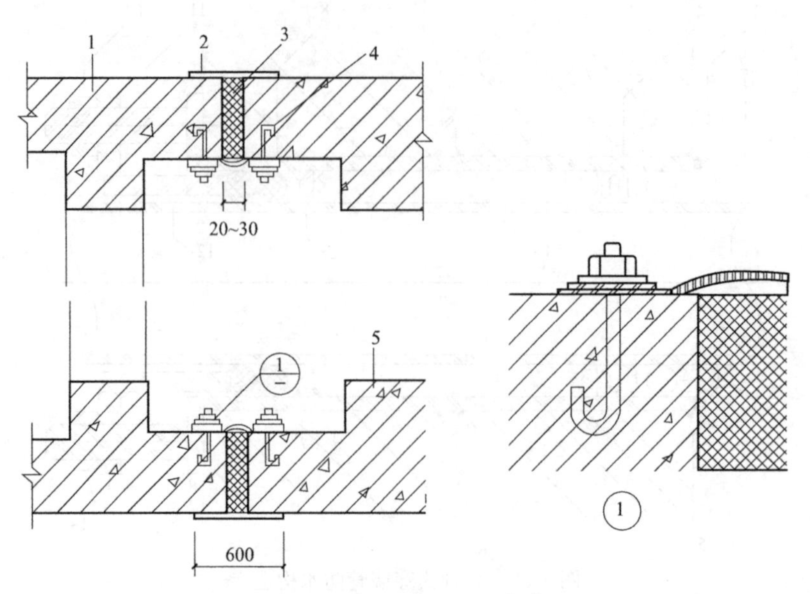

图 5-70 预留通道接头防水构造（二）[12]（单位：mm）

1—先浇混凝土构件；2—防水涂料；3—填缝材料；4—可卸式止水带；5—后浇混凝土构件

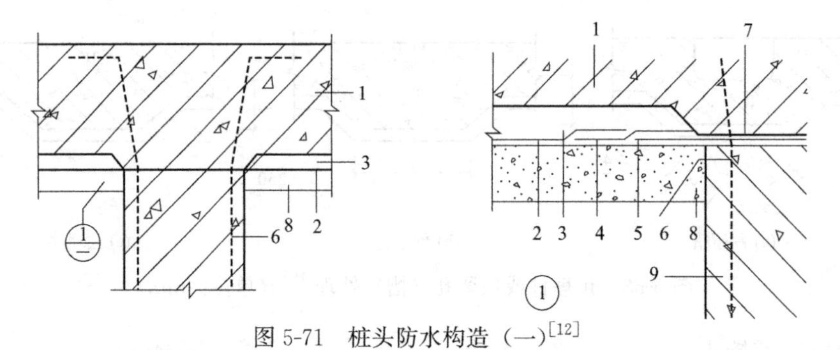

图 5-71 桩头防水构造（一）[12]

1—结构底板；2—底板防水层；3—细石混凝土保护层；4—防水层；5—水泥基渗透结晶型防水涂料；6—桩基受力筋；7—遇水膨胀止水条（胶）；8—混凝土垫层；9—桩基混凝土

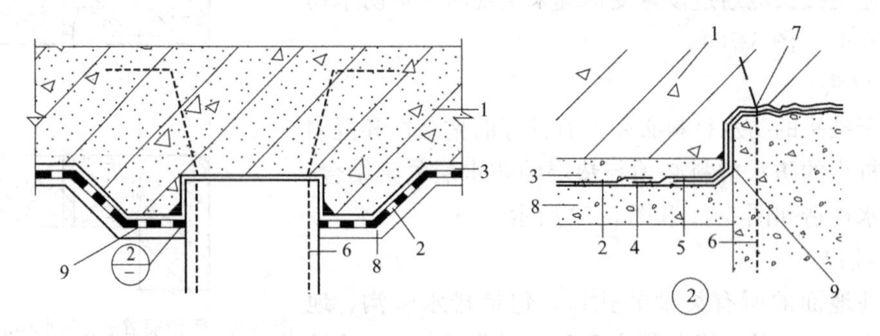

图 5-72 桩头防水构造（二）[12]

1—结构底板；2—底板防水层；3—细石混凝土保护层；4—聚合物水泥防水砂浆；5—水泥基渗透结晶型防水涂料；6—桩基受力筋；7—遇水膨胀止水条（胶）；8—混凝土垫层；9—密封材料

当窗井底部高于最高地下水位时，窗井的底板和墙壁应做防水处理，并与主体结构断开（图 5-73）。

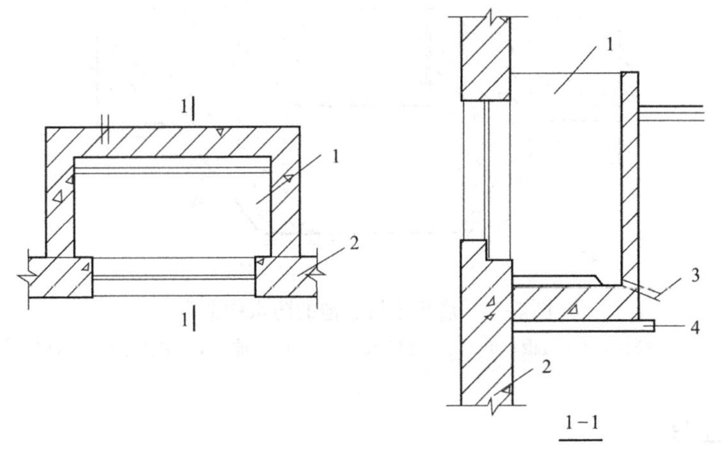

图 5-73　窗井防水构造（一）[12]

1—窗井；2—主体构件；3—排水管；4—垫层

当窗井底部位于最高地下水位以下时，窗井应与主体结构结合为一个整体，并且防水层也要与整体紧密连接，同时应在窗井内设置集水井（图 5-74）。

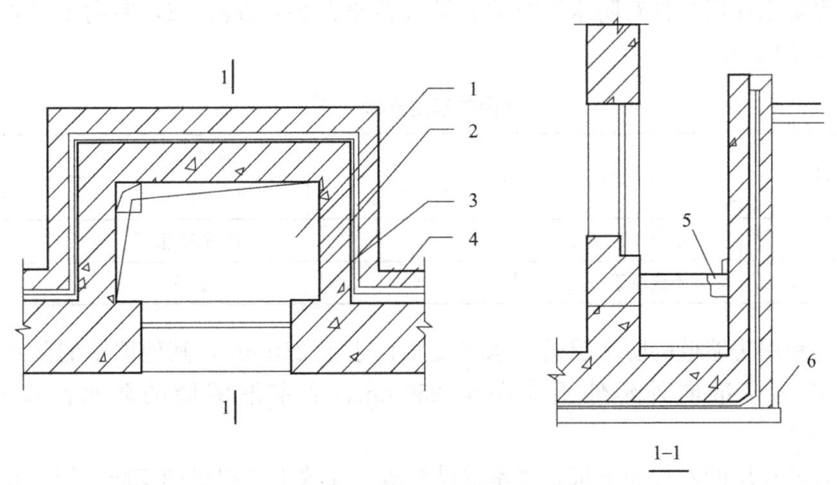

图 5-74　窗井防水构造（二）[12]

1—窗井；2—防水层；3—主体结构；4—防水层保护层；5—集水井；6—垫层

无论地下水位高度如何，窗台下部的墙体和底板都必须设置防水层。窗井底板应位于窗口底部边缘下方 300mm 处。窗井的墙壁高出地面不得小于 500mm。窗井外的地面宜设置散水，同时使用密封材料填充散水与墙面间的缝隙。通风口应与窗井进行相同方式的处理，竖井口下边缘相对于外部地面的高度不得小于 500mm。

8. 坑、池

坑、池和储水库的浇筑宜采用防水混凝土，并且必须在内部设置防水层。在受到振动时应设置柔性防水层。底板下方的坑和池局部底板应相应降低，防水层必须保持连续（图 5-75）。

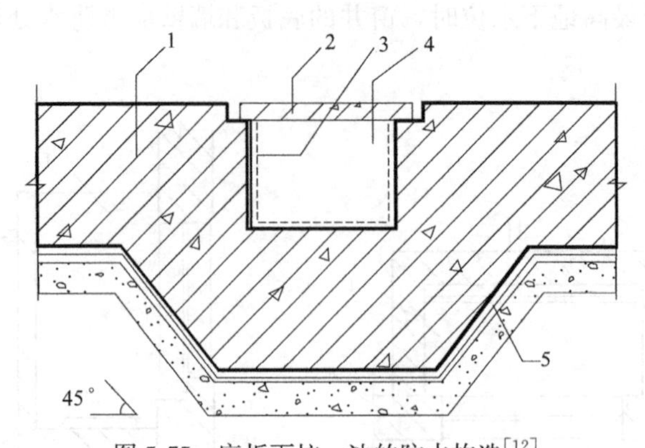

图 5-75 底板下坑、池的防水构造[12]

1—底板；2—盖板；3—坑、池防水层；4—坑、池；5—主体结构防水层

5.3.4 室内工程[5]

室内防水工程是指在建筑物内的厕所、浴室、厨房、泳池、水池等需要进行防水的工程。室内防水工程设计原则上应当以防为主、防排结合。厕所、浴室、厨房的地面构造由下至上通常包括结构层、找坡层、水泥砂浆找平层、防水层和地面面层五层。其防水工程的设计主要反映在排水坡度、地面防水和构造要求等方面。根据建筑物的重要程度、工程类别和工程防水使用条件对防水等级的分类可参照表 2-1 和表 2-2，室内工程防水做法应符合表 5-14 的要求。

室内工程防水做法[8] **表 5-14**

防水等级	防水做法	防水层		
		防水砂浆	防水涂料	防水卷材
一级	不应少于两道	应选两道		
二级、三级	不应少于一道	应选一道		

厕浴间和厨房墙壁的防水层的泛水高度不得小于 250mm，其他墙壁的防水以可能溅到水的范围为基准向外延伸不应小于 250mm。浴室淋浴墙的防水高度不得小于 2m（图 5-76）。

对于有填充层的厨房和下沉式浴室的结构板，建议下方提供两道防水层。在设置单个防水层时，要将防水层附着在混凝土结构板的表面上，材料的厚度根据水池防水类型选择。填充层应由轻质材料制成，材料在压缩下应具有低变形和低吸水性。填充层应整浇最小厚度为 40mm 的钢筋混凝土。排水沟应采用现浇钢筋混凝土结构，坡度不小于 1%，沟内应设置防水层。

墙壁和楼地面交接部位以及穿楼板（墙）的套管宜用防水涂料或易于粘结的卷材进行加强防水处理。加强层的尺寸应符合下列要求：

1）墙面与地面的交接处，平面宽度与立面高度不得小于 100mm；

2）穿过楼板的套管，在管体的粘结高度不应小于 20mm；

3）用于热水管道的防水材料和辅料必须具有相应的耐热性（图 5-77）。

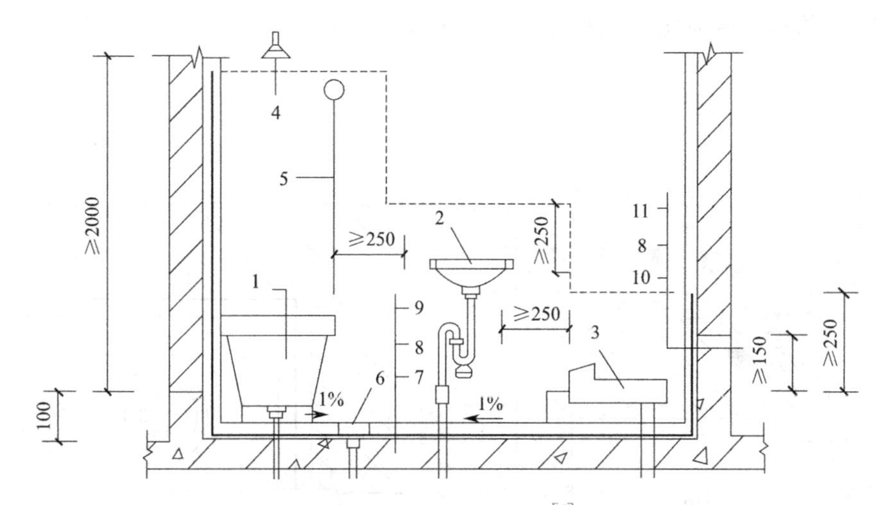

图 5-76　厕浴间墙面防水高度示意图[5]（单位：mm）

1—浴缸；2—洗手池；3—蹲便器；4—喷淋头；5—浴帘；6—地漏；
7—现浇混凝土楼板；8—防水层；9—地面饰面层；10—混凝土泛水；11—墙面饰面层

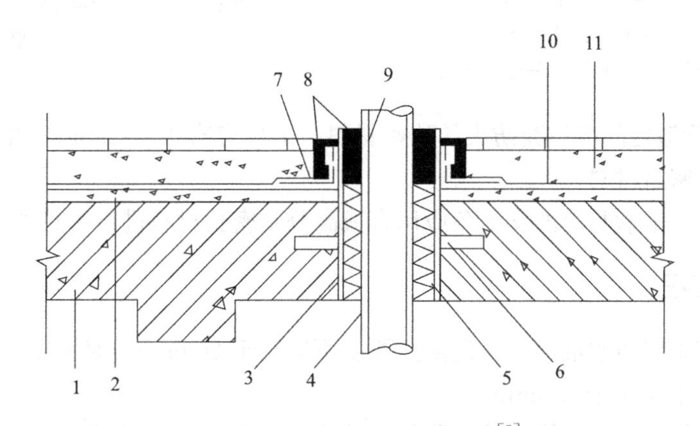

图 5-77　穿楼板管道防水做法[5]

1—结构楼板；2—找平找坡层；3—防水套管；4—穿楼板管道；5—阻燃密实材料；6—止水环；
7—附加防水层；8—高分子密封材料；9—背衬材料；10—防水层；11—地面砖及结合层

地漏与地面混凝土之间需留出凹槽，使用合成高分子密封胶进行防水和防渗处理。地漏周围应设置防水层，加强层的宽度不得小于 150mm。防水层在地漏收头处应用合成高分子密封胶进行密封处理（图 5-78）。

组装式厕浴间的结构地面与墙面均应设置防水层，结构地面应设排水措施。墙体为现浇钢筋混凝土时，在防水设防范围内的施工缝应做防水处理。长期处于蒸汽环境下的室内，所有的墙面、楼地面和顶面均应设置防水层。

穿楼板管道的防水设计应符合下列要求：

1）穿过楼板的管道必须沿墙安装，单面临墙的套管离墙净距不应小于 50mm；双面临墙的管道一面临墙不应小于 50mm，另一面不应小于 80mm；套管与套管的净距不应小于 60mm（图 5-79）；

2）穿楼板的管道应有止水套管或其他止水措施，并且套管的直径应比管道大 1 级或

2 级标准，套管的高度应比装饰地板高 20～50mm；

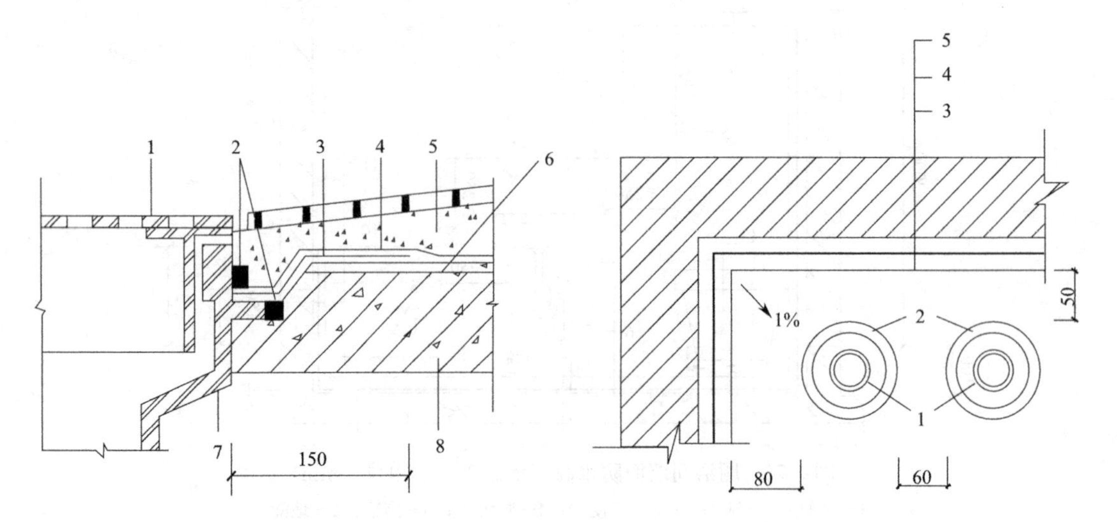

图 5-78　室内地漏防水构造[5]（单位：mm）
1—地漏盖板；2—密封材料；3—附加层；
4—防水层；5—地面砖及结合层；
6—水泥砂浆找平层；7—地漏；8—混凝土楼板

图 5-79　临墙管安装[5]（单位：mm）
1—穿楼板管道；2—防水套管；3—墙面饰面层；
4—防水层；5—墙体

3）套管和管道之间应填充防火的致密材料，上口应有 10～20mm 的凹槽，并在其中嵌入高分子弹性密封材料。

洗脸盆台盆、浴盆与墙的交接角应用合成高分子密封材料进行密封处理。

5.3.5　室外工程

水池池体宜采用防水混凝土，混凝土厚度不应小于 200mm。对刚度较好的小型水池，池体混凝土厚度不应小于 150mm。

室内游泳池等水池，应设置池体附加内防水层。受地下水或地表水影响的地下池体，应做内外防水处理，外防水设计与施工应按《地下工程防水技术规范》GB 50108—2008[7] 要求进行。

1）水池混凝土抗渗等级经计算后确定，但不应低于 P6；

2）当池体所蓄的水对混凝土有腐蚀作用时，应按防腐工程进行防腐防水设计；

3）游泳池内部的设施与结构连接处，应根据设备安装要求进行密封防水处理；

4）池体水温高于 60℃时，防水层表面应做刚性或块体保护层。

5.4　防水体系检测

5.4.1　标准规范

现行建筑防水工程标准有《屋面工程质量验收规范》GB 50207—2012、《屋面工程技术规范》GB 50345—2012、《建筑室内防水工程技术规程》CECS 196：2006、《建筑外墙防水工程技术规程》JGJ/T 235—2011、《地下防水工程质量验收规范》GB 50208—2011、《地下工程防水技术规范》GB 50108—2008、《建筑防水卷材试验方法》GB/T 328—2007 和《建筑防水涂料试验方法》GB/T 16777—2008 等。不同建筑防水工程材料所涉及的标准见表 5-15。

现行建筑防水工程材料标准　　表 5-15

类别	标准名称	标准号
防水卷材	聚氯乙烯(PVC)防水卷材	GB 12952
	高分子防水材料　第 1 部分:片材	GB 18173.1
	改性沥青聚乙烯胎防水卷材	GB 18967
	弹性体改性沥青防水卷材	GB 18242
	带自粘层的防水卷材	GB/T 23260
	自粘聚合物改性沥青防水卷材	GB 23441
	预铺防水卷材	GB/T 23457
防水涂料	聚氨酯防水涂料	GB/T 19250
	建筑防水涂料用聚合物乳液	JC/T 1017
	聚合物乳液建筑防水涂料	JC/T 864
	聚合物水泥防水涂料	JC/T 894
密封材料	聚氨酯建筑密封胶	JC/T 482
	聚硫建筑密封胶	JC/T 483
	混凝土接缝用建筑密封胶	JC/T 881
	丁基橡胶防水密封胶粘带	JC/T 942
其他防水材料	高分子防水材料　第 2 部分:止水带	GB 18173.2
	高分子防水材料　第 3 部分:遇水膨胀橡胶	GB 18173.3
	高分子防水卷材胶粘剂	JC/T 863
	沥青基防水卷材用基层处理剂	JC/T 1069
	膨润土橡胶遇水膨胀止水条	JG/T 141
	遇水膨胀止水胶	JG/T 312
	钠基膨润土防水毯	JG/T 193
刚性防水材料	砂浆、混凝土防水剂	JC/T 474
	混凝土膨胀剂	GB/T 23439
	水泥基渗透结晶型防水材料	GB 18445
	聚合物水泥防水砂浆	JC/T 984
防水材料试验方法	建筑防水卷材试验方法	GB/T 328 系列
	建筑胶粘剂试验方法	GB/T 12954 系列
	建筑密封材料试验方法	GB/T 13477 系列
	建筑防水涂料试验方法	GB/T 16777

5.4.2 试验方法

1. 建筑防水卷材试验方法[13-21]

(1) 抽样规则

在裁取试样前，样品应在 (20±10)℃放置至少 24h。无争议时可在产品规定的展开温度范围内裁取试样。

在平面上展开抽取的样品，根据试件需要的长度在整个卷材宽度上裁取试样。若无合适的包装保护，将卷材外面的一层去除，试样用能识别的材料标记卷材的上表面和机器生产方向。抽样可按表 5-16 进行。

抽样 **表 5-16**

批量(m^2)		样品数量(卷)
以上	直至	
—	1000	1
1000	2500	2
2500	5000	3
5000	—	4

(2) 外观

沥青防水卷材，抽取成卷卷材放在平面上，小心地展开卷材，用肉眼检查整个卷材上下表面有无气泡、裂纹、孔洞，裸露斑、疙瘩及任何其他能观察到的缺陷存在。

高分子防水卷材，抽取成卷卷材放在平面上，小心地展开卷材的前 10m 检查，上表面朝上，用肉眼检查整个卷材表面有无气泡、裂缝、孔洞、擦伤、凹痕及任何其他能观察到的缺陷存在。然后将卷材小心地调个面，同样方法检查下表面。靠近卷材端头，沿卷材整个宽度方向切割卷材，检查切割面有无空包和杂质存在。

(3) 厚度

沥青防水卷材，保证卷材和测量装置的测量面没有污染，在开始测量前检查装置的零点，在所有测量结束后再检查一次。在测量厚度时，测量装置下足应慢慢落下，避免使试件变形。在卷材宽度方向均匀分布 10 个点测量并记录厚度，最边的测量点应距卷材边缘 100mm。

高分子防水卷材，测量前试件在 (23±2)℃和相对湿度 (50±2)%条件下至少放置 2h，试验在 (23±2)℃下进行。卷材表面和测量装置的测量面应洁净。记录每个试件的相关厚度，结果精确到 0.01mm。计算所有试件测量结果的平均值和标准偏差。

(4) 长度、宽度和平直度

沥青防水卷材，抽取成卷卷材放在平面上，小心地展开卷材，保证与平面完全接触。5min 后，测量长度、宽度和平直度。长度测定在整卷卷材宽度方向的两个 1/3 处测量，结果精确到 10mm。宽度测定在距卷材两端头各 (1±0.01) m 处测量，结果精确到 1mm。平直度测定沿卷材纵向一边，距纵向边缘 100mm 处的两点做记号（见图 5-80 中的 A 点和 B 点），在卷材的两个标记点处绘制参考直线并测量参考线距卷材纵向边缘的最大距离 (g)，记录最大偏移 (g-100mm)，精确到 1mm。当卷材长度超过 10m 时，每 10m 测量一次。

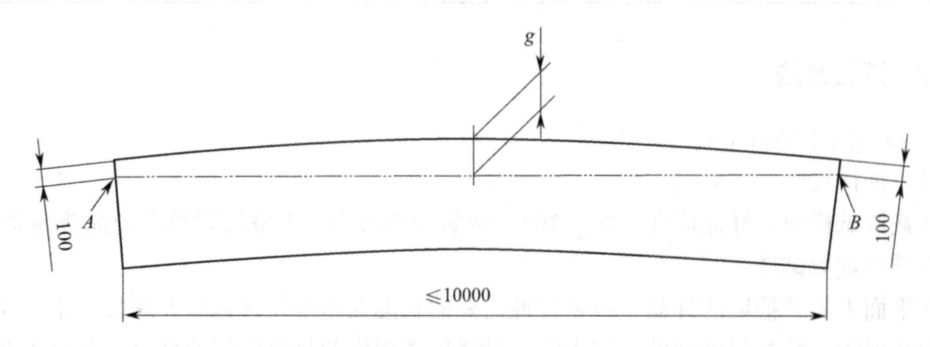

图 5-80 防水卷材平直度测定（单位：mm）

高分子防水卷材，在卷材端处作标记，并与卷材长度方向垂直，标记对卷材的影响尽可能小。卷材端处的标记与平面的零点对齐，在（23±5)℃不受张力条件下沿平面展开卷材，在达到平面的另一端后，在卷材的背面用合适的方法标记，和已知长度的两端对齐。再从已测量的该位置展开，放平，下一处没有测量的长度像前面一样从边缘标记处开始测量，重复这样的过程，直到卷材全部展开，标记。像前面一样测量最终长度，结果精确至5mm。

（5）不透水性

检测不透水性有两种方法，即方法A和方法B。方法A试验适用于卷材低压力的使用场合，如：屋面、基层、隔汽层。试件满足直到60kPa压力24h。方法B试验适用于卷材高压力的使用场合，如：特殊屋面、隧道、水池。试件采用有四个规定形状尺寸狭缝的圆盘保持规定水压24h，或采用7孔圆盘保持规定水压30min，观测试件是否保持不渗水。

1）试验设备

方法A设备为一个带法兰盘的金属圆柱体箱体，孔径150mm，并连接到开放管子末端或容器，其间高差不低于1m，如图5-81所示。

方法B设备组成见图5-82和图5-83，产生的压力作用于试件的一面。试件用有四个狭缝的盘（或7孔圆盘）盖上。缝的形状尺寸符合图5-84的规定，孔的尺寸形状符合图5-85的规定。

2）试件制备

均匀在卷材宽度方向裁取试件，最外一个距卷材边缘100mm。产品的纵向与试件的纵向平行并在试件上标记。在相关的产品标准中应规定试件数量，最少3块。

方法A的试件为圆形试件，直径（200±2）mm。方法B的试件直径不小于盘外径（约130mm）。

试验前试件在（23±5)℃放置至少6h。

3）试验步骤

方法A步骤：

①将试件放在设备上（图5-81)，旋紧翼形螺母固定夹环。打开进水阀（11）让水进入，同时打开排气阀（10）排除空气，直至水出来关闭排气阀（10)，说明设备水已满；

②调整试件上表面所要求的压力；

③保持压力（24±1）h；

④检查试件，观察上面滤纸有无变色。

方法B步骤：

图5-82装置中充水直到满出，彻底排出水管中空气。试件的上表面朝下放置在透水盘上，盖上规定的开缝盘（或7孔圆盘)，其中一个缝的方向与卷材的纵向方向平行。盖上盖子，轻轻拧紧，直到样品紧贴在板上。用布或压缩空气干燥试件的非迎水面，慢慢加压至规定压力。达到规定压力后，保持压力（24±1）h [7孔板保持在规定压力（30±2)min]。试验期间观察试样的不透水性（水的压力急剧下降或试件的非迎水面有水）。

4）测试结果

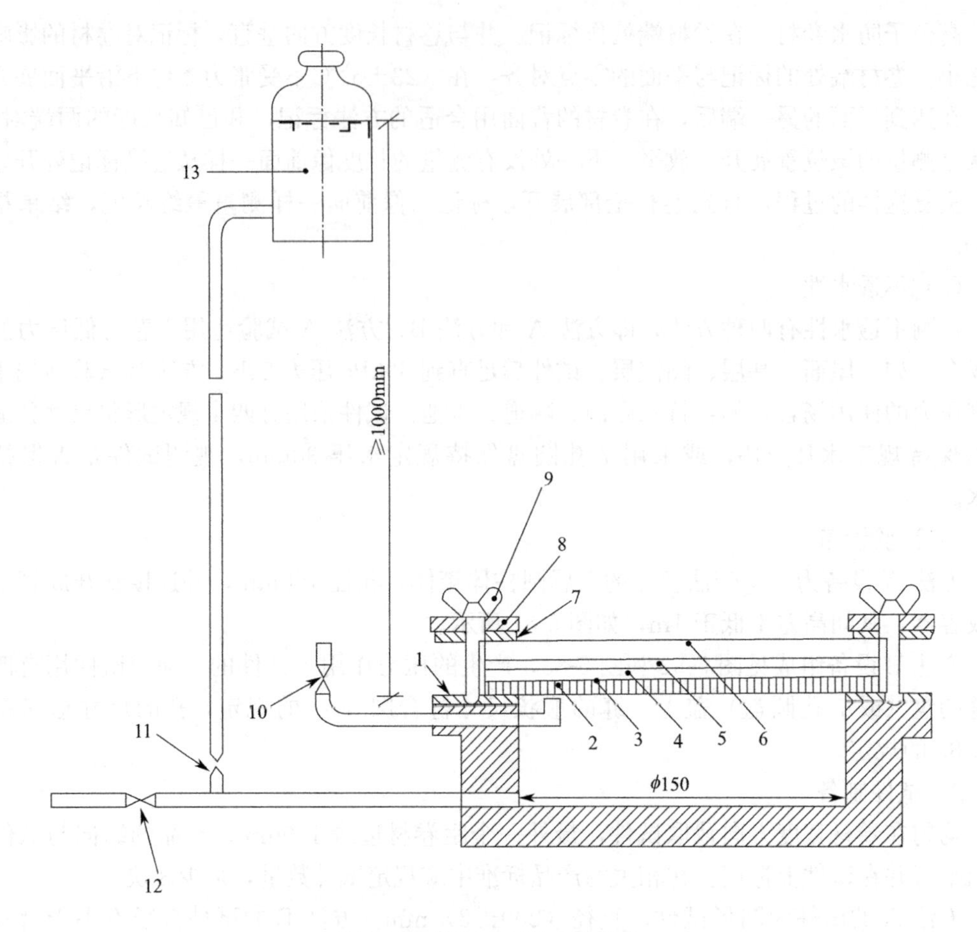

图 5-81 低压力不透水性装置

1—下橡胶密封垫圈；2—试件的迎水面是通常暴露于大气/水的面；3—实验室用滤纸；4—湿气指示混合物，均匀地铺在滤纸上面，湿气透过试件能容易的探测到，指示剂是由细白糖（冰糖）（99.5%）和亚甲基蓝染料（0.5%）组成的混合物，用 0.074mm 筛过滤并在干燥器中用氯化钙干燥；5—实验室用滤纸；6—圆的普通玻璃板，其中 5mm 厚，水压≤10kPa；8mm 厚，水压≤60kPa；7—上橡胶密封垫圈；8—金属夹环；9—带翼螺母；10—排气阀；11—进水阀；12—补水和排水阀；13—提供和控制水压到 60kPa 的装置

方法 A 中试件有明显的水渗到上面的滤纸产生变色，认为试验不通过，所有试件通过认为卷材不透水。方法 B 所有试件在规定的时间不透水认为不透水性试验通过。

（6）吸水性

吸水性的试验方法是将沥青和高分子防水卷材浸入水中规定的时间，测定质量的增加。

1）仪器设备

①分析天平，精度 0.001g，称量范围不小于 100g；

②毛刷；

③容器，用于浸泡试件；

④试件架，用于放置试件，避免相互之间表面接触，可用金属丝制成。

2）试件制备

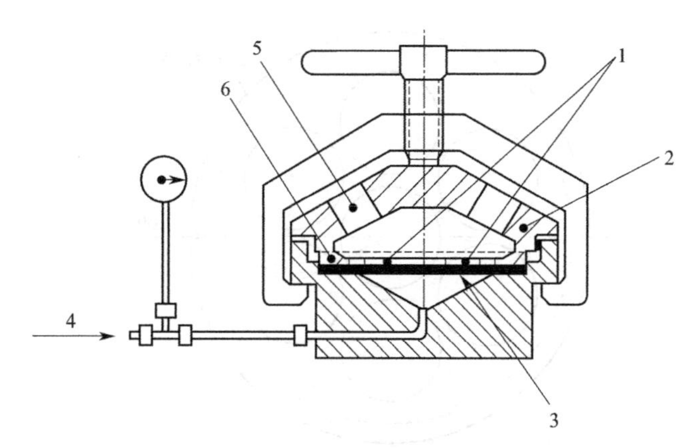

图 5-82　高压力不透水性用压力试验装置

1—狭缝；2—封盖；3—试件；4—静压力；5—观测孔；6—开缝盘

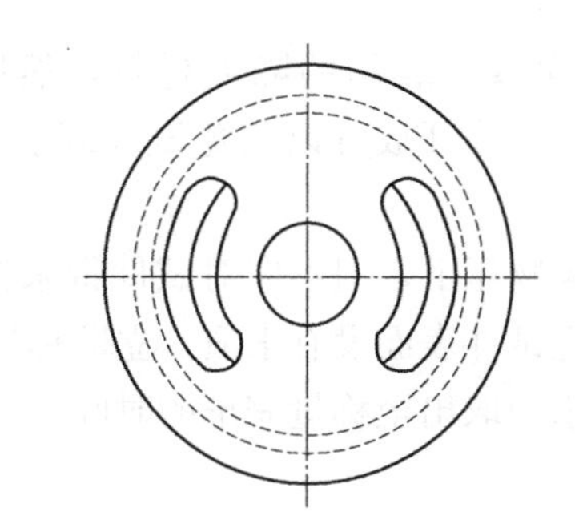

图 5-83　狭缝压力试验装置封盖草图

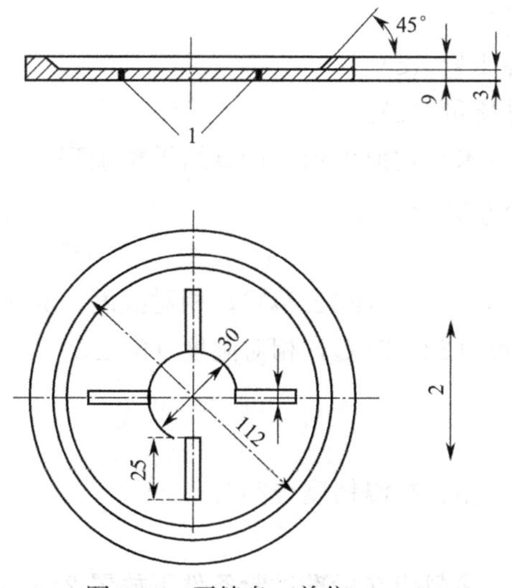

图 5-84　开缝盘（单位：mm）

1—所有开缝盘的边都有约 0.5mm 半径弧度；2—试件纵向方向

试件从卷材表面均匀分布裁取，尺寸 100mm×100mm，共 3 块。试验前，将试件在 (23±2)℃，相对湿度 (50±10)%条件下放置 24h。

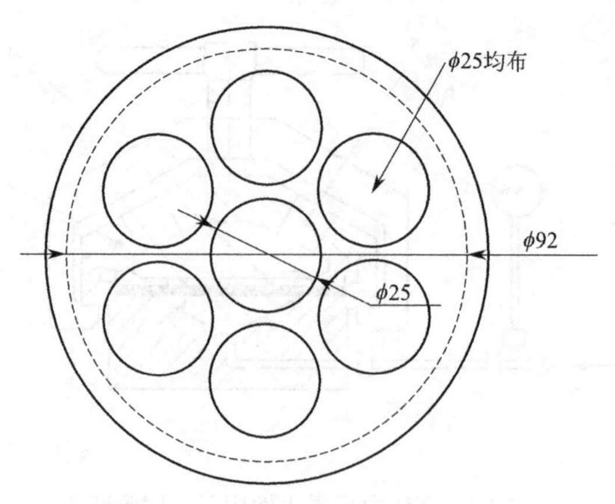

图 5-85　7 孔圆盘（单位：mm）

3）试验步骤

取 3 块试件，用刷子刷干净试件表面的隔离材料，然后称重（W_1），将试件浸入 (23±2)℃的水中并置于架子上，分开放置以避免试件间表面接触，水面高出试件上端 20～30mm。

若试件上浮，可用合适的重物压下，但不应对试件带来损伤和变形。浸泡 4h 后取出试件，用纸巾吸干表面的水分至试件表面没有水渍，立即称量试件质量（W_2）。为避免浸水后试件中水分蒸发，试件从水中取出至称量完毕的时间不超过 2min。

4）结果计算

吸水率按式(5-1) 计算：

$$\alpha_{wa}=(W_2-W_1)/W_1\times100 \tag{5-1}$$

式中：α_{wa}——吸水率（%）；

W_1——浸水前试件质量（g）；

W_2——浸水后试件质量（g）。

吸水率用 3 块试件的算术平均值表示，计算结果精确到 0.1%。

2. 建筑防水涂料试验方法[22]

（1）标准试验条件

实验室标准试验条件为：温度（23±2)℃，相对湿度（50±10)%。

严格条件可选择：温度（23±2)℃，相对湿度（50±5)%。

（2）涂膜制备

1）试验器具

涂膜模框；电热鼓风烘箱：控温精度±2℃。

2）试验步骤

①试验前模框、工具、涂料应在标准试验条件下放置 24h 以上。

②称取所需的试验样品量，保证最终涂膜厚度（1.5±0.2）mm。

单组分防水涂料应将其混合均匀作为试料，多组分防水涂料按生产厂规定的配比精确称量后，将其混合均匀作为试料。在必要时可以按生产厂家指定的量添加稀释剂，当稀释剂的添加量有范围时，取其中间值。将产品混合后充分搅拌 5min，在不混入气泡的情况下倒入模框中。模框不得翘曲且表面平滑，为便于脱模，涂覆前可用脱模剂处理。样品按生产厂的要求一次或多次涂覆（最多三次，每次间隔不超过 24h），最后一次将表面刮平，然后按表 5-17 进行养护。

应按要求及时脱模，脱模后将涂膜翻面养护，脱模过程中应避免损伤涂膜。为便于脱模，脱模可在低温下进行，但脱模温度不能低于低温柔性的温度。

涂膜制备的养护条件　　表 5-17

分类		脱模前的养护条件	脱模后的养护条件
水性	沥青类	标准条件 120h	(40±2)℃48h 后，标准条件 4h
	高分子类	标准条件 96h	(40±2)℃48h 后，标准条件 4h
溶剂型、反应型		标准条件 96h	标准条件 72h

（3）潮湿基面粘结强度

使用“8”字形金属模具制备“8”字形砂浆块（图 5-86）。取 5 对养护后的水泥砂浆块，用 2 号砂纸除去表面浮浆，将砂浆块浸入（23±2)℃水中 24h。将已经置于标准测试条件下 24h 的样品以制造商要求的比例混合并搅拌 5min（单组分防水涂料直接取用）。从水中取出砂浆块，用湿毛巾清除水渍，干燥 5min 后，将制备的涂料涂在砂浆块的断面上。将两个砂浆块对接并相互挤压，砂浆块之间的涂层厚度不超过 0.5mm，在标准试验条件下放置 4h。然后，将制备的试件放在温度（20±1)℃，相对湿度至少 90%的条件下养护 168h，制备 5 个试件。

将养护好的试件置于标准测试条件下 2h，然后通过保持试件表面垂直方向的中线与试验机夹具中心对齐，将试件安装到测试机器上并以（5±1）mm/min 速度拉伸，直到试件断裂并记录试样的最大拉力。

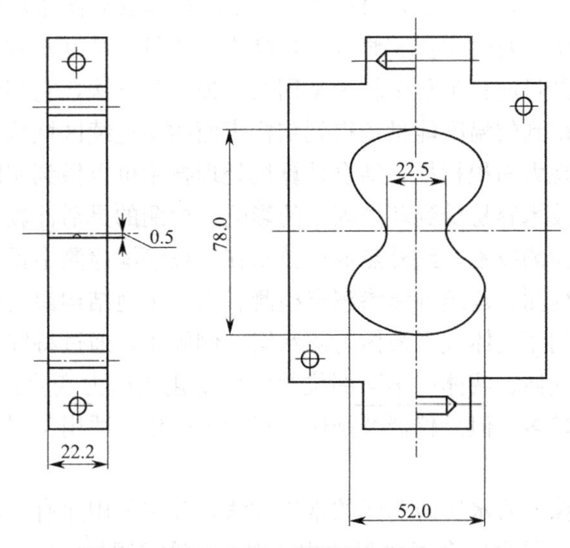

图 5-86　“8”字形金属模具（单位：mm）

（4）不透水性

1）试验器具

不透水仪；金属网：孔径为0.2mm。

2）试验步骤

①裁取3个约150mm×150mm的试件，在标准试验条件下放置2h，试验在（23±5)℃进行，将装置中充水直到满出，彻底排出装置中空气。

②将试件放置在透水盘上，再在试件上加一相同尺寸的金属网，盖上7孔圆盘，慢慢夹紧直到试件夹紧在盘上，用布或压缩空气干燥试件的非迎水面，慢慢加压到规定的压力。

③达到规定压力后，保持压力（30±2）min。试验时观察试件的透水情况（水压突然下降或试件的非迎水面有水）。

3）结果评定

所有试件在规定的时间应无透水现象。

3. 无损检测

无损检测是指在不对被检测对象进行破坏性操作的前提下，利用声波、红外线、光谱等分析方法测量被测对象得到相应信息的方法。无损检测可以直接在构件上进行测量，是建筑结构检测中较理想的检测方法。

在防水工程中，无论是施工现场的质量检测还是后期维修、维护过程中的问题排查，发现防水层的薄弱点和渗漏点一直是防水工程的重点和难点。过去的检测方法一般分为观察和暴露两种，即对渗漏部位及施工易破损部位进行观察，结合工程经验分析出防水薄弱区，或对某些部位进行破坏性拆除检测其防水渗漏情况。这两种方法均依赖于表观现象及工程经验，且判断渗漏点往往需要破坏甚至大面积破坏原有结构防水层，检测方法复杂甚至有时还分析不出渗漏原因。

无损检测技术的原理及优势与防水工程是十分契合的。它结合不断发展的红外、声波、成像等技术测量某些特定参数，可以更快、更精确地找到防水层薄弱区及渗漏点，实现防水工程的精准预防、及时维护和修复，提高作业质量、精度及效率。

红外热成像技术是目前在工程中较为常用的无损检测方法，它利用物体自身红外热辐射的差异，结合测量得到的温度能量场得到结构表面的不连续区域从而确定缺陷部位。该方法精度高且可以实现大面积扫描，结合计算机处理技术可以做到实时图像输出，简单方便；但是红外热成像技术容易受到环境因素的影响，检测的灵活性较低。作为一种成本较低、响应较快的无损检测技术，红外热成像技术在工程渗漏检测中得到广泛应用，如地下工程中的隧道渗漏水检测、建筑外墙渗漏点检测、大型水池结构渗漏检测等。

示踪法的原理是利用气体或者液体对防水层一侧施压，通过特殊光线或者检测不同部位的气体压力来判断气体、液体的不同部位的颜色变化或压力变化，从而确定渗漏区域。该方法操作步骤相对较多，但是仪器及操作方式较为简单，适用于屋面工程等大面积防水施工部位。

电信号测量也是探究防水层薄弱区的常用方法，其主要用途有：利用卷材的绝缘性在防水层两侧布置电极，漏水处会通电形成电流从而表征渗漏部位；利用高密度点测量电阻，观察渗漏部位的电阻变化来寻找渗漏点，甚至可以构建电阻变化图来表征整体防水层的薄弱区分布情况；通过对待测材料一端释放低频电信号，分析另一端接收的电信号来定位渗漏点[23]。

超声波检测则是利用超声波传播过程中的不同传播特性及能量的衰减，判断所测区域的均匀性，测量厚度，定位裂缝等。其中厚度的测量是防水材料测量的重要手段，其利用计算机对反射回波进行分析处理，生成测量单元厚度的实时结果，从而以较为直观的方式判断防水层薄弱和渗漏部位。常用的超声波检测方法有 A 超和 B 超检测，然而实际工程中不同的施工方式和防水基底介质可能会对测量结果有较大影响，不同胶结剂的使用也会影响超声波检测结果的判定[24]。超声波检测由于设备限制以及处理计算过程的差异性，目前难以大规模应用于实际工程。

参考文献

[1] 瞿培华．建筑防水体系的因素关联和辩证关系［J］．中国建筑防水，2009（10）：11-15.

[2] 陈宝贵，王惠新，侯法文．试论防水层应具备的性能［J］．中国建筑防水，2006（12）：8-12.

[3] 胡骏．防水工程设计与选材的一些基本原则［J］．中国建筑防水，2014（22）：15-22.

[4] 中华人民共和国住房和城乡建设部．屋面工程技术规范：GB 50345—2012［S］．北京：中国建筑工业出版社，2012.

[5] 中国工程建设标准化协会．建筑室内防水工程技术规程：CECS 196：2006［S］．北京：中国计划出版社，2006.

[6] 中华人民共和国住房和城乡建设部．建筑外墙防水工程技术规程：JGJ/T 235—2011［S］．北京：中国建筑工业出版社，2011.

[7] 中华人民共和国住房和城乡建设部．地下工程防水技术规范：GB 50108—2008［S］．北京：中国计划出版社，2008.

[8] 中华人民共和国住房和城乡建设部．建筑和市政工程防水通用规范（征求意见稿）［EB/OL］．（2019.02.15）［2021.06.14］．http：//www.mohurd.gov.cn/zqyj/201902/t20190218_239492.html.

[9] 中华人民共和国住房和城乡建设部．种植屋面工程技术规程：JGJ 155—2013［S］．北京：中国建筑工业出版社，2013.

[10] 中国工程建设标准化协会．预制混凝土外墙防水工程技术规程：T/CECS 777—2020［S］．北京：中国建筑工艺出版社，2020.

[11] 中华人民共和国住房和城乡建设部．城市综合管廊工程技术规范：GB 50838—2015［S］．北京：中国计划出版社，2015.

[12] 中华人民共和国住房和城乡建设部．地下防水工程质量验收规范：GB 50208—2011［S］．北京：中国建筑工业出版社，2012.

[13] 中国建筑材料工业协会．建筑防水卷材试验方法：GB/T 328.1—2007［S］．北京：中国标准出版社，2007.

[14] 中国建筑材料工业协会．建筑防水卷材试验方法 第 2 部分：沥青防水卷材 外观：GB/T 328.2—2007［S］．北京：中国标准出版社，2007.

[15] 中国建筑材料工业协会．建筑防水卷材试验方法 第3部分：高分子防水卷材 外观：GB/T 328.3—2007 [S]. 北京：中国标准出版社，2007.

[16] 中国建筑材料工业协会．建筑防水卷材试验方法 第4部分：沥青防水卷材 厚度、单位面积质量：GB/T 328.4—2007 [S]. 北京：中国标准出版社，2007.

[17] 中国建筑材料工业协会．建筑防水卷材试验方法 第5部分：高分子防水卷材 厚度、单位面积质量：GB/T 328.5—2007 [S]. 北京：中国标准出版社，2007.

[18] 中国建筑材料工业协会．建筑防水卷材试验方法 第6部分：沥青防水卷材 长度、宽度和平直度：GB/T 328.6—2007 [S]. 北京：中国标准出版社，2007.

[19] 中国建筑材料工业协会．建筑防水卷材试验方法 第7部分：高分子防水卷材 长度、宽度、平直度和平整度：GB/T 328.7—2007 [S]. 北京：中国标准出版社，2007.

[20] 中国建筑材料工业协会．建筑防水卷材试验方法 第10部分：沥青和高分子防水卷材 不透水性：GB/T 328.10—2007 [S]. 北京：中国标准出版社，2007.

[21] 中国建筑材料工业协会．建筑防水卷材试验方法 第27部分：沥青和高分子防水卷材 吸水性：GB/T 328.27—2007 [S]. 北京：中国标准出版社，2007.

[22] 中国建筑材料工业协会．建筑防水涂料试验方法：GB/T 16777—2008 [S]. 北京：中国标准出版社，2009.

[23] 张孟霞，张敬，李树利，等．建筑防水渗漏检测方法及应用案例 [J]. 中国建筑防水，2018 (06)：36-39.

[24] 蔡小龙．基于超声的防水材料厚度无损测量方法研究 [D]. 武汉：湖北工业大学，2016.

第 6 章　防水施工与管理

6.1　防水工程施工方法

6.1.1　防水卷材施工方法

1. 屋面防水工程

(1) 沥青卷材防水屋面施工

1) 基层处理

基层处理的质量直接影响屋面的施工质量。防水屋面的基层通常使用水泥砂浆、沥青砂浆和细石混凝土找平层，保证基层满足强度和刚度的要求，使其在荷载的作用下不会产生显著变形。对各材料的要求如下：水泥砂浆配合比❶ 1∶2.5～1∶3（水泥∶砂），水泥强度等级不低于 32.5 级；沥青砂浆配合比（质量比）1∶8（沥青∶砂）；细石混凝土强度等级不低于 C15，找平层厚度为 15～35mm。找平层应平整坚实，无松动、翻砂和起壳现象。

为防止温差及混凝土收缩导致卷材防水层开裂，应当在预制板支撑端的拼缝处留设宽 20mm 的分格缝，并于缝口处加铺 200～300mm 宽的油毡条，用沥青胶结材料单边点贴，以防结构变形导致防水层拉裂。分格缝的纵横向最大间距取值如下：水泥砂浆或细石混凝土做找平层时，不宜大于 6m；沥青砂浆做找平层时，不宜大于 4m。在凸出屋面结构的连接处以及基层转角处，应做成边长为 100mm 的钝角或半径为 100～150mm 的圆弧[1]。

2) 卷材铺贴

卷材铺贴前应先熬制好沥青胶和清除卷材表面的撒料。沥青胶的沥青成分应与卷材中沥青成分相同。卷材铺贴层数一般为 2～3 层，沥青胶铺贴厚度一般取 1～1.5mm，最厚不超过 2mm。

卷材的铺贴方向应根据屋面坡度或是否受振动荷载而确定[2]。当坡度小于 3%时，铺贴方向平行于屋脊；当坡度大于 15%或存在振动荷载时，铺贴方向垂直于屋脊；当坡度在 3%～15%之间时，铺贴方向平行或垂直于屋脊均可。通常控制卷材防水屋面的坡度在 25%以内，当超过这个标准时要用钉子将短边搭接处的卷材钉入找平层内固定，起到防止卷材下滑的作用。此外，上下层卷材的铺贴位置不得相互垂直。

当铺贴方向与屋脊平行时，铺贴顺序为从檐口开始向屋脊方向铺贴。两幅卷材的长边搭接（又称压边），应顺水流方向；短边搭接（又称接头），应顺主导风向。此种铺贴方法效率高，损耗少。且因卷材的横向抗拉强度远大于纵向抗拉强度，故可以防止基层变形导致卷材中产生裂缝。当铺贴方向与屋脊垂直时，铺贴顺序为从屋脊开始向檐口方向铺贴。

❶ 本章中涉及的配合比如无特殊注明均为体积比。

压边应顺主导风向，接头应顺水流方向。同时，卷材必须越过屋脊交错搭接，不得于屋脊处留设搭接缝。

连续多跨或高低跨房屋屋面防水卷材的铺贴顺序为先高跨后低跨，先远后近。对同一坡面，应先铺贴水落口、天沟、女儿墙和沉降缝等地方，并做好泛水，然后铺贴大屋面的卷材。为防止接缝处漏水，要求卷材间的长边搭接宽度不小于 70mm，短边搭接宽度不小于 100mm，且上下两层及相邻卷材错缝搭接，避免形成通缝，搭接缝处必须用沥青胶结材料仔细封严[3]。

用沥青胶将卷材铺贴在基层之上，按照沥青胶的使用可以将卷材的铺贴方法分为浇油法、刷油法、刮油法和撒油法四种[4]。浇油法是将沥青胶浇到基层上后滚动卷材与基层粘贴紧密；刷油法是将沥青胶刷于基层后快速铺压卷材，刷油长度以 300～500mm 为宜，出油边不应大于 50mm；刮油法是将浇到基层上的沥青胶用 5～10mm 的胶皮刮板刮开后铺贴卷材；撒油法是在铺第一层卷材时，先用沥青胶涂满卷材周边，然后用蛇形花撒的方法撒油铺贴卷材中间，其余各层则仍按前三种方法进行铺贴，此法多用于基层不太干燥需做排气屋面的情况。等各层卷材铺贴完毕后，在面层上浇一层 2～4mm 厚的沥青胶，撒上一层粒径为 3～5mm 的小豆石（绿豆砂），压实使其粘结牢固，而后将未粘结的豆石清扫干净。

3）常见质量问题

沥青卷材防水层最容易产生的质量问题包括防水层起鼓、沥青胶流淌、防水层老化、防水层开裂、屋面漏水等[2]，如表 6-1 所示。

沥青卷材防水层的常见质量问题及防治措施　　表 6-1

质量问题	主要原因	防治措施
防水层起鼓	基层含水率高、基层施工不平整、卷材粘贴不密实	基层含水率控制在 6%内，避免雨、雾、霜天气施工，隔气层良好；保证基层平整，卷材铺贴涂油均匀、粘贴密实，以免水分蒸发导致防水层起鼓；潮湿环境下解决防水层起鼓的有效方式是将屋面做成排气屋面
沥青胶流淌	沥青胶耐热度不足、屋面坡度较大	选取满足耐热度要求的沥青胶，涂刷厚度不超过 2mm，屋面坡度设计不宜过大
防水层老化	阳光空气等长期作用下内部成分老化	用绿豆砂、云母、蛭石、水泥砂浆、细石混凝土和块体材料等设置保护层
防水层开裂	结构层变形、找平层开裂；屋面刚度不够，建筑物不均匀下沉；沥青胶流淌，卷材接头错动；防水层温度收缩，沥青胶变硬、变脆而拉裂；防水层起鼓后内部气体受热膨胀导致防水层开裂	选用延伸率大的卷材；采用点粘法、条粘法进行卷材铺贴；铺贴卷材时勿拉伸过紧；端头、节点处设缓冲层

（2）高聚物改性沥青卷材防水屋面施工

1）基层处理

高聚物改性沥青卷材防水屋面的基层处理要求和方式同沥青卷材防水屋面一致。

2）卷材铺贴

高聚物改性沥青卷材的铺贴方法有冷粘剂粘贴法（冷粘法）和火焰热熔法（热熔法）两种[5]。

冷粘法适用于 SBS 改性沥青卷材、APP 改性沥青卷材、铝箔面改性沥青卷材等。施工前应先将基层表面打扫干净，包括清除表面凸起物，然后用汽油等溶剂稀释胶粘剂制成基层处理剂，均匀涂刷于基层表面完成对基层的处理。干燥后先以排水口、管根等容易发生渗漏的薄弱部位为中心的 200mm 范围内，均匀涂刷一层 1mm 左右的胶粘剂，胶粘剂干燥后即可形成一层无接缝和弹塑性的整体增强层。铺贴卷材时，先根据屋面坡度和是否存在振动荷载选择卷材铺贴方向（参见沥青卷材防水屋面），然后在流水坡度的下坡弹出基准线，一边均匀涂刷胶粘剂一边滚铺卷材，并及时辊压压实。注意毛刷的蘸胶液要饱满，滚铺卷材时避免将空气和异物卷入。当平面与立面出现连接时，卷材应由下向上紧贴阴角压缝铺贴，不允许出现明显的空鼓现象。当立面卷材超过 300mm 时，为保证封闭严密和粘贴牢固，用氯丁系胶粘剂（404 胶）粘贴或用木砖钉木压条与粘贴并用的方法处理。卷材纵横搭接宽度为 100mm，接缝处常用胶粘剂粘合，更有效的做法是用汽油喷灯加热熔接。对卷材搭接缝的边缘以及末端收头部位，刮抹宽度不小于 10mm 的膏状胶粘剂进行粘合封闭处理，末端收头部位在密闭处理后还可进一步地用掺入水泥重量 20%的 108 胶水泥砂浆压缝处理。

热熔法主要适用于 APP 改性沥青卷材。热熔法施工因为没有使用冷粘剂，因而造价更低，特别适用于气温较低时或屋面基层略有湿气时。必须等基层处理剂冷却 8h 以上方能进行后续施工作业，火焰加热器的喷嘴距卷材面的距离控制在 0.5m 左右，幅宽内加热要均匀。卷材加热的幅度以卷材表面熔融至光亮黑色为度，不得过分加热或烧穿卷材。卷材表面热熔后应立即铺贴，滚铺时应排除卷材下的空气，平展铺贴，并辊压粘贴牢固，最后用热风焊枪加热搭接处使之粘贴牢固，将溢出的自粘胶刮平封口。

在防水层铺设工作完成后，可用保护层来屏蔽或反射阳光的辐射，从而延长卷材的使用寿命。保护层的施工可以边涂刷冷粘剂边铺撒蛭石粉或均匀涂刷银色、绿色涂料。高聚物改性沥青卷材在以下情况下不得施工：雨雪天气、五级及以上大风、气温低于 0℃时。

（3）合成高分子卷材防水屋面施工

1）基层处理

合成高分子卷材防水屋面应以 1：3（体积比）的水泥砂浆找平层作为基层，厚度为 15～30mm，空隙仅允许平缓变化且最大不超过 5mm。当预制构件（无保温层时）接头部位高低不齐时，可用掺水泥量 15%的 108 胶水泥砂浆找平。基层与凸出屋面结构相连的阴角及转角处的处理方法与沥青防水卷材一致[6]。

2）卷材铺贴

涂布基层处理剂前需要先将基层清理干净，一般将聚氨酯涂膜防水材料的甲料、乙料、二甲苯按 1：1.5：3 的配合比搅拌均匀后得到基层处理剂，然后将其均匀涂布在基层表面，干燥 4h 以上，即可进行后续工序的施工[7]。阴角、排水口和通气孔根部需要在铺贴卷材前先进行增强处理，具体做法为将有聚氨酯甲料和乙料按 1：1.5 的配合比搅拌均匀后涂刷在其周围，涂刷宽度为距离中心 20mm 以上，厚度以 1.5mm 左右为宜，固化时间应大于 24h。

等基层处理剂和防水薄弱部位的增强处理工序完成后，方可进行卷材的铺贴。先将卷材展开摊铺，然后用蘸满丁系胶粘剂（404 胶等）的滚刷将胶均匀涂布在卷材上，不得漏涂，但沿搭接缝部位 100mm 处不得涂胶。干燥 10～20min 至胶粘剂结膜不粘手后用纸筒芯将卷材卷好，然后等基层处理剂干燥后将胶粘剂均匀涂布在基层上，干燥 10～20min 至胶粘剂结膜不粘手指后即可铺贴卷材。

卷材铺贴的一般原则如下[2]：同跨屋面铺设顺序为先铺排水比较集中的部位，由低向高的方向；多跨屋面铺设顺序为先高跨后低跨、先远后近；卷材的配置应顺长方向进行，并保证卷材长方向垂直于水流坡度且长边搭接平行于水流坡度方向。配置方案确定后，在流水坡度的下坡弹出基准线，将胶粘剂涂布于卷材圆筒之上，沿流水下坡向上展铺卷材，注意铺展时不得用力拉伸卷材，也要避免卷入空气，辊压粘贴牢固，且卷材不得褶皱。卷材铺好后，将搭接缝结合面清扫干净，把配套的接缝专用胶粘剂（如氯丁系胶粘剂）均匀涂刷在搭接缝结合面上，充分干燥至不粘手指后，辊压粘牢。最后，需要用宽度不小于 10mm 的密封材料封严接缝口。

合成高分子卷材防水屋面保护层施工与高聚物改性沥青卷材防水屋面保护层施工要求相同。

2. 地下防水工程

(1) 卷材的铺贴方案

地下防水工程中卷材铺贴通常采用外防水的施工方法。外防水是指将卷材防水层铺贴在需要防水的结构的外表面，由于此种施工方法可以借助土压力将防水层压紧，且承重结构也能起到抵抗有压地下水渗透和侵蚀的作用，因此具有良好的防水效果。按照卷材防水层与防水结构的先后施工顺序，外防水的卷材防水层铺贴方式可分为外防外贴法和外防内贴法两种[8]。

1) 外防外贴法

外防外贴法的工序为：垫层—底板卷材防水层—临时保护墙—混凝土底板与墙体施工—拆除墙体侧模—墙面卷材防水层—永久性保护墙。具体做法如下：等混凝土底板垫层完工后，用 1∶3 的水泥砂浆在其上做找平层，干燥后铺贴底板卷材防水层，并向四周伸出，以便与墙身的卷材防水层搭接。保护墙分为两部分，下部为永久性保护墙，高度不小于底板厚度＋200mm；上部为用石灰砂浆砌筑的临时保护墙，一般高度为 450～600mm。将伸出的卷材搭接接头临时固定在保护墙上，然后进行混凝土底板与墙体的施工，墙体侧模拆除后，在墙面上抹水泥砂浆找平层并刷冷底子油，拆除临时保护墙来找到各层卷材搭接接头，将其表面清理干净后错槎接缝、逐层铺贴墙面卷材防水层，最后砌筑永久性保护墙。

2) 外防内贴法

外防内贴法的工序为：垫层—永久性保护墙—卷材防水层—混凝土底板与墙体施工。具体做法如下：先在混凝土底板垫层四周砌筑永久性保护墙，用 1∶3 的水泥砂浆在垫层表面及保护墙内表面做找平层，干燥后涂满冷底子油，然后沿保护墙及底板铺贴防水卷材。铺贴完毕后，涂刷防水层最后一道沥青胶时，在立面上趁热粘上干净的热砂或麻丝，冷却后抹一层 10～20mm 厚的 1∶3 水泥砂浆保护层；在平面上铺设一层 30～50mm 厚的 1∶3 水泥砂浆或细石混凝土保护层，最后再进行混凝土底板和墙体的施工。

两者相比而言，外防内贴法施工工艺的工序简便，底板与墙体的防水层可一次铺贴完，避免了砌筑临时保护墙以及留接槎的工序，且施工占地面积较小。缺点是结构不均匀沉降会对防水层带来较大影响，导致易出现渗漏水现象，且竣工后渗漏水的修补工作较难开展。因此只有当施工条件受到限制时，才会采用外防内贴法施工。

（2）卷材防水层的施工

地下防水工程的卷材铺贴方案确定后，卷材防水层的施工是防水工程的重要工序。铺贴防水卷材之前，首先要保证基层必须满足以下要求：牢固无松动、表面平整洁净干燥、阴阳角处做成圆弧形或钝角。若基层表面干燥有困难，平面卷材铺贴时第一层防水卷材可直接将沥青胶结材料铺贴在潮湿的基层上，然后将卷材与基层紧贴[9]。如有必要，可在设计的卷材层数之上增加一层。立面卷材铺贴时，为保证卷材与基层粘贴紧密，待涂满基层的冷底子油干燥后再铺贴，且先铺转角后铺大面。铺贴卷材时，沥青胶涂刷厚度一般为1.5～2.5mm，保证每层沥青胶涂刷均匀，内贴法铺贴卷材时先铺立面，后铺平面；外贴法铺贴卷材时先铺平面，后铺立面，平立面交接处交叉搭接。卷材的搭接长度长边不应小于100mm，短边不应小于150mm，相邻和上下两幅卷材应错槎接缝，且应相互错开1/3幅宽，并铺贴方向不得相互垂直。在平立面的转角处，接缝应留在平面上距离立面不小于600mm处，所有转角处均应铺贴附加层。附加层的选材可用一层抗拉强度较高的卷材或两层同样的卷材，附加层施工时应粘贴紧密，应将多余的沥青胶挤出，并用沥青胶将搭接缝仔细封严。最后一层卷材铺贴好后，应在其表面上均匀地涂刷一层厚为1～1.5mm的热沥青胶结材料。

6.1.2　防水涂料施工方法

1. 屋面防水工程

当屋面结构采用装配式钢筋混凝土板时，为了保证良好的防水效果，对屋面板制作、板缝嵌缝施工以及板面防水涂料施工均有要求。

（1）自防水屋面板的制作要求

自防水屋面板的设计与施工应满足自防水构件的要求，以保证其具有足够的密实性、抗渗性和抗裂性，同时，为满足防水的要求，还必须做好附加层。对屋面板制作材料有如下要求：水泥宜用不低于42.5级的普通硅酸盐水泥，用量不少于330kg/m^3；粗骨料最大粒径不超过板厚的1/3，且一般不超过15mm，含泥量应不超过1%；细骨料宜采用中砂或粗砂，含泥量应不超过2%，以降低混凝土的干缩；水灰比最大为0.55，可通过外加剂来改善混凝土的工作性能[8]。混凝土浇筑时，宜采用高频低振幅的小型平板振动器振捣密实，待混凝土收水后再次压实抹光，最后进行不少于14d的自然养护。为保证屋面的防水质量，自防水屋面板在制作、运输及安装过程中，必须采取有效措施，确保不出现裂缝。

（2）板缝嵌缝施工

1）板缝要求

装配式钢筋混凝土屋面板的板缝上口宽度应调整为20～40mm；当板缝宽度过大或上窄下宽时，应通过设置构造筋来防止灌缝混凝土脱落导致的嵌缝材料流坠。应使用不低于C20的细石混凝土浇筑板缝下部并捣固密实，且预留接缝深度0.5～0.7倍的嵌缝深度。浇筑混凝土前，应将板缝冲洗干净并充分湿润；浇筑混凝土时，必须随时将接缝处构件表面的水泥浆清理干净；混凝土浇筑后，要进行充分的养护，且保证接触嵌缝材料的混凝土表面必须平整、密实，不得有蜂窝、露筋、起皮、起砂和松动现象，保证板缝必须干燥。

2）嵌缝材料防水施工

嵌缝材料防水施工的基本工序如下[2]：首先用刷缝机或钢丝刷将板缝两侧的杂物清理干净，随后铺放背衬材料，均匀满涂基层处理剂，最后等基层处理剂干燥后及时进行密封材料施工。改性沥青密封材料的施工方法可分为热灌法与冷嵌法两种，热灌法的施工方向为由下向上，且先灌垂直于屋脊的板缝，后灌平行于屋脊的板缝，交叉处宜沿平行于屋脊的两侧板缝各延伸浇灌 150mm，并留成斜槎；冷嵌法施工时，应先在缝槽两侧批刮少量密封材料，然后分次将密封材料嵌填入板缝，压嵌密实，使其与缝壁粘结牢固。注意密封材料必须嵌填饱满，不得与缝壁之间留有空隙，且接头做成斜槎避免裹入空气。合成高分子密封材料中的单组分密封材料可直接使用，多组分密封材料要按照规定的比例准确计量、搅拌均匀后使用，同时要按照要求严格控制拌合量、拌合时间和拌合温度。密封材料的嵌填工具可使用挤出枪或腻子刀，嵌填应饱满，防止留有空隙形成气泡和孔洞。挤出枪的挤出嘴口径应根据接缝的宽度选用，均匀挤出密封材料后由底部逐渐嵌填整个接缝。混合后的多组分密封材料有规定的使用期限，未混合的多组分密封材料和未用完的单组分密封材料应密封存放。以下环境下密封材料严禁施工：雨雪天气、五级及以上大风，此外，还应考虑密封材料施工的气温环境。

（3）板面防水涂料施工

嵌缝完毕后即可进行板面防水涂料的施工，要分层分遍涂布涂料，且后层涂料需等先涂的涂层干燥成膜后方可涂布，施工方法包括手工抹压、涂刷或喷涂等。其中最常用的施工方法为涂刷，涂刷时需注意每层的涂刷厚度均匀一致，上下层应交错涂刷，接槎宜设在板缝处[10]。对涂膜防水层的厚度规定如表 6-2 所示。

涂膜防水层厚度 **表 6-2**

涂料种类	防水等级	涂膜防水层厚度
聚合物水泥防水涂膜	Ⅰ	≥1.5mm
	Ⅱ	≥2.0mm
高聚物改性沥青防水涂料	Ⅰ	≥2.0mm
	Ⅱ	≥3.0mm
合成高分子防水涂料	Ⅰ	≥1.5mm
	Ⅱ	≥2.0mm

防水涂料施工时需铺设胎体增强材料，其铺设方向根据屋面坡度确定。平行于屋脊的铺设方向适用于当屋面坡度小于 5%时的情况，垂直于屋脊的铺设方向适用于屋面坡度大于 15%的情况，且由屋面最低处向上操作。胎体搭接宽度的长边最小为 50mm，短边最小为 70mm，多层胎体增强材料的上下层铺设方向不得相互垂直，且搭接缝应错开不小于幅宽 1/3 的距离。在天沟、檐口、檐沟、泛水等防水薄弱部位，要加铺有胎体增强材料的附加层，水落口周围与屋面交接处在加铺两层有胎体增强材料的附加层的基础上还需要做密封处理。

防水涂料按成分可分为沥青基防水涂料、高聚物改性沥青防水涂料、合成高分子防水涂料以及水泥基防水涂料[1][11]，其各自施工方法如表 6-3 所示。

防水涂料施工方法　　表 6-3

涂料种类	施工方法
沥青基防水涂料	先做节点、附加层，再进行大面积涂布；边涂防水涂料边铺夹于涂层中的胎体增强材料，胎体铺设要平整紧密，与涂料粘牢且无气泡产生；屋面转角及立面处需多遍涂刷，且无流淌与堆积；保护层可用筛除粉砂的细砂、云母、蛭石等撒布材料，将其均匀撒布在最后一遍涂料之上，干燥后将多余的撒布材料清理干净。施工气温宜为 5～35℃
高聚物改性沥青防水涂料	溶剂型涂料要求基层干燥，因此应将充分搅拌的基层处理剂均匀地满涂于基层，待其干燥后方可进行涂料施工，最上层涂层厚度不小于 1mm，至少涂刷 2 遍，施工气温宜为 5～35℃。水乳型涂料在撒布料完成撒布后应进行辊压粘牢，施工气温宜为 5～35℃
合成高分子防水涂料	基层处理剂需要均匀涂布在干燥的基层之上，防止基层潮气导致防水涂膜起鼓，等底胶干燥固化 24h 后方可进行防水涂料的施工。涂刮防水涂料时，每遍涂刮方向宜垂直于前一方向，根据前遍涂膜干燥的时间来确定重涂的时间，如聚氨酯涂膜宜为 24～72h。多组分涂料应按配合比配制搅拌均匀后及时使用，配制时可加入缓凝剂（磷酸、苯磺酸氯等）或促凝剂（二丁基烯等）来调节固化时间。夹铺于涂层中的胎体增强材料下涂层厚度不宜小于 1mm，最上面的涂层应不少于 2 遍。当保护层为撒布材料时，做法同沥青基防水涂料一致；当保护层为块材（饰面砖等）时，应在完全固化后的涂料之上进行块材铺贴，并按照规范要求留设不小于 20mm 的分格缝
水泥基防水涂料	基本工序为：搅拌—涂刷—养护—检查。首先将粉料和液料充分搅拌 3～5min 至均匀浆料（以无生粉团和颗粒为准）；再将浆料以前后垂直十字交叉的方式均匀涂刷在面上，每次涂刷厚度不超过 1mm，一般需涂刷 2 遍，每遍间隔 1～2h（以刚好不黏手为准），若前一层已经固化，则需要将其用清水润湿后涂刷下一层；然后在施工 24h 后以湿布覆盖涂层或喷雾洒水的方式对涂层进行养护；最后进行闭水试验的检查，卫生间、水池等部位在防水层干固后（夏天至少 24h，冬天至少 48h）储满水 48h 以检查防水施工是否合格，轻质墙体须做淋水试验

2. 地下工程施工方法

地下工程常用的防水涂料主要有沥青基防水涂料和高聚物改性沥青防水涂料等，这里以水乳型再生橡胶沥青防水涂料为例作介绍。

水乳型再生橡胶沥青防水涂料是以沥青、橡胶和水为主要材料，配以适量增塑剂及抗老化剂，采用乳化工艺加工而得。与普通沥青基防水涂料相比，其具有更优的粘结、柔韧、耐寒、耐热、防水、抗老化等性能，并且具有质量轻、无毒、无味、不易燃烧、冷施工等特点。另外，该材料施工方式简便，对基层的干燥程度要求不高；环境与经济效益良好，可比普通卷材防水层节约造价 30%。

水乳型再生橡胶沥青防水涂料由水乳型 A 液和 B 液按照不同的配合比（质量比）混合而成，其中 A 液为再生胶乳液，呈漆黑色，细腻均匀，稠度大，黏性强，密度约 1.1g/cm^3；B 液为液化沥青，呈浅黑黄色，水分较多，黏性较差，密度约 1.04g/cm^3。混合料的性能受到两种溶液配合比的影响，当施工配合比为 A 液∶B 液＝1∶2 时，沥青成分较多，导致橡胶与沥青之间的内聚力较小，混合液具有良好的粘结性、涂刷性和浸透性能；当施工配合比为 A 液∶B 液＝1∶1 时，橡胶成分居多，混合液具有良好的抗裂性和抗老化能力。因此，施工配合比要按照防水层的不同要求来确定，该防水涂料在施工时，既可单独涂布形成防水层，也可衬贴玻璃丝布作为防水层。水乳型再生橡胶沥青防水涂料的使用范围十分广泛，可用于屋面、墙体、地面、地下室等部位以及设备管道的防水防潮、嵌缝补漏、防渗防腐等工程，不同工况下其发挥的作用以及施工的方法不一致[12]，如表 6-4 所示，铺贴顺序为先铺附加层和立面，再铺平面；先铺贴细部，再铺贴大面，具体的施工方法与卷材防水层相类似。

水乳型再生橡胶沥青防水涂料施工方法 表 6-4

工况		发挥作用	施工方法
地下水位以下	地下水压不大	防水层	二布三油一砂
	地下水压较大	加强层	
地下水位以上		防水层或防潮层	一布二油一砂

3. 纳米防水涂料施工方法

纳米防水涂料是以合成高分子材料为基料，配以适量纳米固化剂和纳米助剂，采用高科技工艺加工而得的双组分防水涂膜材料。其适用于厨浴间、地下室、屋面等部位，施工方法简便，对基层的干燥性要求不高，并且可以直接在砖石、砂浆、混凝土、金属、木材、硬塑料、SBS、APP、泡沫板、石膏板等表面施工，具体操作方法如下[2]：

(1) 基层处理。保证基层平整，表面压实压光，无尖锐棱角，无蜂窝麻面，无起鼓裂纹；施工完毕后要将基层表面脏污，包括明水、建筑垃圾、浮灰等清理干净；用复合防水腻子修补基层的局部不合格部分。

(2) 配料。将粉料缓慢倒入盛放液料的桶中，充分拌合使二者混合均匀（以无生粉团和颗粒为准），要在使用期限内将配合好的涂料用完，特别是温度较高时混合料会加速固化，一般以 1h 为准；每次配料完成后要及时清洗配料桶及搅拌叶片等器具和设备，以免影响到下一次配料。

(3) 涂刷。用纵横交错的方法涂刷，不得少刷漏刷，尤其是转角以及平立面交接处（洞、孔、缝、边、角、沟、台、沿等）需多刷两遍，排水沟、地漏等处的防水层要加厚 0.5mm，且处理平整，不能有空鼓及起翘现象。

6.1.3 刚性防水施工方法

1. 屋面防水工程

刚性防水屋面的防水层可分为普通细石混凝土防水屋面、补偿收缩混凝土防水屋面及块体刚性防水屋面，其结构层宜为整体现浇的钢筋混凝土或装配式钢筋混凝土板，由于细石混凝土屋面的防水性能较差，随着防水技术的发展和有机防水材料的运用，细石混凝土防水屋面在《屋面工程技术规范》GB 50345—2012[13] 中规定不再作为一道防水层。

2. 地下防水工程

水泥砂浆防水层是地下防水工程中常用的形式，它通过在构筑物的底面和两侧分别涂抹一定厚度的水泥砂浆，利用砂浆本身的憎水性和密实性来达到抗渗防水的效果，属于刚性防水。但水泥砂浆防水层抵抗变形的能力较差，因此不适用于受到振动荷载影响、易发生不均匀沉陷的工程，以及受腐蚀、高温及反复冻融的砖砌体工程。常见的水泥砂浆防水层可分为刚性多层防水层、掺外加剂的防水砂浆防水层和膨胀水泥或无收缩性水泥砂浆防水层等类型。

(1) 刚性多层防水层

刚性多层防水层是将素灰（稠度较小的水泥浆）和水泥砂浆分层交替均匀抹压至密实，从而形成的多层整体防水层。不同部位对抹压层数的要求不同，迎水面要求五层交叉抹面，背水面要求四层交叉抹面即可。

具体施工方法如下[12]：四层交叉抹面第一、三层为2mm厚的素灰层，所用水泥浆的水灰比为0.37～0.4，稠度为70mm，分两次抹压密实，主要起防水作用。第二、四层为4～5mm厚的水泥砂浆层，所用水泥砂浆的配合比为1∶2.5（水泥∶砂），水灰比为0.6～0.65，稠度为70～80mm，分两次抹压密实，主要作用为对素灰层的保护、养护和加固，同时也有一定的防水作用，第四层施工完毕后将表面抹平压光。五层交叉抹面的前四层施工方法与四层交叉抹面一致，其第五层为1mm厚的水泥浆，水灰比为0.55～0.6，在第四层水泥砂浆抹压两遍后，用毛刷均匀涂刷一层水泥浆并随第四层一起压光。

由于素灰与水泥砂浆分层交替抹压均匀密实，刚性多层防水的各层紧密粘结，具有良好的密实性，每一层会约束其他层因温度变化而导致的收缩变形，因此不易开裂；同时因为相邻两层的配合比、厚度及施工时间均不同，其毛细孔形成的位置也不一致，后一层施工时会对前一层的毛细孔起堵塞作用，提高防水层的抗渗能力，达到良好的防水效果。每层防水要连续施工，尽量避免留设施工缝。当必须留设施工缝时，留设位置一般设在地面上。当施工缝留设在墙面上时需距阴阳角200mm，留设形式为阶梯坡形槎，接槎要依照层次顺序操作，保证层层搭接紧密。

（2）防水砂浆防水层

通常，普通水泥砂浆中掺入定量的防水剂可以提高其抗渗性能，从而得到防水砂浆[14]。这是因为防水剂与水泥水化会生成不溶性物质或憎水性薄膜，对水泥砂浆中的毛细管道起堵塞作用，提高其密实性。常见的防水剂有防水浆、避水浆、防水粉、氯化铁防水剂、硅酸钠防水剂等。下面以氯化铁防水砂浆为例，对防水砂浆防水层的施工方法做简单介绍。

先将基层清理干净，在其上刷一层水泥浆，然后分两次抹12mm厚的垫层防水砂浆，其配合比为水泥∶砂∶防水剂=1∶2.5∶0.3，水灰比为0.45～0.5。垫层防水砂浆施工完毕后，一般隔12h左右在其上刷一层水泥浆，并随刷随分两次抹13mm厚的面层防水砂浆，其配合比为水泥∶砂∶防水剂=1∶3∶0.3，水灰比为0.5～0.55，在面层防水砂浆终凝前应反复多次抹压密实并压光。氯化铁防水剂价格便宜，配制的防水砂浆可在潮湿条件下使用，但防水层抗裂性较差，且在35℃以上或烈日照射的工况下不得施工。

（3）膨胀水泥或无收缩性水泥砂浆防水层

这种防水层主要是利用水泥膨胀和无收缩的特性来提高砂浆的密实性和抗渗性，对配制水泥砂浆防水层的材料有如下要求：水泥宜采用强度等级不低于32.5级的普通硅酸盐水泥、膨胀水泥或矿渣硅酸盐水泥，细骨料宜采用中砂或粗砂。水泥砂浆的配合比为水泥∶砂=1∶2.5，水灰比为0.4～0.5，在常温条件下配制的水泥砂浆需在1h内使用完毕，避免其凝结过快。

水泥砂浆的涂抹方法与防水砂浆相同，施工时需要注意以下几点：为保证基层与防水层之间的粘结力满足要求，需要先将基层洒水湿润；阴阳角处的水泥砂浆防水层需要做成圆弧或钝角，阳角处圆弧半径一般为10mm，阴角处圆弧半径一般为50mm；无论迎水面或背水面，水泥砂浆防水层的高度均应至少超出室外地坪50mm；施工时外界气温不应低于5℃，且保持基层表面处于正温状态；防水层施工完毕后，应立即进行不少于14d的养护，在此期间保持防水层湿润，环境温度不低于5℃，且不得受静水压力作用。

6.1.4 常见渗漏原因以及补救方法

1. 屋面工程渗漏

(1) 屋面渗漏的原因

常见屋面渗漏的部位以及原因[15] 如表 6-5 所示。

屋面渗漏原因 表 6-5

渗漏部位	渗漏原因
山墙、女儿墙、烟囱等墙体与防水层相交处	1)节点构造不到位,防水层做法过于简单,垂直面卷材与屋面卷材在施工时分层搭接不到位; 2)卷材收口处开裂,导致雨水渗漏; 3)卷材转角处未做成圆弧形、钝角或角度太小; 4)女儿墙压顶砂浆强度等级低,滴水线未做好等原因
天沟	天沟长度大,纵向坡度小,雨水口少,导致自身排水不畅,雨水斗四周卷材粘贴不严时将会导致漏水
挑檐、檐口处	1)檐口砂浆未能压住卷材,卷材封口不严密; 2)檐口处砂浆开裂,下口滴水线施工不达标
厕所、厨房的通气管	1)根部防水层未盖严或包管高度太小; 2)卷材上口未缠麻丝或钢丝,没有设置保护层来压住卷材
其他部位	1)屋面结构缝处理不当,比如水泥盖板或镀锌铁皮安装不良或被移动; 2)雨水口处水斗安装过高,泛水坡度不够,使雨水斗外侧有雨水流入室内; 3)防水层坡度不够,表面不够平整,导致屋面积水,产生渗漏

(2) 屋面渗漏的预防及治理办法

1) 女儿墙压顶开裂导致渗漏时，可将开裂处的水泥砂浆铲除并按照 1：2～1：2.5 的配合比配制水泥砂浆后重抹，做好滴水线。

2) 出屋面管道渗漏时，将管根处做成钝角，并可以加做防雨罩，使油毡在防雨罩下收头。

3) 檐口渗漏时，掀起渗漏处的旧卷材，用 24 号镀锌铁皮钉于檐口将新卷材贴于铁皮上。

4) 雨水口渗漏时，将雨水斗四周卷材铲除，检查短管是否紧贴基层板面或铁水盘。如短管浮搁在找平层上，则将找平层凿掉，清除后安装好短管，再用搭槎法重做卷材防水层，然后进行雨水斗附近卷材的收口和包贴。

2. 地下工程渗漏

地下工程渗漏水的主要原因包括结构层存在孔洞、裂缝、蜂窝麻面、变形缝和毛细孔等，渗漏原因、水压大小等工况不同，需要采取的补救措施不同[16]。堵漏的基本原则是把大漏变小漏、缝漏变点漏、片漏变孔漏，最后堵住漏水；堵漏材料的种类较多，如快硬水泥胶浆、环氧树脂、丙凝浆液、甲凝浆液、氰凝浆液等，现以快硬水泥胶浆和氰凝浆液为例对地下工程的堵漏加以介绍。

(1) 快硬水泥胶浆

这种胶浆以水泥和促凝剂（代替水）按 1：（0.5～1）拌合，其凝结时间很快，以达到迅速堵住渗漏水的目的。促凝剂是以水玻璃为主，并与硫酸铜、重铬酸钾和水配制而成，常用的配合比见表 6-6。堵漏前先做试配，从开始拌合到使用以 1～2min 为宜，如凝固过快或过慢，适当加水或调整配合比[2]。

促凝剂配合比表　　表 6-6

材料名称	配合比(质量比)	色泽
硫酸铜(胆矾)	1	水蓝色
重铬酸钾(红矾)	1	橙红色
硫酸亚铁(绿矾)	1	蓝绿色
硫酸铬钾(蓝矾)	1	紫红色
硫酸铝钾(明矾)	1	白色
硫酸钠(水玻璃)	400	无色
水	60	无色

不同工况下的堵漏方法如表 6-7 所示[2]。

堵漏方法　　表 6-7

工况		堵漏方法	施工流程
孔洞漏水	孔洞和水压较小	堵塞法	将漏点剔成宽 10～30mm、深 20～50mm 的小槽，保证槽壁垂直于基层；清洗干净后迅速压入快硬水泥胶浆，挤压密实；不再渗漏后，在其表面抹一层素灰和砂浆并扫毛，最后等强度达标后做好防水层
	孔洞和水压较大	下管堵漏法	先将漏水处剔成上下基本垂直的孔洞，其深度视漏水情况而定；冲洗干净后铺一层碎石，并在其上盖一层与孔洞面积相等的卷材或铁片；插入胶管引流，用胶浆将洞堵住；不再渗漏后，在其表面抹一层素灰和砂浆，等有一定强度后拔出胶管，此时实现了"大漏变小漏"的原则，然后按堵塞法堵塞
裂缝漏水	水压较小	堵塞法	先将裂缝处剔成八字形坡的沟槽，然后堵塞胶浆，最后做防水层。当裂缝较长时，可分段进行堵塞，接缝成斜槎
	水压较大	下线堵漏法	剔好沟槽冲洗干净后，在槽内底部沿裂缝方向放置一根小绳，缝长可分段，每段间隔 20mm；压紧胶浆后抽出小绳，形成绳孔；用下钉法缩小绳孔，做法为用胶浆包住钉子塞进空隙，快凝固时拔出钉子，形成钉孔，最后用堵塞法堵塞

（2）氰凝浆液

氰凝又称聚异氰酸脂，其主体成分是以多异氰酸酯与含羟基的化合物（聚酯、聚醚）制成的预聚体。氰凝浆液遇水会发生反应生成不透水的凝固体，浆液的黏度逐渐增加，且该凝固体具有较高的抗压强度。反应过程会放出二氧化碳使浆液膨胀，向四周渗透扩散，直到反应结束，这也是其用于堵漏时的工作原理。

灌注浆液的基本施工流程为[8]：混凝土表面处理—布置灌浆孔—埋设注浆嘴—封闭漏水孔（用快硬胶浆堵住除注浆嘴外的其他漏水部位，防止氰凝浆液漏出）—压水试验—灌浆—封孔。灌浆孔要间隔 1m 交错布置，最后等浆液固结后拔出灌浆嘴，并用水泥砂浆封固灌浆孔。

6.2 防水工程施工质量管理

防水工程质量管理按照时间先后顺序可分为事前施工质量预控、事中施工质量管理以及事后施工质量验收三部分[17]。

6.2.1 防水工程事前施工质量预控

1. 施工项目质量计划

施工项目质量计划是指导施工项目质量控制的文件，应体现从工序、分项工程、分部工程到单位工程的过程控制，也应体现从资源投入到工程质量最终检验和试验的过程控制。施工项目质量计划作为施工企业对外进行质量保证和对内进行质量控制的依据。一般应包括以下主要内容[18]：

(1) 防水工程的质量目标和要求；

(2) 防水工程施工过程中相关人员的责任和权限划分以及资源的配置方案；

(3) 防水工程的施工程序、工艺流程、施工方案、质量控制点以及具体的技术措施等；

(4) 防水材料及施工设备的质量管理和场内管控；

(5) 防水工程施工过程中的质量检验方案；

(6) 竣工后的质量验收方案；

(7) 防水工程施工过程中对质量计划进行修改完善的程序；

(8) 其他措施，如研究新的防水材料、防水施工方法以及检验测试设备，需要补充制定的程序、标准、方法和其他文件等。

根据施工项目质量计划的内容，在实际编制施工项目质量计划的防水工程时需要注意以下要求：

(1) 质量目标。根据项目特点、项目经理部实际情况以及企业生产经营总目标确定防水工程的质量目标和要求。其基本要求是防水工程的质量要在竣工交付时达到设计要求和施工质量验收统一标准的规定。

(2) 管理职责。施工项目经理是施工项目实施的最高负责人，应对工程质量负责，包括防水工程的质量；项目经理部技术负责人负责质量计划的顺利实施及日常质量管理；项目副经理负责资源调配、保证按图施工、质量审核、整改和纠正措施的实施；项目经理部质量控制机构相关人员在项目副经理的领导下负责施工全过程的质量；材料、机械管理人员负责对进场的材料、构件、机械设备进行验收；施工作业队相关人员负责防水工程质量的具体实施。

(3) 资源提供。需要明确规定相关人员的任职标准及考核方法；规定相关人员现场流动以及任职培训的管理内容；规定新的防水材料、施工工艺的操作方法；规定防水材料以及施工设备的质量管理和采购管理。

(4) 质量实施过程策划。需要明确规定防水工程施工组织设计及专项质量计划的编制要点；规定防水工程施工的重点、难点以及关键工序的技术交底要求；规定新的防水材料、防水施工方法的策划要求；规定防水工程中重要过程的验收方法和验收准则。

（5）标识与可追溯性控制。需要明确重要标识准确性的保证措施，明确重要工序、重要设备、重要材料的可追溯记录的规定。建筑工程的重要标识包括坐标点、标高控制点、沉降观察点、安全标志、标碑等。

（6）施工过程质量控制。需要明确施工过程质量控制所需要的各种指导文件、人员任职要求、材料及设备的工作条件和运转方案等。指导文件包括防水施工过程中质量控制的方法、程序文件、施工作业指导书、隐蔽工程或特殊工程的质量控制和鉴定验收方案等。

（7）检验、试验和测量的控制。需要明确防水工程的质量检验、试验方案以及设备的管控方案，并要编制质量不合格后的补救方案。

施工项目质量计划编制完成以后，必须经施工企业、业主及其监理机构审核批准后才能作为施工项目质量控制的依据。施工项目质量计划一方面可以作为施工项目经理部全面预控施工项目质量的手段；另一方面可以向业主及其监理机构提供施工项目质量保证，为其进行施工质量监控提供依据。

计划是管理的一种职能，施工项目质量计划明确了质量目标，制定了管理方案，规范了施工活动，保证了达到目标质量的技术能力，奠定了防水工程一次成活、竣工交付合格的基础。因此，施工企业需要贯彻“预防为主”的思想，详细编制施工项目质量计划，严格按照计划完成防水工程的施工工作。

2. 施工准备状态预控

其目的在于在施工准备阶段抓好施工项目质量计划的落实情况，防止计划执行流于表面，质量预控流于形式的现象。防水工程施工准备阶段，从以下几个方面来对工程质量进行预控：

（1）保证相关施工技术的技术交底准确到位、保证防水材料入场时已进行了验收和记录、保证防水工程的前道工序已进行了验收与交接；

（2）必须对持证上岗人员进行审查与培训、检查施工作业环境满足要求；

（3）保证充分理解了防水工程施工所需要的图纸、作业指导书等文件内容；

（4）协调好工种间的交叉作业与相互配合。

3. 施工生产要素预控

施工生产要素包括人、材料、设备、技术、环境和资金，是进行施工项目质量管理的关键控制因素。

（1）人员预控

参与防水工程施工活动的人员主要包括作业人员以及管理人员，他们的施工技术、管理能力、质量意识等会直接影响到防水工程的质量[19]。因此，选派的管理人员要能力达标，施工员、质检员、测量员、安全员、材料员、试验员等应有相应的资格证；其次，合法分包单位的相关人员资格也需要进行考核，严格执行规定工种的持证上岗制度。

（2）材料预控

防水材料是构成防水工程施工产品的物质实体，其质量是防水工程实体的组成部分，因此，防水材料进场后需严格检查验收并做好记录，保证使用的材料质量符合标准。主要内容包括：

1）控制防水材料进场时的验收程序及相关文件资料的齐全程度；

2）比对防水材料的性能与设计文件中一致，检测其指标与标准相符；

3）规定不合格防水材料的清退措施，杜绝使用。

（3）设备预控

防水工程所用到的各类施工机械、设备、工器具、模板、脚手架等都属于施工设备，会对防水工程的质量产生重大影响。不同设备的预控内容不同，一般包括设备参数、计量精度、安全性、可靠性以及日常使用和管控措施等，要根据实际施工需要选择设备的型号以及参数，并严格落实配置计划，做好设备的安装、调试和检测。

（4）技术预控

技术预控也可以称作施工方案预控，包括施工技术方案和组织方案，前者包括施工技术方法、施工工艺和操作方法；后者包括施工区段的划分、施工流向及劳动组织等。施工方案编制时需要注意以下几点：

1）施工技术方案和组织方案的制定充分考虑到防水工程的施工特点和关键工序做法；

2）施工前必须结合具体工况对总的施工技术方案进行进一步深化得到防水工程的施工方案，具体操作方法的技术交底必须详细无遗漏；

3）合理选用防水工程施工设备和临时设施，合理布置施工平面图；

4）针对新的防水材料和防水施工方法，需要建立其专项技术方案和质量保证措施；

5）制定气象、地质等环境不利因素对施工方案带来影响的应对措施。

（5）环境预控

施工环境因素可分为客观环境因素和主观环境因素，前者主要是指地质、水文、气象、周边建筑、地下管线及不可抗力因素等客观存在的环境因素；后者主要是指通风、通电、用水、安全、卫生等后天人为建立的施工环境因素。

客观环境因素带来的不利影响一般很难彻底消除，主要通过预测预防的手段削弱和避免，如根据相关资料对水文地质进行探测分析，根据分析结果决定采取降水、排水、加固等措施；合理制定冬、雨期专项施工方案解决气象给施工质量带来的不利影响。主观环境因素带来的不利影响，需要根据施工项目质量计划避免和解决，主要是认真落实施工现场的通风、通电、用水、安全、卫生等措施。

6.2.2 防水工程事中施工质量管理

防水工程施工活动包含一系列的施工作业过程，这些施工作业彼此关联和制约，要保证总的防水工程质量，必须控制好每道工序的质量。防水工程事中施工质量管理可按下列程序展开[17]：

（1）进行技术交底。主要包括施工技术要领、质量达标要求、施工作业依据、工序顺序关系等。

（2）检查工序流程。再次检查制定的施工工序是否合理，避免工序错误导致质量不达标。

（3）检查施工条件。再次检查每道工序所需要的人、材料、设备及环境是否达标。

（4）检查人员操作。施工过程中要对相关人员的作业跟进检查，保证其操作程序、操作质量满足要求。

（5）检查工序质量。每道工序完成后，要对其质量进行检查，保证其满足验收标准，只有上道工序质量验收合格后才可进行下道工序的施工。

防水工程施工过程中工序质量控制有以下要点：

（1）每道工序设置质量检查点，对防水材料、设备、关键部位、新材料和新工艺的应用、质量薄弱处及质量通病等进行检查。

（2）施工过程中对工序质量的巡视和抽查工作要落实，及时掌握施工质量总体状况。

（3）防水工程质量检测的方法包括目测、实测及抽样试验，注意检测时作好原始数据的记录，对检测结果进行分析判定工序质量是否合格。

6.2.3　防水工程事后施工质量验收

1. 施工质量验收的依据

（1）建设法律、法规、管理标准和技术标准

我国现行的建设法律、法规、管理标准和相关技术标准作为制定施工质量验收“统一标准”和“验收规范”的依据，强调了相应的强制性条文，也是组织和指导施工质量验收、评判工程质量责任行为的依据。

（2）施工质量验收标准和验收规范

由住房和城乡建设部、国家质量监督检验检疫总局联合发布的 GB 50300[20]（简称“统一标准”）对建筑工程施工质量验收的基本程序和规定做了划分，另外 GB 50207[21]、GB 50208[22] 等对防水工程的质量验收程序和标准做了规定。最近国家正在编制的强制性工程规范《建筑与市政工程防水通用规范》[23] 进一步明确了防水工程质量验收的“底线”要求。综上，防水工程的质量验收需要以施工质量验收统一标准为指导，配合防水工程的特点和相关施工质量验收规范使用。

（3）施工合同和施工图样

建设单位与施工企业签订的建设工程施工合同，规定了有关施工质量的内容，它既是建设单位所要求的施工质量目标，也是施工企业对施工质量责任的明确承诺，理所当然地成为施工质量验收的重要依据。由建设单位确认并提供的施工图样，以及按照规定程序和手续实施变更的施工图样，是施工合同文件的组成部分，也是直接指导施工和进行施工质量验收的重要依据。施工合同既是建设单位对施工质量提出的要求，也是施工企业对施工质量提出的保证与承诺，是施工质量验收的重要依据。施工合同文件中包含的施工图样以及设计变更后的施工图样，也是施工质量验收的重要依据。

2. 施工质量验收的程序

在防水工程完工后，按照各项验收标准以及施工合同对其内在质量和外观质量进行检查，满足要求后进入交付环节。防水工程施工质量验收分为过程验收以及竣工验收，过程验收主要是隐蔽工程（防水基层）验收，将在下一小节详细展开；竣工验收是在防水工程施工完毕后进行的，基本流程为：施工单位自检—合格后通知建设单位（或监理机构）进行验收—合格后形成验收文件并签字确认。

在进行防水工程质量验收时，需要注意以下几点：

（1）施工质量验收各方相关人员的资质需要满足要求；

（2）施工质量验收要按照相关标准、规范和图纸进行；

（3）以防水基层为主的隐蔽工程需要按流程验收合格，并形成验收文件后方可隐蔽；

（4）对结构安全可能产生影响的材料及施工作业，需要取样检测；

（5）需要检查工程施工质量保证资料，主要是技术质量管理资料，其中重点检查内容为原材料、施工检测、测量复核及功能性试验资料。

当防水工程施工质量验收不合格时，应按以下规定进行处理：

（1）若工程经返工或更换设备，需要对其重新验收。

（2）若通过有资质的检测单位检测鉴定后认定工程可以满足设计要求，则予以验收。

（3）若工程经返修或加固处理后，局部工程不满足设计要求，但整体仍能满足使用要求，则可根据技术处理方案和协商文件对工程予以验收。

（4）若工程经返修和加固处理后仍不能满足使用要求，则对其拒绝验收。

3. 防水工程中的隐蔽工程验收

防水工程中的隐蔽工程质量验收是施工项目质量控制的一个关键环节[19]，主要包括防水基层质量的验收和易出现质量通病的部位的质量检查。具体步骤为：施工单位自检—合格后通知建设单位（或监理机构）进行验收—合格后监理工程师签字确认—进行隐蔽、覆盖。

在进行隐蔽工程验收时，需要注意以下几点：

（1）施工单位自检包括施工班组自检和质检人员检查。

（2）自检合格后，向监理工程师提交相关检验资料，监理工程师对资料审查完成后在规定时间内到现场进行检查，与施工单位的质检人员、施工人员（如有必要，设计单位也需要在场）共同验收签证。

（3）检查合格后，监理工程师在隐蔽工程检查记录上签字确认，才能进行后续的隐蔽、覆盖工作；若检查不合格，需要按照监理工程师要求对隐蔽工程进行整改，整改完成自检合格后，通知监理工程师进行复查。

6.3 防水工程工程量清单与造价

6.3.1 商务投标书

一般防水工程施工包含在单项工程施工中，如有需要，也可单独投标。投标文件包括商务标与技术标，商务标主要是对企业无形资产以及项目的报价，企业无形资产包括企业资质、营业执照、获奖证书以及其他可以证明公司业绩的文件，有的招标文件中还要求安全生产许可证以及企业简介等相关文件，其中合同报价是商务标书最重要的部分[24]。技术标需要阐明具体的施工组织方案、施工措施，是对完成施工项目做的保证，其主要内容包括图纸设计说明、技术方案、工期计划、人员配置等，有的招标文件中还要求提供五大员证以及相关的三证。商务投标书的具体内容如表 6-8 所示。

商务投标书的具体内容 表 6-8

	商务标	技术标
具体内容	(1)法定代表人身份证明; (2)法人授权委托书(正本为原件); (3)投标函及投标函附录; (4)投标保证金交存凭证复印件; (5)对招标文件及合同条款的承诺及补充意见; (6)工程量清单计价表; (7)投标报价说明; (8)报价表; (9)投标文件电子版(U盘或光盘); (10)企业营业执照、资质证书、安全生产许可证等	(1)施工部署; (2)施工现场平面布置图; (3)施工方案; (4)施工技术措施; (5)施工组织及施工进度计划(包括施工段的划分、主要工序及劳动力安排以及施工管理机构或项目经理部组成); (6)施工机械设备配备情况; (7)质量保证措施; (8)工期保证措施; (9)安全施工措施; (10)文明施工措施

6.3.2 工程量清单

1. 编制依据

防水工程的工程量清单通常有以下编制依据:

(1) 现行《建设工程工程量清单计价规范》GB 50500;

(2) 国家、省级或行业主管部门颁发的计价依据和办法;

(3) 防水工程相关的设计文件;

(4) 防水工程相关的标准、规范以及技术资料;

(5) 招标文件的补充通知、答疑纪要;

(6) 施工现场情况、防水工程特点、防水工程施工方案以及特殊的工法;

(7) 其他相关资料。

2. 工程量清单总说明

总说明中应包含以下内容[25]:

(1) 工程概况。具体需要说明防水工程的建设规模、工程特征、计划工期、施工现场情况、交通情况、自然地理条件、环境保护要求等。

(2) 工程招标和分包范围。

(3) 工程量清单编制依据。

(4) 针对防水工程的质量、新的防水材料、新的施工方案等提出的特殊要求。

(5) 招标人自行采购材料的详细说明,包括名称、规格型号、数量等。

(6) 其他项目清单中招标人部分的(包括暂列金额、专业工程暂估价等)金额数量。

(7) 其他需说明的问题。

3. 工程量清单的编制

工程量清单中需要详细列出拟建工程的所有分项实体工程的名称和数量,《建设工程工程量清单计价规范》GB 50500—2013[25] 中对防水工程工程量清单的项目设置以及计算规则做了明确规定与统一,在编制时需要仔细参考和核对,避免漏项、错项。如表 6-9、表 6-10 所示。

屋面防水　　表 6-9

项目编码	项目名称	项目特征	计量单位	工程量计算规则	工程内容
010702001	屋面卷材防水	1. 卷材品种、规格 2. 防水层做法 3. 嵌缝材料种类 4. 防护材料种类	m^2	按设计图示尺寸以面积计算 1. 斜屋顶(不包括平屋顶找坡)按斜面积计算，平屋顶按水平投影面积计算 2. 不扣除房上烟囱、风帽底座、风道、屋面小气窗和斜沟所占面积 3. 屋面的女儿墙、伸缩缝和天窗等处的弯起部分，并入屋面工程量内	1. 基层处理 2. 抹找平层 3. 刷底油 4. 铺油毡卷材、接缝、嵌缝 5. 铺保护层
010702002	屋面涂膜防水	1. 防水膜品种 2. 涂膜厚度、遍数、增强材料种类 3. 嵌缝材料种类 4. 防护材料种类	m^2		1. 基层处理 2. 抹找平层 3. 涂防水膜 4. 铺保护层
010702003	屋面刚性防水	1. 防水层厚度 2. 嵌缝材料种类 3. 混凝土强度等级	m^2	按设计图示尺寸以面积计算。不扣除房上烟囱、风帽底座、风道等所占面积	1. 基层处理 2. 混凝土制作、运输、铺筑、养护
010702004	屋面排水管	1. 排水管品种、规格、品牌、颜色 2. 接缝、嵌缝材料种类 3. 油漆品种、刷漆遍数	m	按设计图示尺寸以长度计算。如设计未标注尺寸，以檐口至设计室外散水上表面垂直距离计算	1. 排水管及配件安装、固定 2. 雨水斗、雨水箅子安装 3. 接缝、嵌缝
010702005	屋面天沟、沿沟	1. 材料品种 2. 砂浆配合比 3. 宽度、坡度 4. 接缝、嵌缝材料种类 5. 防护材料种类	m^2	按设计图示尺寸以面积计算。铁皮和卷材天沟按展开面积计算	1. 砂浆制作、运输 2. 砂浆找坡、养护 3. 天沟材料铺设 4. 天沟配件安装 5. 接缝、嵌缝 6. 刷防护材料

墙、地面防水、防潮　　表 6-10

项目编码	项目名称	项目特征	计量单位	工程量计算规则	工程内容
010703001	卷材防水	1. 卷材、涂膜品种 2. 涂膜厚度、遍数、增强材料种类 3. 防水部位 4. 防水做法 5. 接缝、嵌缝材料种类 6. 防护材料种类	m^2	按设计图示尺寸以面积计算 1. 地面防水：按主墙间净空面积计算，扣除凸出地面的构筑物、设备基础等所占面积，不扣除间壁墙及单个 $0.3m^2$ 以内的柱、垛、烟囱和孔洞所占面积 2. 墙基防水：外墙按中心线，内墙按净长乘以宽度计算	1. 基层处理 2. 抹找平层 3. 刷粘结剂 4. 铺防水卷材 5. 铺保护层 6. 接缝、嵌缝
010703002	涂膜防水		m^2		1. 基层处理 2. 抹找平层 3. 刷基层处理剂 4. 铺涂膜防水层 5. 铺保护层
010703003	砂浆防水(潮)	1. 防水(潮)部位 2. 防水(潮)厚度、层数 3. 砂浆配合比 4. 外加剂材料种类	m^2		1. 基层处理 2. 挂钢丝网片 3. 设置分格缝 4. 砂浆制作、运输、摊铺、养护

续表

项目编码	项目名称	项目特征	计量单位	工程量计算规则	工程内容
010703004	变形缝	1. 变形缝部位 2. 嵌缝材料种类 3. 止水带材料种类 4. 盖板材料 5. 防护材料种类	m	按设计图示以长度计算	1. 清缝 2. 填塞防水材料 3. 止水带安装 4. 盖板制作 5. 刷防护材料

4. 定额工程量计算

受到技术水平、管理能力等许多因素的影响，加工某一产品所消耗的人工、材料、设备以及资金水平不一致，因此，提出定额的概念来对其消耗水平进行统一考核，便于之后的管理和核算[26]。简单来说，定额就是按照不同类别将每一个项目的工料用量、工料合价汇总成册，定额工程量是企业进行报价的基础。防水工程基础定额工程量计算包括基础定额说明、屋面排水工程量计算规则、防水工程工程量计算规则。但是，定额工作需要与时俱进。

（1）基础定额说明

1）高分子卷材厚度：再生橡胶卷材厚度取 1.5mm；其他高分子卷材厚度取 1.2mm。

2）楼地面、墙基、墙身、构筑物、水池、水塔、厕所、浴室等处的防水施工也属于防水工程，且其对处于±0.000 以下的防水、防潮工程有专门的项目。

3）三元乙丙丁基橡胶卷材屋面防水施工属于三元乙丙橡胶卷材屋面防水项目。

4）氯丁冷胶“二布三涂”施工方法中的“三涂”并不是指涂料涂刷三遍，而是指涂料构成三层防水层，每层防水层的涂刷遍数按照设计要求而定。

5）本定额中如无特殊说明，沥青均指的是石油沥青。

6）变形缝填缝取值视材料而定：建筑油膏聚氯乙烯胶断面取 3cm×2cm；油浸木丝板取 2.5cm×15cm；紫铜板止水带厚度取 2mm，展开宽取 45cm；氯丁橡胶宽取 30cm，涂刷式氯丁胶贴玻璃止水片宽取 35cm；其余变形缝填缝均取 15cm×3cm。如设计断面不同时，用料可以换算。

7）盖缝：木板盖缝断面为 20cm×2.5cm，如设计断面不同时，用料可以换算，人工不变。

8）屋面砂浆找平层、面层的定额同楼地面一致。

（2）屋面排水工程量计算规则

铁皮排水的工程量优先按照图纸中标明的尺寸以展开面积计算，如图纸未标明尺寸，可按表 6-11 计算。注意其中咬口与搭接等构件的工程量已计入定额项目，无需另行计算。

铁皮排水单体零件计算表　　**表 6-11**

名称	水落管(m)	檐沟(m)	水斗(个)	漏斗(个)	下水口(个)	天沟(m)
折算尺寸	0.32	0.30	0.40	0.16	0.45	1.30
名称	斜沟天窗窗台泛水(m)	天窗侧面泛水(m)	烟囱泛水(m)	通气管泛水(m)	滴水檐头泛水(m)	滴水(m)
折算尺寸	0.50	0.70	0.80	0.22	0.24	0.11

（3）防水工程工程量计算规则[27]

1）楼地面的防水层工程量按照主墙间净空面积计算，净空面积指的是将凸出地面的一些构筑物、设备基础扣除后剩余的楼地面面积，柱、垛、间壁墙、烟囱及 0.3m^2 以内孔洞所占的面积无需扣除。平立面相交处的防水层高度在 500mm 以下时并入平面工程量，计算时采用展开面积，500mm 以上并入立面防水层工程量。

2）墙基防水层工程量计算方法为墙长乘以墙宽，注意外墙长度取中心线，内墙长度取净长。

3）地下室防水层的工程量为防水层的实铺面积，0.3m^2 以内的孔洞面积无需扣除。平立面交接处的防水层计算方法同楼地面一致。

4）防水卷材的附加层、接缝、收头、冷底子油等人工材料的工程量已计入定额，无需另行计算。

5）变形缝按延长米计算。

5. 主要技术资料

卷材屋面防水层的工程量计算为：每 100m^2 屋面卷材用量（m^2）＝100/（卷材宽－横向搭接宽）/（卷材长－顺向搭接宽）×每卷卷材面积×（1＋损耗率）。

卷材屋面的油毡搭接长度见表 6-12。

卷材屋面的油毡搭接长度　　表 6-12

项目		单位	规范规定		定额取定	备注
			平顶	坡顶		
隔气层	长向	mm	50	50	70	油毡规格为 21.86m×0.915m
	短向	mm	50	50	100	每卷卷材按 2 个接头
防水层	长向	mm	70	70	70	—
	短向	mm	100	150	100	（100mm×0.7＋150mm×0.3）按 2 个接头

注：定额取定为搭接长向 70mm，短向 100mm。

屋面附加层参数取值见表 6-13。

100m^2 卷材屋面附加层参数　　表 6-13

部位		单位	平檐口	檐口沟	天沟	檐口天沟	屋脊	大板端缝	过屋脊	沿墙
附加层	长度	mm	780	5340	730	6640	2850	6670	2850	6000
	宽度	mm	450	450	800	500	450	300	200	650

卷材铺油厚度见表 6-14。

屋面卷材铺油厚度（mm）　　表 6-14

项目	底层	中层	面层	
			面层	带砂
规范规定	1～1.5			2～4
定额取定	1.4	1.3	2.5	3

6. 清单计价规范

建设工程招投标时，先由招标单位按照施工图纸、招标文件和工程量计算规则，为投标单位提供工程量项目和技术措施项目的数量清单，然后投标单位根据数量清单填写单价，汇总得到总报价，最后进行评标，确定合同价。

防水工程清单计价[28] 可分为屋面卷材防水、屋面涂膜防水、屋面刚性防水、屋面排水管、屋面天沟、沿沟、卷材防水、涂膜防水、砂浆防水（潮）和变形缝。具体如表 6-15 所示。

防水工程清单计价　　表 6-15

清单计价	适用范围	注意点
屋面卷材防水	利用胶结材料粘贴防水卷材时的屋面	1)报价中应包含找平层、基层处理等工序，比如基层的清扫修补、基层处理剂的涂刷等； 2)报价中应包含檐沟、天沟、水落口、泛水收头、变形缝等处的卷材附加层； 3)报价中应包含浅色涂料、反射涂料、绿豆沙、细砂、云母及蛭石等材料的保护层； 4)水泥砂浆保护层、细石混凝土保护层可包括在报价内，也可按相关项目编码列项
屋面涂膜防水	厚质涂料、薄质涂料和有加增强材料或无加增强材料的涂膜防水屋面	1)报价中应包含找平层、基层处理等工序，比如基层的清扫修补、基层处理剂的涂刷等； 2)有加增强材料时，其应包括在报价内； 3)报价中应包含檐沟、天沟、水落口、泛水收头、变形缝等处的卷材附加层； 4)报价中应包含浅色涂料、反射涂料、绿豆沙、细砂、云母及蛭石等材料的保护层； 5)水泥砂浆保护层、细石混凝土保护层可包括在报价内，也可按相关项目编码列项
屋面刚性防水	细石混凝土、补偿收缩混凝土、块体混凝土、预应力混凝土和钢纤维混凝土刚性防水屋面	报价中应包含刚性防水屋面的分格缝、泛水、变形缝部位的防水卷材、密封材料、背衬材料、沥青麻丝等
屋面排水管	PVC 管、玻璃钢管、铸铁管等各类管材	1)报价中应包含排水管、雨水口、箅子板、水斗等； 2)报价中应包含埋设管卡箍、裁管、接嵌缝等
屋面天沟、沿沟	天沟的材料可以为水泥砂浆、细石混凝土、预制混凝土、卷材、玻璃钢、镀锌铁皮等；沿沟的材料可以为塑料、镀锌铁皮、玻璃钢等	1)报价中应包含天沟、沿沟固定卡件、支撑件等； 2)报价中应包含天沟、沿沟的接缝、嵌缝材料等
卷材防水	基础、楼地面、墙面等部位	1)报价中应包含抹找平层、刷基础处理剂、刷胶粘剂、胶粘防水卷材等； 2)报价中应包含特殊处理部位(如管道的通道部位)的嵌缝材料、附加卷材衬垫等； 3)永久保护层(如砖墙、混凝土地坪等)应按相关项目编码列项
涂膜防水	地下、基础楼地面、墙面等部位	报价中应包含防水、防潮层的外加剂
变形缝	基础、墙体、屋面等部位的抗震缝、温度缝(伸缩缝)、沉降缝	报价中应包含止水带安装、盖板制作及安装

6.3.3 投标总价

分别计算出防水工程的分部分项工程费、措施项目费、其他项目费、规费和税金，最后相加即可得到总造价，投标单位根据总造价进行投标报价。报价方案在评标打分时占比60%～70%，因此，报价方案是否准确直接关系到项目能够中标以及中标后承包单位的利润情况。其中工程量清单投标的核心是清单项目的报价，因此清单项目在报价时必须准确、无漏项缺项[29]。

6.4 防水工程与其他专业间的协调

当防水工程进行分包时，为了保证其质量，需要在施工前与分包商进行图纸会审，确保准确传达设计图中的细部构造、关键工序做法以及其他技术要求，提出解决设计图和施工过程中可能出现问题的方案。

与其他专业协调清楚，妥善安排工序，保证防水工程是屋面的最后一道工序，在已完工防水层上不得继续进行可能对其造成破坏的其他施工活动。比如，水落口的安装、伸出屋面的管道安装、屋面上部设备的基础施工，预埋件的施工，另外高低跨屋面的高跨建筑或屋面上设备间的结构、装修施工等需要搭设脚手架工序也需要在防水层施工前完成，因为脚手架会破坏防水层的完整性。

有些工序不可避免的需要在已完工的防水层上进行，比如在防水层上做刚性保护、铺设架空隔热以及其他一些设备的。这些工序的施工必须在对防水层采取了有力的保护措施后进行，比如在防水层上铺垫脚手板要等刚性保护层施工完毕。架空隔热板在铺设时需要遵照前铺法进行施工，即沿已铺保护层方向进行，已完工保护层上的材料运输以及人员行走需要铺板进行，坚决禁止在其上堆放材料和行走小车。

卫生间的防水层作业面狭小，在其施工前必须保证管道安装的牢固性，防止管道移位。防水层试水合格后，可在安装设备和铺贴面砖前先抹一层水泥砂浆找平层。

地下工程防水层在施工前必须先将地下水位降至防水层300mm以下，且在防水层、保护层以及土方回填完成前将水位保持在这个水平。如没有保护层，土方回填前需要用临时保护措施防止对防水层造成破坏。

另外，屋面防水层的某些施工工序会污染檐口立面，如喷涂料防水层、涂刷基层处理剂或涂刷胶粘剂时，涂料等液体材料容易顺檐口流淌到立面上，增加了檐口立面的施工难度。为了避免这种情况发生，在檐口立面上先刷一层隔离剂（滑石粉等），再进行屋面防水层的施工，施工完毕后铲除隔离剂并将檐口立面清理干净。

基层质量是防水层整体质量最基础的部分，其质量主要受到结构层的整体刚度、找平层的刚度、平整度、强度、表面完善（无起砂、起皮及裂缝），以及基层的含水率情况等的影响。比如高强度、表面完整的找平层也可以起到防水的作用，提高整体防水能力；相反，低质量、不平整、起皮开裂的找平层不仅没有充当一道防水线的能力，更会对后续防水层的施工质量产生影响。

综上，合理的施工工序、高质量的基层施工都是高质量防水工程的基础和保障，其他专业必须与防水承建商密切配合，合理安排工序，严格按规范施工，共同完成防水层的施工[20]。

6.5　建筑幕墙防水

幕墙与门窗的施工一向是防水施工需要重点控制的薄弱环节，尤其是现在建筑幕墙与门窗的漏水情况十分严重，所以对幕墙和门窗的建筑防水施工环节做专门介绍。

现代化建筑区别于传统建筑的一个特点就是用建筑幕墙代替传统的砖墙等砌体墙作为外围护结构，尤其是在现代化高层建筑中更加普遍。建筑幕墙按照材料可分为玻璃幕墙、石材幕墙、铝板幕墙、陶瓷板幕墙、陶土板幕墙、金属板幕墙、彩色混凝土挂板幕墙和其他板材幕墙[30]。

6.5.1　一般幕墙施工

1. 现场安装

一般幕墙通常采用现场安装的方式，具体可分为单元式和构件式两种安装方式。

（1）单元式施工

将立柱、横梁和面板板材在工厂预拼装成一个安装单元（一般为一层楼高度），然后现场整体吊装就位[31]。

施工流程如图 6-1 所示。

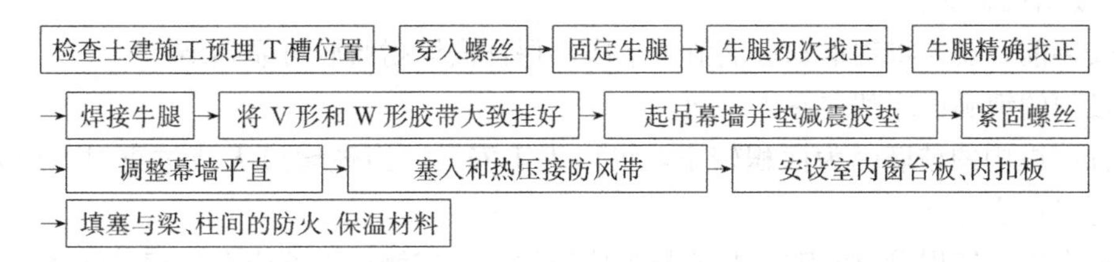

图 6-1　单元式施工流程图

其防水质量控制点如下：

1）塞焊胶带

用 V 形和 W 形专用橡胶带封闭幕墙间的间隙，具体做法如下：胶带两侧会形成圆形槽，将一根直径为 6mm 的圆胶棍伸入槽内将胶带与铝框固定，然后施工人员用滚轮将其塞入幕墙铝框架槽内。

施工时可用专用热压胶带电炉将水平与垂直交接处的胶带进行加热后用力挤压，使之成为一体。为了更方便地伸入胶棍，可在胶带上喷撒润滑剂（冬季喷洒硅油、夏季喷洒洗衣粉水）起润滑作用。胶条、胶带的塞入和热压接口工作基本是在室内完成，但如建筑物内外拐角处的无窗口墙面需要用电动吊篮在室外作业，无论室内室外，这些工作都应细致、周到，否则将影响到幕墙的防雨、防水、防风及密闭性能。

2）室内窗台板安装

与幕墙配套的窗台板、内扣板等零部件主要靠止口或自攻螺钉固定在幕墙的铝框架上，注意施工时中间的橡胶条要垫好。

3）填塞保温、防火材料

幕墙内表面与建筑物的梁柱间会有大约 200mm 的间隙，这些间隙将会导致建筑物的防火与保温要求不达标，因此需要用防火材料充塞严实。具体方法为先在梁柱上钻孔下塑料胀管螺母，然后用不锈钢片卡子固定矿棉，最后刷胶将幕墙内侧锡箔纸与矿棉紧密粘结。

（2）构件式施工

将立柱、横梁、面板板材运送到施工现场后逐件安装，与单元式施工方式相比，其对施工的精度要求较低，易于调整，因此应用更加广泛[30]。其施工流程如图 6-2 所示。

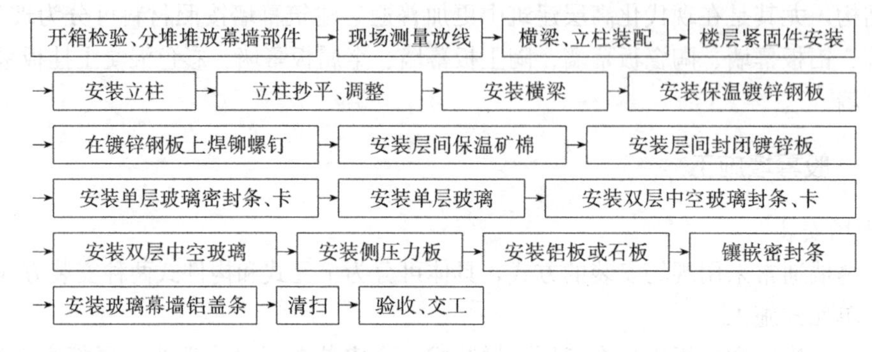

图 6-2　构件式施工流程图

其防水质量控制点如下：

1）玻璃板材安装

①安装前，要先将铝框和玻璃清理干净，保证嵌缝耐候胶可靠粘结。

②玻璃的镀膜面应朝向室内方向。

③$3m^2$ 以内的玻璃因为面积较小，可以人工安装，当玻璃过大或过重时，应采用真空吸盘等机械安装。

④要在玻璃四周设有空隙，避免与其他构件直接接触；下部应有与槽口同宽的定位垫块，长度不小于 100mm。

⑤隐框幕墙构件下部要设两个金属支托，注意避免支托凸出到玻璃的外面。

⑥采用弹性橡胶条进行密封的工艺如下：在下边框塞入垫块后嵌入内胶条，然后装入玻璃，最后嵌入外胶条。嵌入胶条时注意需要先间隔分点塞入，然后再分边填塞。

2）耐候胶嵌缝

安装后的玻璃板材或金属板材间隙必须用耐候胶嵌缝，将其密封防止渗漏。常用的嵌缝耐候胶是硅酮建筑密封胶（硅酮耐候胶），如 GE2000、Dow Corning 783、Tosseal 381、白云 821、白云 822。

嵌缝耐候胶注胶时应注意：

①板材间缝隙和粘结面需要用甲苯或甲基二乙酮等清洗剂清洗干净；

②可通过在缝内充填聚氯乙烯发泡材料（小圆棒）来调整缝的深度，避免三边粘胶；

③可通过在缝两侧贴保护胶纸的方式避免密封胶污染玻璃和铝板；

④注胶完毕后，应将胶缝表面抹平，去掉多余的胶，撕掉保护胶纸，必要时可用溶剂擦拭，避免胶在完全硬化前沾染灰尘和划伤；

⑤嵌缝胶的厚度应小于缝宽度，避免板材发生相对位移导致嵌缝胶开裂；

⑥耐候硅酮密封胶施工前需要在缝隙底部铺上一层无粘结胶带，避免形成三面粘结，因为三面粘结容易拉裂，导致密封性和防渗漏作用减弱。

2. 细部的处理

不论是单元式、构件式或结构玻璃幕墙均需要对外围护结构中的一些细部进行处理。

(1) 墙顶处理

幕墙顶部的处理可按照建筑的构造形式分为两种[32]：

1) 挑檐处理：先用嵌缝材料填实幕墙顶部与挑檐板下部之间的间隙，然后在挑檐口做滴水防止雨水顺檐流下；

2) 封檐处理：一般做法是用钢筋混凝土压檐或轻金属板盖顶。

(2) 室内顶棚处理

考虑到玻璃幕墙悬挂于主体结构的特点，其将会与主体结构间产生一定的间隙，其处理方法为用防火、保温材料填充间隙后用装饰板将其覆盖。在对内装修要求不高且无吊顶的情况下，幕墙与吊顶的处理可忽略，但上下层之间应设有一段实体墙面，其厚度包括梁高在内应不小于 800mm。

(3) 窗台板的处理

窗台板的材料可以为木板或轻金属板，窗台下部材料应该采用轻质板材。

3. 幕墙的保护与清洗

幕墙构件在运输及施工过程中需要注意保护，不使其发生碰撞变形、变色、污染和排水管堵塞等现象。对幕墙构件、玻璃和密封等应制定保护措施，发现幕墙及其构件表面存在黏附物时需要立即清除。

幕墙工程安装完成后，为避免对表面装饰产生影响，其清扫方案应为从上到下，应有专职人员审核其清扫工具的使用及清扫程序的制定，采用的清洗剂必须是经检验证明对铝合金和玻璃不产生腐蚀作用的中性清洗剂，使用完毕后需要及时用清水冲洗干净。

4. 安装施工质量一般要求

玻璃、金属板与石板安装应符合下列要求：

(1) 应仔细检查和调整横竖连接件；

(2) 金属板、石板安装时左右、上下的偏差不应大于 1.5mm；

(3) 金属板、石板在空缝安装时必须设有防水措施和排水出口；

(4) 根据硅酮耐候密封胶的参数计算得到金属板、石板缝的宽度和厚度；

(5) 幕墙钢构件施焊后，其表面应采取有效的防腐措施；

(6) 幕墙安装中应及时对接缝部位做雨水渗漏试验；

(7) 幕墙安装过程中应注意幕墙防火、保温安装和隐蔽验收。

6.5.2 铝板幕墙

1. 工艺流程（见图 6-3）

图 6-3　铝板幕墙工艺流程

2. 防水质量控制要点

(1) 铝合金板的安装

常用两种方法来固定铝合金板，一种是用螺丝将其固定在型钢或铝骨架上，另一种是将其卡在特制的龙骨上[31]。前一种方法具有较好的耐久性，多用于外墙；后一种方法多用于室内。安装时要用橡胶条或密封胶等弹性材料填充板与板之间的间隙，其宽度一般为10～20mm。安装完毕后要注意对铝合金板的保护，用塑料薄膜覆盖易被污染的部位，用安全栏杆保护易被划、碰的部位。

(2) 收口构造

水平部位压顶、端部收口、伸缩缝、不同材料交接处等部位的处理需要用到特制的铝合金成型板，这些部位对幕墙的外观及使用性能都有较大影响，需要妥善处理。转角处的构造比较简单时，可用螺栓将一条1.5mm厚的直角形铝合金板与外墙板连接起来。

窗台与女儿墙的上部属于水平部位的压顶，此处需要盖一块铝合金板起阻挡风雨浸透的作用。具体做法为先将钢骨架焊在基层之上，然后用螺栓将水平盖板固定在骨架上，注意需要用胶将板接长部位的间隙密封，间隙长度一般留大约5mm。

墙面不同部位的收口构造不同，边缘部位用铝合金成形板封住墙板端部及龙骨部位；墙面下端用特制的披水板封住，同时盖住板与墙之间的间隙，防止雨水渗漏。

伸缩缝、沉降缝等处在处理时要综合考虑建筑物的伸缩沉降与装饰美观，同时此处也是易于漏水的部位，需要妥善处理，一般可用氯丁橡胶带对其进行处理，该材料主要起连接、密封的作用。

6.5.3 石材幕墙

石材幕墙的安装多使用干挂工艺，该工艺主要利用高强度螺栓和柔性连接件将饰面石材挂在建筑物结构的外表面。石材与结构之间留出40～50mm的空腔，柔性连接件要求耐腐蚀、强度高，饰面石材一般厚度为25mm左右[33]。

1. 工艺流程（见图6-4）

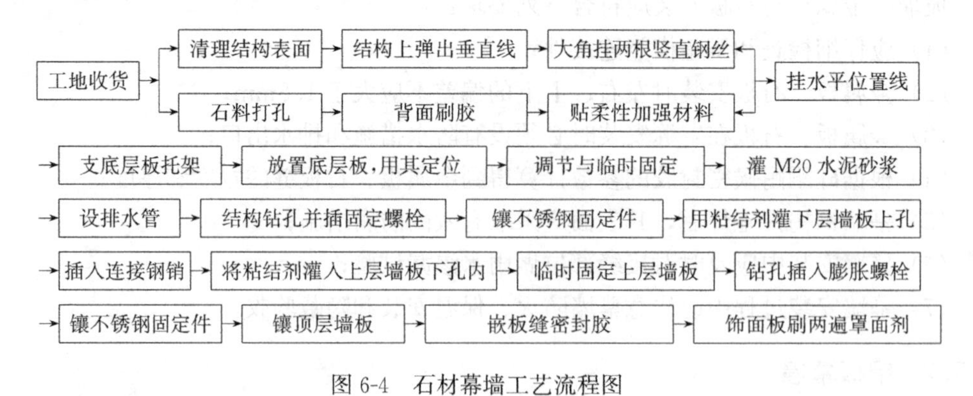

图6-4 石材幕墙工艺流程图

2. 防水质量控制要点

(1) 上下层石材嵌孔所用材料不同，下层石材的上孔用嵌缝膏嵌填，上层石材的下孔用连接钢销嵌填。

(2) 采用钩挂式安装石板材时，其沟槽深度应大于抗震设计变位量的1.5倍，且移动后的最小搭接量为 5mm，沟槽底与挂钩间最小距离不小于 6mm；必须用建筑密封胶填满挂钩与沟槽间间隙，石材镶板与组件的连接采用结构装配方法时一般应涂底胶。

（3）沉降缝、伸缩缝和防震缝是防水的薄弱环节，需要妥善处理，既要综合考虑建筑物的伸缩沉降与装饰美观，又要做到不渗水、不透气。尤其是防震缝较宽，可达 200～300mm，所以更要用多道柔性密封将其妥善处理。

6.5.4 有框玻璃幕墙

半隐式玻璃幕墙安装的技术已经相当成熟，具有完善的配套设施以及工法，是一项实用的幕墙安装技术[34]。与其他技术相比，该技术的安装质量更优、安装速度更好、装饰效果更佳，具有广阔的应用前景。

1. 工艺流程（见图 6-5）

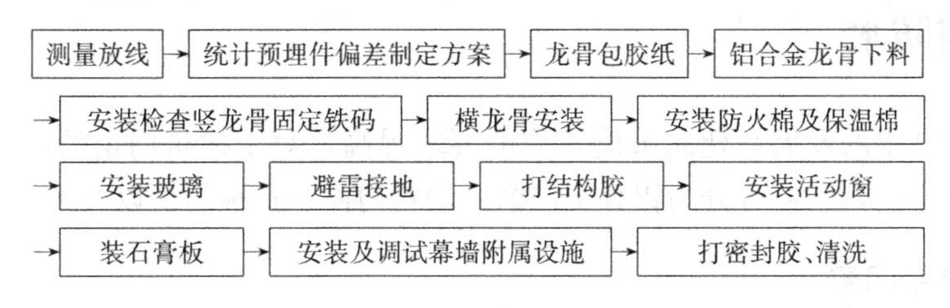

图 6-5　有框玻璃幕墙工艺流程图

2. 防水质量控制要点

（1）施工过程中要按照设计图纸留设幕墙通气留槽孔及雨水出口等孔洞；

（2）结构胶与密封胶的粘结力和化学兼容性应有试验合格报告，胶的颜色由设计人员选定；耐候硅酮密封胶的施工厚度应大于 3.5mm，宽厚比大于 2，用聚乙烯发泡材料填塞密封槽口底部，挤胶表面必须密实、平滑且不得对玻璃或饰面造成污染。

（3）防火保温层需施工平整，连接紧密，不得在拼接处留有缝隙，其内的防火保温材料要锚钉牢固。

6.5.5 点支幕墙

1. 工艺流程（见图 6-6）

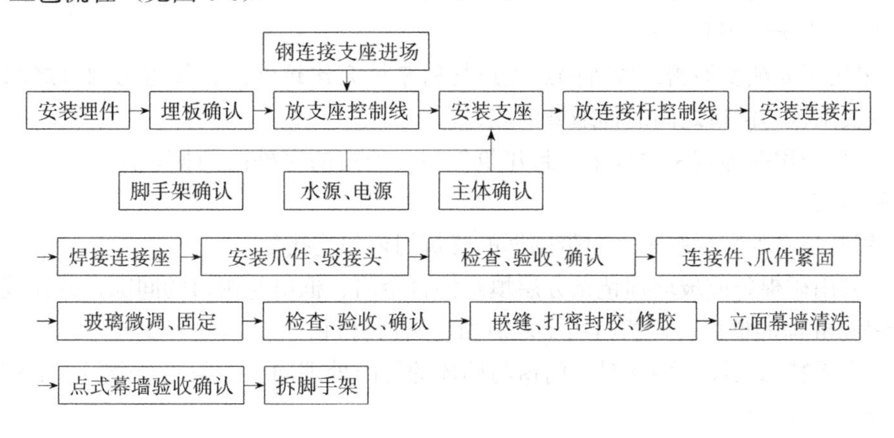

图 6-6　有框玻璃幕墙工艺流程图

2. 防水质量控制要点

（1）耐候硅酮密封胶的施工

《玻璃幕墙工程技术规范》JGJ 102—2003[35] 中对其施工方法做了规定，除此以外，还应满足下列要求：

1）将胶缝及粘结面冲洗干净，待其干燥后才可进行施工；

2）胶缝两侧玻璃应贴保护贴纸；

3）施工完成后需要及时进行养护，并采取必要的保护措施。

（2）隐蔽工程验收

《玻璃幕墙工程技术规范》JGJ 102—2003 对点支式玻璃幕墙安装过程的隐蔽工程验收做了有关规定。除此以外，还应对防火、保温材料进行隐蔽验收。

6.6 门窗防水

随着科学技术的发展和建筑节能工作的要求提高，对于建筑门窗的防水要求愈来愈高。根据材料不同，门窗可分为铝合金门窗、塑料门窗、彩板门窗以及木门窗等[32]。

6.6.1 铝合金门窗

1. 工艺流程（见图 6-7）

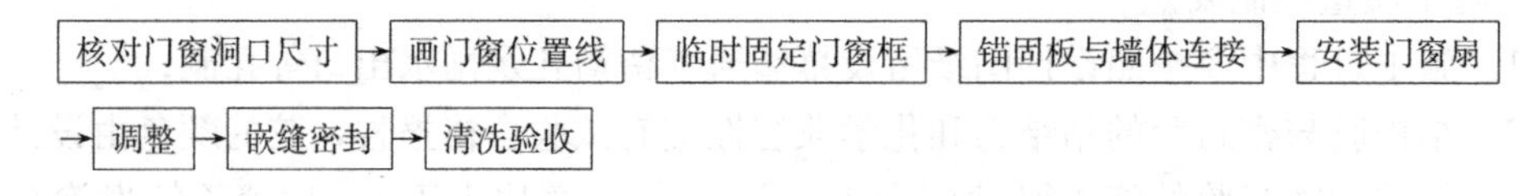

图 6-7 铝合金门窗工艺流程图

2. 防水质量控制要点

（1）门窗密封材料选用需注意：

1）安装玻璃用密封材料可选用硅酮密封胶，选择标准参照《硅酮和改性硅酮建筑密封胶》GB/T 14683—2017[36]；

2）框扇间用密封条可选用经过硅化处理的密封毛条，选择标准参照《建筑门窗密封毛条》JC/T 635—2011[37]；

3）采用聚氨酯发泡密封胶等隔热隔声材料来填充建筑外门、外窗与洞口之间的伸缩缝内腔以及副框与洞口之间的伸缩缝内腔；

4）不得采用丙烯酸密封膏来密封建筑外门、外窗的室外防雨槽，而应该采用中性硅酮系列密封胶；

5）用硅酮系列密封胶来密封带副框的建筑门窗相连接处。

（2）采用矿棉条或玻璃棉毡条分层填塞铝合金门、框窗与洞口的间隙，并在缝隙表面留设 5～8mm 深的槽口，该槽口用于之后填塞密封材料。

（3）当无特殊的设计要求时，门窗与墙体的缝隙处理同上一条铝合金门、框窗与洞口的间隙处理方法一致。

（4）铝合金门窗与墙体连接处的防水密封胶质量必须合格，平开铝合金门窗应安装披水，推拉铝合金窗应设置排水孔，外窗台抹灰层应低于内窗台，避免倒坡。

6.6.2　塑料门窗

1. 工艺流程（见图6-8）

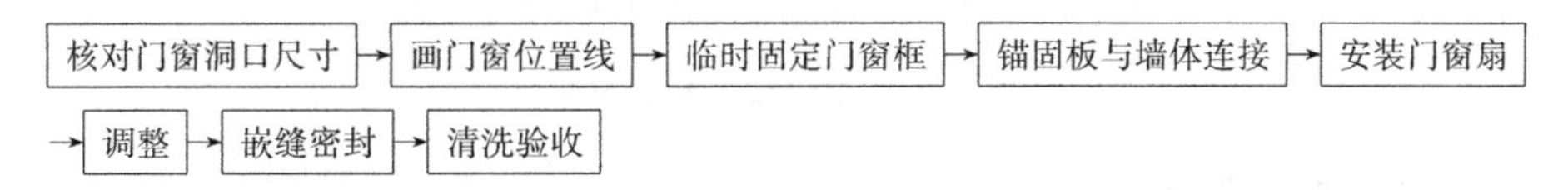

图6-8　塑料门窗工艺流程图

2. 防水质量控制要点

(1) 先将塑料门、窗上的连接件与墙体固定，然后卸下对拔木楔，将墙面与边框清理干净后开始处理门、窗框与墙体间的缝隙：

1) 缝隙的嵌填材料选择PE高发泡条、矿棉毡或其他软填料，在外表面留出10mm左右的空槽用于填充密封料；

2) 在软填料内、外两侧的空槽内注入密封膏密封；

3) 注密封膏前需保持墙体的干净与干燥，注密封膏时必须均匀饱满，注密封膏后24h内不得见水。

(2) 采用闭孔泡沫塑料、发泡聚苯乙烯等分层嵌填塑钢门窗框与墙体间的缝隙，填塞要饱满同时不易过紧；表面采用密封胶密封，密封胶要求粘结牢固且表面平顺光滑。当有保温、隔声要求时，填塞材料应采用相应的保温、隔声材料。

6.6.3　彩板门窗

1. 工艺流程

(1) 有副框彩板门窗（见图6-9）

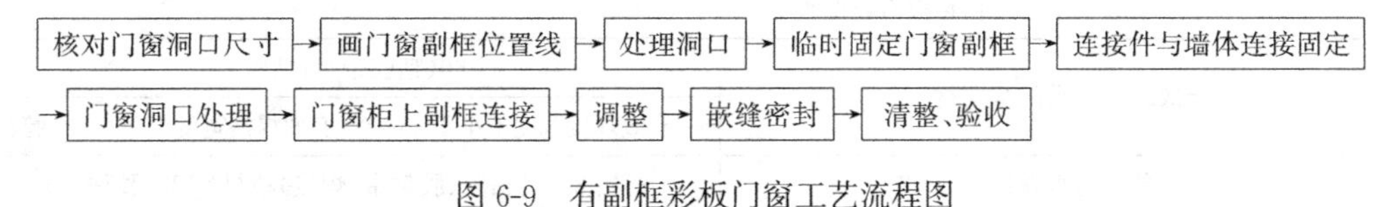

图6-9　有副框彩板门窗工艺流程图

(2) 无副框彩板门窗（见图6-10）

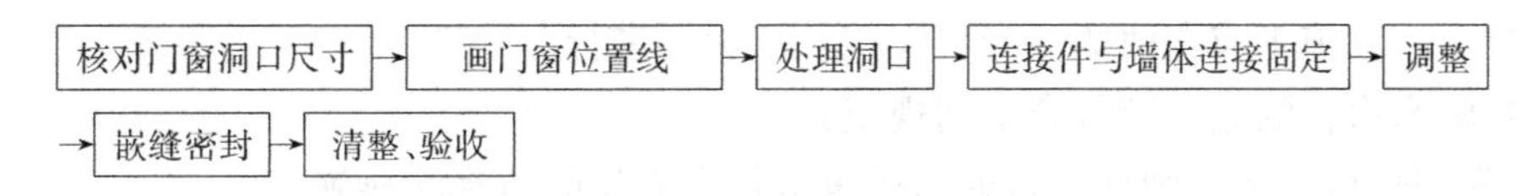

图6-10　无副框彩板门窗工艺流程图

2. 防水质量控制点

(1) 有副框时，采用闭孔泡沫塑料、发泡聚苯乙烯等弹性材料分层填塞副框与墙体间的缝隙，填塞需饱满的同时也不宜过紧，当有保温、隔声要求时，填塞材料应采用相应的保温、隔声材料。内外留设10～20mm的槽并在槽内抹水泥砂浆，同时在外墙面水泥砂浆与门窗副框相交处留6～8mm深的槽，待水泥砂浆凝固后在槽内注入防水密封胶。

(2) 无副框时，在门、窗外框与墙体间的缝隙采用相同的做法。

6.6.4 木门窗

1. 工艺流程（见图 6-11）

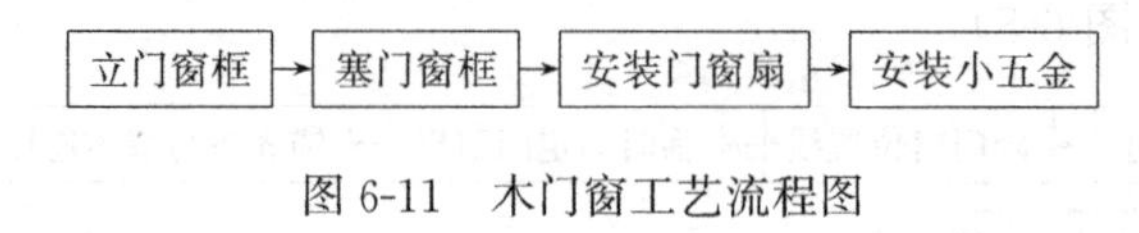

图 6-11 木门窗工艺流程图

2. 防水质量控制要点

（1）当无特殊的设计要求时，采用干硬的 1∶3 水泥砂浆或 1∶1∶6 水泥混合砂浆从门窗框与墙体之间的缝隙两侧同时分层将其嵌塞密实，防止空鼓现象，当缝隙较大时可在砂浆中掺入少量麻刀嵌塞。寒冷地区对保温有要求，因此应选择保温材料来填充外门窗框与砌体之间的缝隙。

（2）用泡沫型塑料条、泡沫聚氨酯条、矿棉条或玻璃棉毡条等保温材料分层填塞门、窗框与外墙间的间隙。施工剩余材料需要及时入库，废弃材料收集到废弃物分类存放点。

6.7 明挖法与暗挖法中的防水施工

6.7.1 明挖法地下工程

（1）防水卷材施工时，最小搭接宽度应不小于表 6-16 的规定。

防水卷材最小搭接宽度 **表 6-16**

卷材品种		搭接宽度(mm)
聚合物改性沥青类防水卷材	聚合物改性	100
	自粘聚合物改性	80
合成高分子类防水卷材		60(粘胶带/自粘胶)
		60(有效焊接宽度不小于 25),80(有效焊接宽度 10×2+空腔宽)
预铺防水卷材		搭接 80(自粘胶、胶粘带、焊接);对接 120(胶粘带)

（2）后浇带施工材料宜选用补偿收缩混凝土，且抗压强度和抗渗等级不低于两侧的已浇筑混凝土；其施工应在两侧混凝土浇筑 42d 后再进行。

（3）防水涂料的施工应符合下列规定：

1）先细部后整体，细部节点处理后再进行大面积的防水涂料施工；

2）防水涂料需分层均匀施工，不得漏涂，接槎宽度不应小于 100mm；

3）细部构造部位加强层应铺贴胎体增强材料，宽度不应小于 300mm；

4）施工过程中不得随意向防水砂浆中加水，水泥砂浆终凝后要及时进行不少于 14d 的养护。

6.7.2 暗挖法地下工程

暗挖法主要有矿山法与盾构法两种。

1. 矿山法

当地下工程使用矿山法施工时，其防水层施工需要注意以下几点：

（1）等初期支护结构基本稳定且验收合格后方可进行防水层的施工。

（2）对隧道内安装支架等工序钻的孔眼需进行防水处理。

（3）隧道拱脚纵向排水管应采用缓冲材料包裹并将其固定于基面；喷膜防水层需全面包裹排水管，其喷涂边界为纵向排水管底部与边墙的接触位置。

（4）可采用环向铺设的方式铺设隧道塑料排水板，铺设顺序为先拱后墙，且下部防水板应压住上部防水板。

（5）防水层施工时要与开挖面保持距离，注意安全，且采取必要措施对防水层进行保护，以避免之后的工序对防水层造成损伤：

1）已完成防水层的施工地段，禁止再次使用爆破法施工；

2）钢筋作业完成后，应对防水层进行损伤检查；

3）及时修补受到损伤的防水层。

（6）二次衬砌施工需要在防水层竣工并验收合格后进行，且保证此时结构的变形基本稳定，施工时需要采取保护措施防止损伤防水层，止水带的固定应当足够牢固，避免浇筑混凝土时产生移位、卷边、跑灰等现象。

（7）防水板施工时需要紧贴于基面，采用电热压焊器将防水板与热塑性垫圈热熔焊接到一起，需注意焊缝接头平整、无气泡、无褶皱以及无空隙。纵向与环向搭接处的防水板应覆盖一层同类材料的防水板材，用热熔焊接法将其焊接为一个整体，当焊缝处出现漏焊、假焊的现象时，需要及时补焊，当出现焊焦、焊穿、外露固定点的情况时，需要用塑料片覆盖焊接。

2. 盾构法

采用盾构法施工的地下工程的防水层施工需要注意[38]：

（1）盾构管片防水密封垫的粘贴应牢固、平整、严密，且位置正确；管片拼装时严禁密封垫脱槽、翘曲和错位。

（2）盾构隧道衬砌的管片螺栓孔密封圈防水施工时，先确保螺栓孔密封圈定位准确且与螺栓孔沟槽相贴合后拧紧螺栓，当螺栓孔发生渗漏时，需要及时采取封堵措施。

（3）不得使用已破损或提前膨胀的密封圈。

（4）盾构管片嵌缝防水施工应避开盾构千斤顶的顶力影响范围，先将嵌缝槽清理干净，待其干燥后涂刷基层处理剂，最后密实平整地嵌填嵌缝材料。

（5）复合式衬砌的内层衬砌混凝土浇筑前，应将外层管片的渗漏水引排或封堵。

（6）当采用注浆孔灌浆完毕后要及时密封注浆孔。

3. 顶管法[39]

（1）顶管机始发时，不应损坏止水密封件，顶管管节与工作井的接头应采用帘布橡胶圈密封，橡胶圈应与井壁密贴，在注浆压力下，接头应无漏浆、冒泥、漏水现象。

（2）顶管机接收时，首节管节与接收井的接头应无漏泥、漏水现象；顶管管道贯通后，管节接头应无滴水现象。

（3）顶管顶进施工完毕后，应采取性能优良的密封材料封堵管节的注浆孔等孔洞。

参考文献

[1] 毛鹤琴．土木工程施工［M］．5版．武汉：武汉理工大学出版社，2018.

[2] 重庆大学，同济大学，哈尔滨工业大学．土木工程施工［M］．2版．北京：中国建筑工业出版社，2016.

[3] 孙吉军．建筑屋顶防水工程实施与质量控制探讨［J］．中国医院建筑与装备，2008，9（4）：20-25

[4] 北京土木建筑学会．防水工程施工技术措施［M］．北京：经济科学出版社，2005.

[5] 郝海军，刘志斌，连俸平．屋面高聚物改性沥青油毡施工技术［J］．浙江建筑，2006，23（12）：52-54.

[6] 严晗．浅谈平屋面防水施工［J］．施工技术，2012，41：405-406.

[7] 张廷荣，张建平．合成高分子卷材施工要严格做好细部构造［J］．施工技术，1996，25（4）：26-28.

[8] 李建峰，郑天旺．土木工程施工［M］．2版．北京：中国电力出版社，2016.

[9] 李苑．地下防水施工技术［J］．建筑技术，2006，37（7）：519-521.

[10] 周长生．聚氨酯防水涂料施工技术［J］．建筑工程技术与设计，2017（8）：215-216.

[11] 李叶林．JS复合防水涂料施工技术的思考［J］．建筑工程技术与设计，2017，（5）：2065.

[12] 宋盛国，刘琪，马惠．地下防水工程综合施工技术［J］．建筑技术，2007，38（4）：287-290.

[13] 中华人民共和国住房和城乡建设部．屋面工程技术规范：GB 50345—2012［S］．北京：中国建筑工业出版社，2012.

[14] 刘孝仓，李贤美．探究建筑工程地下防水施工质量控制措施［J］．中国煤炭地质，2019，A2：28-30.

[15] 秦金明．房屋建筑屋面渗漏问题研究［J］．中国高校科技，2019，10：118-120.

[16] 曹征富．地下建筑工程渗漏治理技术研究［J］．建设科技，2018（12）：18-29.

[17] 苟伯让，李寓．工程项目管理［M］．北京：机械工业出版社，2008.

[18] 曹洪征．防水施工标准化管理［J］．中国建筑防水，2015（5）：15-19.

[19] 吴志刚．防水工程系统承包实践探讨［J］．中国建筑防水，2019（9）：6-8.

[20] 中华人民共和国住房和城乡建设部．建筑工程施工质量验收统一标准：GB 50300—2013［S］．北京：中国建筑工业出版社，2013.

[21] 中华人民共和国住房和城乡建设部．屋面工程质量验收规范：GB 50207—2012［S］．北京：中国建筑工业出版社，2012.

[22] 中华人民共和国住房和城乡建设部．地下防水工程质量验收规范：GB 50208—2011［S］．北京：中国建筑工业出版社，2011.

[23] 中华人民共和国住房和城乡建设部．建筑和市政工程防水通用规范（征求意见稿）［EB/OL］．（2019.02.15）［2021.06.14］．http：//www.mohurd.gov.cn/zqyj/

201902/t20190218_239492.html.
[24] 苟伯让．建设工程招投标与合同管理 [M]. 武汉：武汉理工大学出版社，2014.
[25] 中华人民共和国住房和城乡建设部．建设工程工程量清单计价规范：GB 50500—2013 [S]. 北京：中国计划出版社，2012.
[26] 规范编制组．2013 建设工程计价计量规范辅导 [M]. 北京：中国计划出版社，2013.
[27] 李建峰，等．工程计价与造价管理 [M]. 2 版．北京：中国电力出版社，2012.
[28] 本书编委会．工程量清单计价编制与典型实例应用图解 [M]. 2 版．北京：中国建材工业出版社，2009.
[29] 李慧，张静晓．建筑工程计量与计价 [M]. 北京：人民交通出版社，2017.
[30] 罗忆，黄圻，刘忠伟．建筑幕墙设计与施工 [M]. 北京：化学工业出版社，2007.
[31] 祝伟，陆通．钢铝组合单元式幕墙施工技术 [J]. 施工技术，2019，48 (12)：118-121.
[32] 北京土木建筑协会．门窗与幕墙工程施工技术交底记录详解 [M]. 武汉：华中科技大学出版社，2010.
[33] 龙海水．干挂石材幕墙施工方法 [J]. 施工技术，2011 (A1)：338-341.
[34] 王强，邓继清．玻璃幕墙施工质量控制与安装技术分析 [J]. 施工技术，2019，A1：538-541.
[35] 中华人民共和国建设部．玻璃幕墙工程技术规范：JGJ 102—2003 [S]. 北京：中国建筑工业出版社，2003.
[36] 中国建筑材料联合会．硅酮和改性硅酮建筑密封胶：GB/T 14683—2017 [S]. 北京：中国标准出版社，2017.
[37] 中国建筑材料联合会．建筑门窗密封毛条：JC/T 635—2011 [S]. 北京：中国建材工业出版社，2011.
[38] 洪开荣．我国隧道及地下工程发展现状与展望 [J]. 隧道建设，2015，35 (2)：95-107.
[39] 中华人民共和国住房和城乡建设部．给水排水管道工程施工及验收规范：GB 50268—2018 [S]．北京：中国建筑工业出版社，2009.

第 7 章　防水长期性能与耐久性

7.1　基本概念

在结构工程的可靠度分析中，有综合荷载效应 S 与结构抗力 R 的分析模型，在设计中需使 $S \leqslant R$ 以满足结构的安全性。而在防水工程中也可作类似的分析，其中水的渗透、侵害作用即 S，而材料防水和构造防水等提供的防水能力即抗力 R。在防水设计中，同样需满足 $S \leqslant R$ 的要求，但须注意的是，防水工程在使用过程中，其抗力 R 是不断减小的，直至减小到当 $R=S$ 时，即可认为防水工程的寿命达到了极限，此时防水工程失效。那么为什么 R 会在使用过程中不断减小呢，这就要考虑到抗渗防水的长期性能与耐久性。防水材料在使用中，受到外界环境因素的作用，发生复杂的物理化学变化，使其防水性能与设计之初相比产生下降或劣化，如柔性防水层的老化、高温软化、低温脆化、疲劳损伤破坏等，又如刚性防水层的冻融破坏、硫酸盐侵蚀破坏等。而抗力 R 下降的速度，则关系到防水工程的寿命，在防水工程与结构工程同寿命的指导思想下，提高防水工程的使用寿命可通过提高 R 的初始值或者降低 R 的衰退速度来实现。其中，提高 R 的初始值通过使用更好的防水抗渗材料，或者用多道设防代替单道设防、复合防水代替单一防水等方式实现；而降低 R 的衰退速度，则需通过材料、构造、设计、施工和维护等综合措施来实现。因此，研究防水材料的长期性与耐久性，有利于了解防水工程的失效机理，为防水工程的设计提供新思路，最终提高防水工程的使用寿命。

防水材料的长期性能包括大气老化性能、浸水老化性能、抗冻性能、耐高低温性能、抗硫酸盐侵蚀性能、抗疲劳性能等。而防水材料的耐久性是指在保证建筑正常使用功能的前提下，组成防水层的材料能够抵御在耐用年限内因自然因素引起的材料老化和损害。

建筑工程同人一样，人会生病，建筑工程也会因多种因素而防水失效，产生渗漏就是建筑工程最常见的“症状”，轻则影响使用性能，重则造成结构破坏。现如今人们对建筑防水越来越重视，如在 2017 年，专注于给基础设施“看病”的坝道工程医院落地。一方面各种针对防水问题的“药方”层出不穷，如各类堵漏注浆材料，以及针对堤坝及地下工程的防渗堵漏问题的非开挖修复技术等[1~2]。另一方面，防水的长期性与耐久性则重点关注了建筑工程对于防水的长效防御，如同提高人体的免疫力一般，从根本上提高基建工程的寿命。

研究材料长期性能与耐久性能的目的在于清楚了解材料在长时间的环境作用下保持原有性能的能力，从而进行合理的设计、施工和维护，避免建筑物的防水结构和构件因材料性能的退化而影响建筑物的使用功能，增加后期维护的支出，甚至产生重大的安全隐患。比如，若材料的抗浸水老化能力不足，材料在浸水后，防水能力将会快速下降或提前丧失；又比如，若材料的抗冻性能不足，在经常遭受冻融作用的地区会出现剥落、开裂等情况，导致结构内部暴露，外部水渗透，防水能力下降。另外，材料的耐高温和耐低温能力不足，都会导致材料的防水能力下降。因此，对于经常处于高温环境下工作的建筑（如炼钢厂等），以及需要在低温环境下工作的建筑（如冷冻库等），需要防水层具有抵抗高低温的性能。所以，研究材料的长期性和耐久性具有重要的安全价值和经济效益。

过去，建筑防水的长期性与耐久性常被人们所忽视，导致防水材料经常因各种原因而提前失效，从而产生经济损失或导致法律纠纷。防水作为建筑的一部分，能够与建筑结构同寿命是如今人们的迫切需求。对于地下建筑、地铁、管网来说，这是必须满足的要求，而对于屋面、墙面与地面防水来说，则是人们对建筑物使用性能的要求越来越高的必然结果。建筑防水的长期性与耐久性不仅对防水材料本身提出了要求，也对建筑基础结构以及基础结构与防水材料之间的连接方式提出了新要求，即对整个防水体系的耐久性提出了高要求。

此外，随着建筑技术的发展，智能建造技术成为未来发展的趋势，相应的抗渗防水也应与时俱进，智能建造技术与抗渗防水的长期性和耐久性相结合，是未来建筑制造业新的发展方向，如3D打印混凝土的自防水，屋面、墙面的防水层、结构层和保护层的智能自动化铺设与智能自修复等。

7.2　自然老化性能

自然老化（Natural Aging），又称大气老化，防水材料自然老化多出现在柔性防水层上，以防水卷材、防水涂料等为主，发生自然老化的根本原因是有机高分子聚合物在多因素作用下的分解。当有机高分子聚合物长期曝露于室外条件下，在光线、温度、氧气、水分、化学介质与微生物等因素的作用下，会发生复杂的物理化学变化，使有机高分子聚合物的化学成分与结构发生改变，同时物理性能发生改变，这些变化被称为老化。大气条件包括日光（主要是紫外线）、温度、雨水和空气（主要是氧气和臭氧）等因素。其中，阳光是引起聚合物材料老化的主要外因之一，因为紫外线很容易被含有醛、酮和羧基的聚合物吸收而引起化学反应。

国外对此类研究非常重视，起步较早，根据各种典型气候环境设立材料试验中心或各种类型的试验站，对高分子材料的老化规律开展试验，进行系列化评估，完善材料寿命预测预报技术，从而积累了很多经验。我国这方面的研究始于20世纪50年代，也积累了大量数据资料。

自然老化可分为四种类型的变化：外观变化、物理性质变化、化学性质变化和电性能变化。通过老化试验可以测试材料的老化性能，包括老化的速度，材料老化后的物理化学性能变化，以及可能产生的有毒有害物质等。

老化试验方法有自然老化试验与快速老化试验。普通的自然老化试验历时较长，常常为5年、10年等甚至更久，其优点是与现实情况接近，准确度较高，但是试验时间过久，不能快速得到试验结果，不适宜普遍实施。而快速老化试验具有周期短、试验过程容易控制、能加速老化等特点，故实验室通常采用快速老化试验代替测试材料的自然老化性能。快速老化试验能加快材料的老化进程，因受各种环境因素的相互作用，需要在快速老化的试验结果上乘以一个加速因子，加速因子取决于同材料的自然老化试验与快速老化试验的结果对比。

自然老化试验有户外曝露试验和库内曝露试验。检测内容包括材料外观与材料性能两部分。一般将材料加工成正方形、锤铃形和长条形等，固定在试验架上，按规定周期取下检测。

自然老化曝露试验方法有很多种，常用的有90°面南曝置（用以模拟垂直墙面防水层老化)、45°面南曝置（用以模拟坡屋面防水层老化)、水平和5°角曝置（用以模拟平屋面防水层老化)。曝露方法的选择应遵循以下原则[3]：1）能模拟最终使用条件；2）老化效果明显；3）装置简单，易于操作。值得注意的是水平曝露的平台并非绝对水平，而是中间略高两侧低，这样可以避免积存雨水及液体，模拟真实的平屋顶情况。试验中由于材料是水平放置，为使试件两面的老化环境大体相同，试验中每隔一个月将试件翻转一次。

高分子材料的老化是一种光诱导作用下的热氧老化，占主导作用的影响因素是湿热交变、臭氧浓度和腐蚀性介质的含量，而光（主要是紫外光）的作用是不可忽视的诱导因素。材料的老化速度将取决于这些复杂的环境因素的综合作用。

例如，在二氧化硫含量较高的工业地区，氯离子含量较高的沿海地区，日辐射量强的高原及沙漠地区，高温和高湿的丛林地区以及长江中下游地区，这些特殊的环境因素作用都会加速材料的老化速度，使得材料内部组织出现降解、脱氢、粘连等现象，严重影响材料的外观和各项物理、化学性能。

7.2.1 评价目的

材料的自然老化性能，决定了材料曝露在外界中的外观变化以及性能衰退速度，因此材料的老化直接影响了材料的使用寿命。这是由于材料自然老化后，力学性能、与内层材料的粘结性能、防水性能等都会发生不同程度的下降，从而影响防水层的使用功能，造成防水层失效，故研究与评价材料的自然老化性能，有助于推算材料能有效发挥其作用的使用寿命，避免事故的发生。目前，自然老化试验常采用室内试验方法，使用环境箱模拟外界环境因素进行试验，这种试验方法相较于传统的室外曝露试验更加高效、稳定。根据最新的防水规范的定义[4]，一般外露防水材料应采用氙弧灯进行人工气候加速老化试验，340nm波长处的累计辐照能量不应小于5040kJ/(m^2·nm)，外露单层使用卷材的累计辐照能量不应小于10080kJ/(m^2·nm)，试验后材料不应出现裂纹、分层、起泡和孔洞等现象。不同防水材料的自然老化试验原理大致相同，但是具体的方法存在一定程度的差异，如防水涂料与防水卷材之间的试验方法完全不同，甚至不同材料制作的防水卷材的试验方法也存在差异，这里以硫化橡胶或热塑橡胶为例，根据《硫化橡胶或热塑性橡胶 耐候性》GB/T 3511—2018[5] 中的相关规定，介绍材料试验方法。

7.2.2 试验仪器与试验方法

橡胶老化试验后用于评价其性能变化的参数包括外观、物理性能和其他性能[5]。

外观包括颜色，光泽，粉化，龟裂、裂纹、缺陷、穿孔或疏松，微生物生长，物质从试样内部到表面的迁移。

物理性能包括拉伸应力/拉伸应变，动态模量和损耗系数，硬度，撕裂强度，定伸应力，压缩永久变形，应力松弛。

其他性能包括尺寸，电阻率，电击击穿强度，介电常数，化学分析。

采用室外曝露试验时，则需根据试验目的，考虑材料的应用场地的主要气候。表7-1给出的我国主要的气候类型分布[6]，可供参考，由于表中给出的仅为粗略的分类，真实的气候条件非常复杂，因此实际进行曝露试验时可根据当地具体的气候条件进行试验的设计。无论采用室外曝露试验或者室内的加速试验，应保证二者的试验结果能够相互验证。一般来讲，室外曝露试验虽然周期长，但更接近实际情况，可作为室内试验结果的验证。

我国主要的气候类型[6]　　　　**表7-1**

气候类型	主要特征	地区边界
温带气候	气候温和，四季分明 年积温 1600～4500℃ 年降水量 600～700mm	我国淮河（北）—秦岭—青藏高原北缘一线以北的地区
亚热带气候	气候较热，阴雨天多 年积温 4500～8000℃ 年降水量 800～2200mm	我国淮河（北）—秦岭以南，青藏高原以东，包括雷州半岛与云南南缘以北的地区，台湾中北部
热带气候	气候炎热，降雨充足，湿度大 年积温 8000～10000℃ 年降水量 1400～2400mm	云南南部边缘的河谷与山地，雷州半岛、台湾岛南部，海南岛、澎湖列岛、南海诸岛等
高原气候	气候变化大，气压低，紫外线辐射强 年积温＜2000℃ 年降水量＜400mm	帕米尔高原、喀喇昆仑山脉以东，喜马拉雅山脉南缘以北，昆仑山、阿尔金山和祁连山以南，横断山脉—西倾山—迭山以西的地区，主要为西藏和青海

开展室外曝露试验对标准曝露场的要求如下：

（1）场地应平坦空旷，四周的建筑物、树木等障碍物与场地边沿的距离至少为该障碍物高度的3倍以上。

（2）场地附近应无工厂烟囱、通风口或其他能散发大量腐蚀性气体和杂质的设施，最好远离工矿区和闹市，或设在该地主导风向的上方。

（3）场地保持当地的自然植被状态，不积水。长草时，草高不应超过30cm。

允许在类似的场地或房顶平台上进行曝露试验，但此场地应符合标准曝露场要求的（1）和（2）中的规定。在试验报告中应注明该场地所用的材料等情况。

工业气候的曝露场应建在厂矿区内，盐雾气候的曝露场应建在海边或岛屿上。宜设在厂区或海边主导风的下方，并符合标准曝露场要求的（1）和（3）中的规定。

在曝露场内或邻近区域最好设置气象观测和大气分析仪器，应长期连续地观测记录主要的气象因素（如空气温度、湿度、日照时数、太阳辐射量、降水量、风速、风向等）。定期检测周围的大气成分（如臭氧浓度、工业气候的化学气体、盐雾气候的氯化物等）。

气象仪器的设置和观测方法，按《地面气象观测规范　日照》GB 35232—2017[7] 进行。

试验装置主要为曝露架和试样架。曝露架是摆设在曝露场上用于曝露试样的支架。其架面与水平面有一定的倾斜角，可用钢铁、钢筋混凝土或硬木等制造，表面用浅灰色涂层防护，结构力求坚固、耐久。

试样架即试样固定架和试样变形架，是直接装置自由状态和变形状态试样的小框架。其可装置一组或多组试样，结构宜轻便、牢靠，可用合金铝、不锈钢、杉木或其他防腐、防锈的材料制成。

试验中应该避免用无防护处理的钢或铁等材料直接与试样接触。如需采用有害金属制成的框架夹具、钉具、螺丝或绳线等物，应预先在其表面覆盖无害防护层。

试样的规格形状应根据测试性能和相应的标准来选取。如无其他要求，一般可采用《硫化橡胶或热塑性橡胶 拉伸应力应变性能的测定》GB/T 528—2009[8] 中规定的通用型哑铃状试样。试样的制备应符合相应的规定。试样的数量应根据试验期限、测试项目、测试周期和要求预定。物理机械性能测试的有效试样，每项一般不少于 10 个，其中 5 个作为未经曝露的原始样品，还应考虑一些备用的试样。

试验准备工作包括曝露架的摆设以及试样的安装。曝露架固定在曝露场内，应经得起当地最大风力的吹刮。架面的方位朝正南，架面与水平面之间的倾角（即曝露角度）应等于试验地点的地理纬度（精确至±1°）。若采用其他曝露角度，在试验报告中必须注明。曝露架的摆设应能保证架子空间自由通风，避免相互遮阳，并便于工作。

关于试样的安装，应注意不变形试样可用不锈钢的钉、夹具或绳线，按自由状态装置在试样固定架上。允许无外力引起的收缩、膨胀或弯曲，不用背板垫托（如试样发生显著的下垂，可用无害材料织成稀疏的网依托）。

变形试样按受应力作用的要求装置在试样变形架上。试样的变形条件可模拟橡胶制品的使用状态。如无特别规定，哑铃状试样一般可采用拉伸 20%的静态变形（按有效工作部分计）。在安装拉伸变形试样时，可先用易擦净的无害颜料画好标线后进行。允许采用几种伸长率或其他变形状态做试验，但应在试验报告中说明。固定架和变形架上的试样不应相靠或相碰，排列方向要一致，试样间距不小于 5mm。

试验时间最好选择在当地气候比较严酷的季节里。一般宜从春末夏初开始投试。试验期限应根据试验目的、要求和结果而定。通常需先估算该批试样的老化寿命而预定试验期限。不变形试样的试验期限，一般不少于 1 年，变形试样的试验期限，可酌情缩短一半以上的时间。

试验前，先根据需求制作试验试件。随后在试验期间，当试样的主要性能已下降至 50%以下或达到规定的临界值时，可缩短试验期限或终止试验。若试验期满后，试样的主要性能仍有 85%以上还未达到规定的临界值时，则可适当延长试验期限。

试验项目应根据试样的实际用途和使用特性来选取。一般可用试样的外观和物理力学性能变化来评价老化程度。考虑到橡胶防水材料的失效原因主要为拉断、开裂、变形过大等，如无特别要求，建议以试样扯断强度和扯断伸长率，试样拉伸时的外观裂纹变化为主要评价指标。试样测试的周期可根据试验期限和试样的变化速度而定。整个试验过程，一般不少于 6 个周期。如需记录试样外观裂纹的出现时间，从投试起至裂纹出现前，应对试件进行外观检查，最好每天观测。

试验步骤如下：

（1）投试前的工作

1）仔细检查试样是否符合标准试样的规定，不合要求的试样应摒弃；

2）硫化橡胶试样停放和试验的标准温度、湿度及时间应按《橡胶物理试验方法试样制备和调节通用程序》GB 2941—2006[9] 中的规定；

3）试样经标准温度、湿度条件处理后，进行各项原始性能数据的测试（包括测量厚度)，留下 1 组原始试样保存在标准温、湿度或干燥阴暗的室内以备试验期间作对比；

4）将试样按要求分别装置在试样架（固定架或变形架）上，然后放在标准温、湿度或干燥阴暗的室内静置 24～48h。

（2）曝露方法

1）装好在试样架上的试样经静置后，安装在曝露场内的曝露架上，开始计算试验时间。

2）曝露架上的试样面应与规定的曝露角度相一致。试样一律纵直排列，正面不被遮阳，背面不受屏蔽。离地面最低不小于 0.5m，最高不超过 2m。

（3）周期测试

1）试验到周期后，从曝露架上取下试样，先依据测试方法要求的状态，在《橡胶物理试验方法试样制备和调节通用程序》GB/T 2941—2006[9] 中规定的条件下停放，然后进行各项性能的测试；

2）试样物理力学性能和其他性能的测试方法，应按相应标准进行；

3）非破坏性测试后的试样，仍按原来状态放回原曝露架上继续试验，直至试验终结。

若采用加速试验来测试材料的自然老化性能，则需根据材料类型选择适合的试验方法，这里仍以硫化橡胶为例，通过模拟光、热、空气、湿度和降雨等自然因素，加速硫化橡胶的老化，具体试验方法可参照规范 GB/T 3511—2018[10] 中的规定。

加速老化试验的光源可选用氙弧灯、荧光紫外灯、开放式碳弧灯中的一种。

为获得更好的对比效果，可以采用 1 种或多种气候老化的参照材料作为对比物，可选用的参照材料包括丁苯橡胶、三元乙丙橡胶、氯丁橡胶和天然橡胶。

加速试验通过观察和对比橡胶老化前后的外观变化、物理性能变化和其他性能变化，判断材料的抗老化性能。具体评价内容如下：

（1）外观变化：颜色，光泽，粉化，龟裂、裂纹、缺陷、穿孔或疏松、微生物生长，物质从试样内部到表面的迁移。

（2）物理性能变化：拉伸应力/拉伸应变，动态模量和损耗系数，硬度，撕裂强度，定伸应力，压缩永久变形，应力松弛。

（3）其他性能：尺寸，电阻率，电击穿强度，介电常数，化学分析。

其中，测试颜色变化时，采用符合 ISO 18314—1 规定的仪器。而目测评定的仪器应符合 ISO 105—A02 的灰色标卡。

试样制作可参考 HG/T 2198—2011[11] 的规定制作，也可直接从成品上割取，试样表面应光滑无损伤，也不能有杂质。若需测试拉伸性能则应根据 GB 528—2009[8] 的要求制备哑铃形试样。

室内加速老化试验的结果描述和记录方式与室外曝露试验的方式相同，均以某项性能的老化前后的性能变化率来表征。

7.2.3　试验结果及分析

试样老化后的测试结果，一般可用性能变化的百分率来表示，亦可用各项性能测定值的变化来表示。

性能变化百分率的计算式为：

$$性能变化百分率=\frac{A-O}{O}\times100\% \tag{7-1}$$

式中：O——老化前的性能测定值；

A——老化后的性能测定值。

试样老化后外观变化的结果，可用发生老化现象的特征、出现时间、终止时间或严重程度来表示。试验结果的计时单位，一般用天数、月数或年数表示。

橡胶老化试验外观检查方法，即通过肉眼或者在放大镜、显微镜的辅助下，观测试样的外观。外观观测的项目主要有：颜色、光泽、裂纹、粉化、发黏、发脆、变形、变硬、污渍、析出物及长霉等。

检查周期应根据试验要求和试样老化的情况来决定。大气老化试验的试样，一般在第一周内至少检查1次，第一年内检查不少于4次。如需准确记录老化现象出现的起始时间（如出现时间）或终止时间（如断裂时间），应在变化开始前经常观察，最好每天观察。若是变化较快或缓慢时，则可缩短或延长检查周期。

检查步骤：(1) 取回试样并保持原来变形或自由状态。若试样表面附有水滴、灰尘或污垢时，可选取试样的部分用吸水纸、纱布或软毛刷处理干净后再检查。(2) 应在同一照明下检查，先用肉眼观察试样表面的变化，与原始样品和标准样本对比。若肉眼不能判断时，则用放大镜或显微镜进行观测。(3) 将试样外观变化详细填入记录表中，注明判断结果。(4) 检查完毕，将试样按原来的状态放回原处，继续试验。

检查结果可用试样外观变化的起始时间、终止时间，变化的特征、均匀性或变化程度来表示。外观变化程度可分为0～4级，如表7-2所示。

外观变化程度等级表　　表7-2

等级	外观变化程度
0	没有变化，外观保持原来的面目
1	轻微变化，外观变化只达30%以下
2	显著变化，外观变化达到30%以上，60%以下
3	严重变化，外观变化已达到60%以上
4	完全变化，外观完全失去原来的面目

裂纹变化程度以试样的有效工作部分出现的最大裂口宽度和每厘米内裂纹的平均数目（密度）来评定（应以宽度为主，密度为辅）。拉伸裂纹分为0～4级，如表7-3所示。

裂纹变化程度　　表7-3

裂纹等级	裂纹变化程度			
	状况	特征	宽度(mm)	密度(条/cm)
0	没有裂纹	用10倍放大镜仍看不见	0	0
1	轻微裂纹	用放大镜易见，肉眼认真可以看见	>0～0.10	>0～10
2	显著裂纹	裂纹易见，很明显突出，广泛发展	>0.10～0.20	≥10～20
3	严重裂纹	裂纹布满表面，严重深入内部	>0.20～0.40	>20～40
4	临断裂纹	裂纹深大，裂口张开，临近断裂	>0.40	>40

注意事项：检查应在同一照明下用同一工具进行，最好由专人负责到底。试样不要随

意用手和硬物等触摸或碰击，需要触摸或碰击才能判断的，应规定在试样的某一小部分内进行。

7.2.4　施工及后期维护措施

自然老化性能是防水材料的一项重要性能，为保证防水层尽量高寿命的目标，应在设计、施工和维护时保护防水层免受大气接触和阳光直射等可能造成快速老化的环境因素。通常涉及自然老化的防水材料为有机高分子聚合物，这些材料主要应用在屋面、墙面与地面的防水工程中，暴露在外，与空气直接接触。但是在防水设计中，无论防水层是卷材或是涂料等，在防水层铺设或涂装完毕后，都会在表面增设保护层，以保护防水层，可在一定程度上削弱自然老化作用。保护层可以是高聚物材料，也可以是水泥砂浆。保护层能有效地保护其下的防水材料免受阳光照射，雨水直接淋湿，空气氧化腐蚀等作用，在设有保温层时还可以减少温度变化的影响，故材料的实际老化寿命比试验测试的结果久。而对于建筑物基础、地下室、地下结构等部位的防水材料，通常不会受到光照、雨水和空气的影响，温度也相对稳定，且通常使用结构自防水，很少涉及自然老化问题。

在维护时，需要考虑到防水层的施工方式。由于防水材料通常上覆刚性保护层，且与保护层与结构基层之间的连接紧密，因此后期很难维护，维护成本较高，需在施工时期做好长期使用的准备，即让建筑防水与建筑结构同寿命。当出现问题需要修复时，则需要在屋面层先去除保护层，使用相同的防水材料或者专门的堵漏材料更换、修补防水层，再重新铺设表面的保护层，有时渗漏的裂缝已经发生在了结构基层，还需继续去除防水层，用堵漏材料堵塞结构层的裂缝，再按之前的方法依次层层补防。其中维护修补等需要耗费的人力、财力都是十分巨大的，且很难再保证防水的长期有效性，因此相对于前期施工简陋、后期维护困难的情况，在一开始选材、设计和施工时就做到最优化，争取防水与结构同寿命，后期减少或不再维护的选择显然更加经济，同时也减少了防水失效与渗漏对结构主体产生的伤害，使结构更加可靠。

7.3　浸水老化性能

浸水老化是指材料在浸水环境中发生的性能老化，与自然老化相比，二者的相同点都是以有机高分子聚合物防水材料为研究对象，但不同之处在于浸水老化主要考察了浸泡条件下防水材料的老化情况，适用于地下工程的防水层，以及堤坝、港口、蓄水池等需要长期被水或者海水淹没的结构的防水层设计提供参考。将两种老化作用对防水材料性能的削弱情况进行对比，可发现一般自然老化要强于浸水老化[12-13]。浸水环境可分为清水、海水等，应根据不同的使用工况决定使用何种浸泡溶液。浸水老化试验是将所需试验的材料做成一定形状的试件，并将其放置在清水或海水中长期静置，海水可以根据需要调配一定浓度的 NaCl 溶液来替代。随后定期检查试件的外观及性能变化以及溶液的变化，从而计算分析材料的浸水老化性能。另外，由于浸水老化试验所针对的建筑结构通常长期处于水下环境，具有施工和后期维护困难，以及易因渗漏而引发重大安全事故的特点，对此更应做好长期性与耐久性的准备，应提高防水结构的寿命，与主体结构相同。

7.3.1 评价目的

由于在港口工程、地下工程甚至建筑工程中，常存在着一些需要永久或经常浸泡在水中进行工作的结构，因而需要讨论其浸水老化性能，了解其耐久性，从而准确估计结构的使用寿命。由于针对防水材料的浸水老化试验方案目前暂无标准规范，实际进行试验时，均按照对真实工况的模拟进行浸水老化试验，这里以SBS改性沥青防水卷材为例，介绍浸水老化的试验步骤[12-13]。

7.3.2 试验仪器与方法

浸水试验与自然老化试验不同，在室内进行，且环境因素容易控制。试验器材较少，主要为玻璃皿、电子天平、恒温箱、游标卡尺、直尺、万能材料试验机等。

将测试材料切割成一定的大小和形状，以便于浸泡和开展后续的性能测试试验。在水浸试验之前，使用电子天平测量样品的初始质量 m_0，精确至0.001g并记录。

准备溶液用于测试，根据需要可选择蒸馏水、NaCl溶液或其他溶液进行浸泡。

将溶液和样品置于玻璃皿中，并使溶液浸没试样。玻璃皿使用塑料薄膜密封，以防止水分蒸发影响测试结果。放入培养箱中让它静置，为保持溶液化学成分不变，可选择每7天更换一次溶液。每隔一定的时间取出试样（具体时间可自行设定，如每隔1个月），用蒸馏水冲洗，然后用滤纸吸收样品表面的残留水分并烘干，随后测量质量 m_t。

试件的力学性能，如抗弯性能，使用万能材料试验机进行试验。依据规范进行三点弯曲试验，试验加载速度取2mm/min。如要测试试件的抗拉性能，则应将试件外形制成哑铃形，以便加载。

7.3.3 试验结果及分析

试验结果可用试件的质量损失率和试件的力学性能（如抗弯强度、抗拉强度、拉伸应变等）变化来表示。

试件质量损失率为：

$$M_t = \frac{m_t - m_0}{m_0} \times 100\% \tag{7-2}$$

抗弯强度为：

$$\sigma = \frac{3P_f l}{2bh^2} \tag{7-3}$$

其中，σ 是弯曲强度，l 是试件跨度，P_f 是断裂载荷，h 是试件的厚度，b 是试件的宽度。

抗拉强度为：

$$f_t = P/A \tag{7-4}$$

拉伸应变为：

$$\varepsilon = (L - L_0)/L_0 \tag{7-5}$$

其中，P 为最大荷载，A 为受拉面面积，L 为试件拉伸后长度，L_0 为试件初始长度。

根据试件的质量损失率和抗弯、抗拉强度等测试结果，可以分析材料在不同的浸水环境中，其物理及力学性能的变化趋势及变化速度，从而判断材料的浸水老化性能的优劣。尤其是抗拉、抗弯强度等力学性能，防水材料的开裂破坏大多是因为防水层承受不了较大的拉应力与变形而产生拉裂，进而导致防水失效。

7.3.4 施工及后期维护

一般情况下，在浸水环境中，承担主要防水任务的大多为刚性防水层，其中又以混凝土自防水为主，如地下建筑、地铁等，这是考虑到浸水工况下对防水层的维护工作极其不便。但是除了自防水以外，在部分构造节点处仍需其他防水材料的配合，如地铁管片间的缝隙防水通常采用三元乙丙材料。而在一些地下建筑结构中，为了强化防水效果，也会在刚性防水的基础上增加柔性防水层。这时防水层受到地下水浸泡作用，需要考虑防水层的浸水老化。其他的浸水工况则出现在一些容易积水的地方，如平屋面、室内等，然而在使用时，为了尽量避免出现积水的情况，会在砌筑基层时，设置一定的坡度（即找坡）；在屋顶设置有一定的坡度以及引水渠和排水口；在室内容易积水的地方，例如水槽、浴室、厨房等地，也会设置坡度，以便及时排水，避免使材料处于浸水状态中。因此，通过构造措施可以高效地消除积水的影响，故这些地方的浸水老化作用较小，而主要受到自然老化的影响。当防水失效而需要维护时，则应先排除渗漏发生部位周围的水，保持干燥，然后去除失效的防水层，用堵漏材料堵塞混凝土的裂缝，再重新铺设防水层。

7.4 抗冻性能

抗冻性是指材料在含水状态下能经受多次冻融循环作用而不破坏，强度也不显著降低的性质。材料的抗冻性常用抗冻等级（记为F）表示。以规定的吸水饱和试件，在标准试验条件下，经一定次数的冻融循环后，强度降低不超过规定数值，也无明显损坏和剥落，则此冻融循环次数即为抗冻等级。显然，冻融循环次数越多，抗冻等级越高，抗冻性越好。一般抗冻性检测主要针对具有孔隙的防水材料，如混凝土自防水、砂浆防水层等。这是因为其破坏机理为孔隙中的水分因冻融产生体积变化，尤其是水分凝结后发生的膨胀，可直接导致混凝土或砂浆的开裂。当裂缝数量增多、裂缝宽度增大、裂缝深度加深时，混凝土或砂浆的防水能力就会大大降低，同时抗冻性也会进一步降低。因此，抗冻性是影响混凝土或砂浆防水层耐久性的一个重要指标。

7.4.1 评价目的

中国幅员辽阔，很大一部分处于寒冷地区，这其中许多水利建筑物就处于冻结融化循环中。根据全国水利工程可持续性调查，在32个主要混凝土坝项目和40多个中小型项目中，22%的水坝和21%的中小型水工建筑物存在冻融问题。冻融混凝土破坏主要集中在东北、华北和西北地区。特别是在东北部的寒冷地区，作为项目一部分建造的近100%的水工混凝土结构经历了不同程度的霜冻和融化损坏。除了在三北地区广泛发现混凝土冻融破坏外，中国东部气候较为温和的地区的混凝土结构也存在少量的冻融现象。[14]

冻融混凝土造成的破坏严重影响了建筑物的长期使用和安全运行，且维护成本是建造成本的1～3倍。[15]

因此，在有可能发生建筑结构冻害的地区，准确评价所用材料的抗冻性能，有利于提高构筑物的安全及可靠性，减少不必要的经济损失，具有重大的意义。

7.4.2 试验仪器与方法

下文以混凝土抗冻性能为例，简要介绍混凝土冻融试验，具体试验方法依据规范GB/T 50082—2009[16]，根据冻融速度的不同，可分为快速冻融试验、慢速冻融试验，另外还可以进行单边冻融试验。混凝土抗冻试验设备主要有冻融箱、加热和冷却系统以及自动控制和存储系统。

1. 混凝土的快速冻融试验

混凝土的快速冻融试验，通过测试混凝土在水冻水融条件下经受的最大冻融循环次数来表示混凝土的抗冻性。其中水冻水融条件主要针对位于地下水位下的地下建筑结构的抗冻性。用于快速冻融试验的混凝土试样的标准尺寸为400mm×100mm×100mm。快速冻融试验设备系统示意图如图7-1[17] 所示。

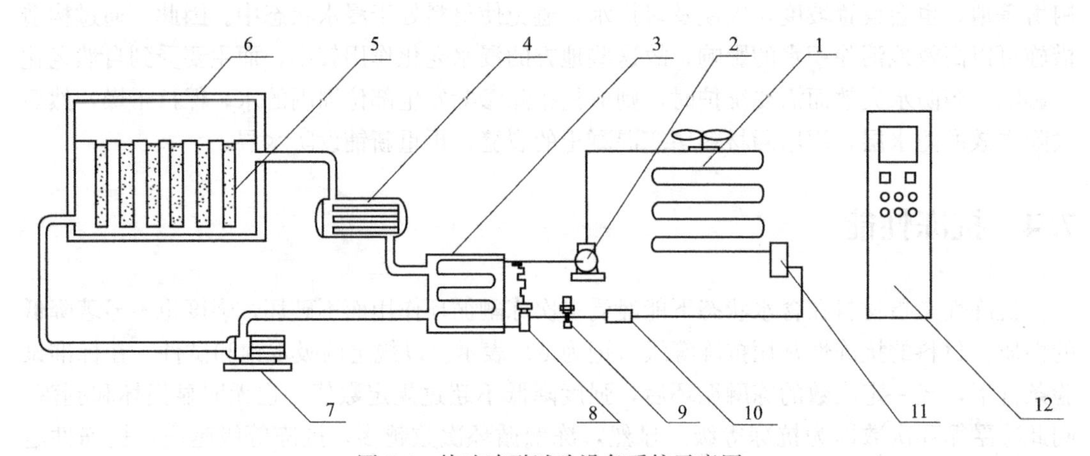

图7-1 快速冻融试验设备系统示意图

1—冷凝器；2—压缩机；3—蒸发制冷器；4—加热器；5—橡胶试件盒；6—冻融箱；7—循环泵；8—膨胀阀；9—电磁阀；10—过滤器；11—贮液罐；12—自控系统

(1) 快速冻融试验特别适用于抗冻性能要求高的混凝土。混凝土试件每组3个。除冻融试件外，还应制作一个形状和尺寸相同，中心埋有热电偶的测温试件，且制造测温试件所用混凝土的抗冻性能应高于受测试的冻融试件。

(2) 如无特殊要求，试样应在28d龄期时进行冻融试验。试验前4d（即龄期24d时），冻融试样应从养护地点取出，浸入温度为20±2℃的水中，4d后进行冻融试验。

(3) 浸泡完成后，取出试样，用湿布擦拭表面水分，观察外观并测量尺寸和质量，同时需要测量横向基频的初始值，测试方法依据GB/T 50082—2009进行。将试件放入冻融箱中，为了平衡试件的温度并消除试件周围结冰造成的额外压力，试件需要专门的橡胶试件盒盛装，在整个测试期间，盒子中水位的高度应始终高于测试片上表面约5mm。

(4) 将试件盒放入冻融箱中，并将装有测温试件的试件盒放在冻融箱的中央，然后开始冻融循环。

(5) 冻融循环过程必须满足以下要求:

1) 每次冻融循环必须在2~4h内完成，用于融化的时间不得少于冻融循环时间的1/4;

2) 在冻结和融化过程中，中心试件的温度应分别控制在−18±2℃和5±2℃;

3) 每个试样从3℃降至−16℃所用的时间不得少于冻结时间的1/2。每个试件从−16℃升至3℃所用的时间也不得少于整个融化时间的1/2，试件内外温度差不宜超过28℃。

(6) 试样一般应每25个冻融循环测量一次横向基频，测量前应清洗试样表面浮渣，擦去表面积水并检查损坏情况。测量横向基频的方法和程序应按照《普通混凝土长期性能和耐久性能试验方法标准》GB/T 50082—2009[16] 进行。样品的测量、称重和外视检查应尽可能快速，待测试件应用湿布覆盖。

(7) 当试验停止，有一部分试件取出时，应当使用其他试件填充空位。如果冻融循环因故中断，试样应保持冷冻状态，直至冻融试验恢复。最好将试样保存在原始容器中，用冰覆盖。如果无法做到此点，试样应用防水材料包裹，密封并储存在−17±2℃的冷冻室或冰箱中。试件处于非冻结状态时发生故障的时间不应超过两个冻融循环。在整个测试期间，只允许1~2次超过两个循环周期。

(8) 出现以下三种情况之一时，中断测试:

1) 达到规定的冻融循环次数;

2) 相对动弹性模量低于60%;

3) 质量损失率达到5%。

混凝土试件的相对动弹性模量可按下式计算:

$$E_N=\frac{f_N^2}{f_0^2}\times 100\% \tag{7-6}$$

式中: E_N——经N次冻融循环后试件的相对动弹性模量，以3个试件的平均值计算(%);

f_N——经N次冻融循环后试件的横向基频(Hz);

f_0——冻融循环试验前测得的试件横向基频初始值(Hz)。

混凝土试件快捷冻融后的质量损失率应按下式计算:

$$\Delta W_N=\frac{W_0-W_N}{W_0}\times 100\% \tag{7-7}$$

式中: ΔW_N——经N次冻融循环后试件的质量损失率，取3个试件的平均值(%);

W_0——试件试验前的初始质量(g);

W_N——经N次冻融循环后的试件的质量(g)。

混凝土的抗冻等级以相对动弹性模量值降低至不小于60%或者质量损失率不超过5%时的混凝土最大快速冻融循环次数来表示。

混凝土的耐久性系数应按下式计算:

$$K_N=P\times N/100 \tag{7-8}$$

式中: K_N——混凝土耐久性系数;

N——按要求停止试验时的冻融循环次数;

P——经N次冻融循环后试件的相对动弹性模量。

2. 混凝土慢速冻融试验

混凝土的慢速冻融试验通过测试混凝土在气冻水融条件下的最大冻融次数来表示其抗冻性能。慢速冻融试验的混凝土试件标准尺寸为100mm×100mm×100mm。慢速冻融试验设备系统示意图见图7-2[17]。

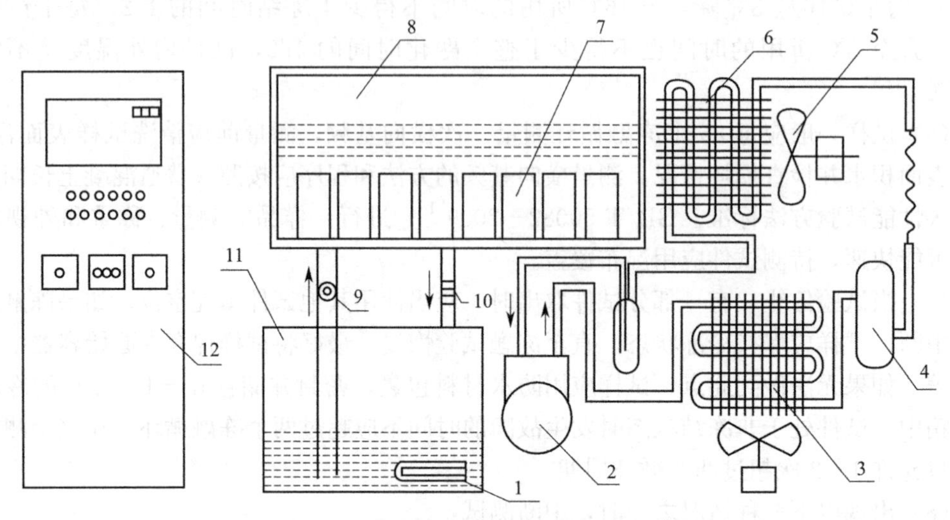

图7-2 慢速冻融试验设备系统示意图

1—加热器；2—压缩机；3—冷凝器；4—存储器；5—风扇马达；6—空气冷却器；7—混凝土试件；8—冻融箱；9—电机水泵；10—放水电磁阀；11—备用水箱；12—控制系统

(1) 如无特殊要求，试样应在28d龄期时开始进行冻融试验。将冻融试验的试件在试验前4d从养护地点取出，进行外观检查，然后在20±2℃的水中浸泡4d，水面应距试件顶面20～30mm。

(2) 浸泡完成后，取出试件，用湿布擦拭表面，观察外观、测量尺寸并称重，根据编号将其放入试件架中，然后放入冻融箱开始冻融试验。

试件架与试件的接触面积不宜超过试件底面积的1/5，并保证试件与箱体内壁之间至少留有20mm的空隙，各试件之间的空隙应至少保持30mm。

(3) 当冻融箱内的温度降至－18℃时开始计算冷冻时间，每次从装完试件到温度降至－18℃所需的时间应在1.5～2h以内。冻融箱的温度在冷冻时应保存在－20～－18℃。每次冻融循环中试件的冷冻时间不应小于4h。

(4) 试件每个循环的冷冻时间根据其大小确定。100mm×100mm×100mm和150mm×150mm×150mm试件的冷冻试样应不小于4h，200mm×200mm×200mm试件应不小于6h。如果在冰箱中同时进行不同尺寸冷冻试件的试验，则应根据最大试件计算冷冻时间。

(5) 一旦冷冻试验完成，可以取出试件并立即放入18～20℃的水中进行融化。水面应至少在试件表面上方20mm处。试件应在水中融化不少于4h。一旦融化完成，冻融循环就完成一次，取出试件并进行下一次循环试验。

(6) 应每进行25次冻融循环后对冻融循环试件进行外观检查，在严重损坏的情况下应进行称重。如果试件的平均质量损失率超过5%，则可以停止冻融循环试验。

（7）一旦混凝土样品达到规定的冻融循环次数，就应进行抗压强度试验。在进行抗压试验之前，称重并观察试样的表面损伤、裂缝和边角缺损情况。如果试件的表面严重受损，则可通过石膏找平试件表面，后进行抗压试验。

（8）在冻融过程中，如果因故中断试验，若此时试件为冷冻状态，则应保持该状态直至冻融试验恢复；若此时为融化状态，则应保证中断时间不超过两个冻融循环的时间，且整个冻融试验过程中，超过两个冻融循环时间的中断事件不应超过两次。

混凝土冻融试验后应按下式计算强度损失率：

$$\Delta f_c=\frac{f_c^0-f_c^N}{f_c^0}\times 100\% \tag{7-9}$$

式中：　Δf_c——N 次冻融循环后混凝土的强度损失率，以 3 个试件的平均值计算（%）；

f_c^0——对比试件的抗压强度平均值（MPa）；

f_c^N——经 N 次冻融循环后的 3 个试件抗压强度平均值（MPa）。

混凝土试件慢速冻融后的质量损失率可按下式计算：

$$\Delta W_N'=\frac{W_0-W_N}{W_0}\times 100\% \tag{7-10}$$

式中：$\Delta W_N'$——N 次慢速冻融循环后混凝土的质量损失率，以 3 个试件的平均值计算（%）；

W_0——冻融循环试验前的试件质量（kg）；

W_N——经 N 次冻融循环后的试件质量（kg）。

混凝土的抗冻等级以强度损失率不超过 25%或者重量损失率不超过 5%时的最大循环次数来表示。

3. 混凝土单边冻融和除霜试验

该方法适用于测定混凝土试件在大气环境中且与盐接触的条件下的抗冻等级，以能够经受的冻融循环次数或者表面剥落质量或者超声波相对动弹性模量来表示混凝土的抗冻性能。具体试验方法参照规范 GB/T 50082—2009[16] 的规定。当采用规范 JG/T 243—2009[17] 的单边冻融试验设备时，则混凝土试样的标准尺寸应为 150mm×70mm×110mm。单边冻融试验设备系统示意图如图 7-3[17] 所示。

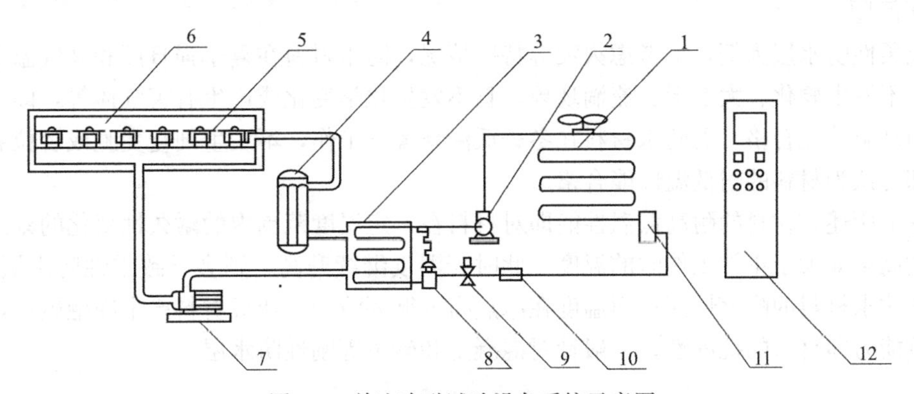

图 7-3　单边冻融试验设备系统示意图

1—冷凝器；2—压缩机；3—蒸发制冷器；4—加热器；5—试件容器；6—冻融箱；7—循环泵；8—膨胀阀；9—电磁阀；10—过滤器；11—贮液罐；12—自控系统

7.4.3 施工及维护措施

为了保护混凝土结构免于冻融破坏，实际施工时应采取措施（如外加剂等）提高混凝土的致密性，减少表面孔隙，或者在混凝土表面增加额外的防水层，阻止与水分的直接接触。在冻融环境中，降温幅度对混凝土的抗冻性能有显著影响，而降温幅度越大，水灰比对于抗冻性的影响也将越发显著。因此在降温幅度大的环境下，混凝土的水灰比不宜过高。另外，降温速率对于抗冻性的影响同样显著，降温速率越快，水灰比对混凝土抗冻性能的影响越大[18]。同时也应注意其他环境因素对于混凝土抗冻性能的影响，研究表明，混凝土的氯离子浓度越高，混凝土的冻融质量损失越大，剥蚀量越大，冻融后的混凝土强度越低[18]。

屋面、墙面等地上建筑结构的防水层一般多采用卷材和涂料，此类材料的致密性高，不易透水，但若防水层表面有积水，积水结冰会产生较大的应力，会造成防水层撕裂，致使防水失效，因此可通过在防水层表面施加刚性保护层，以阻止与水分的直接接触。在地下结构中，结构通常是自防水的，因此必须提高混凝土本身的抗冻和防水性能。为了提高混凝土的抗冻性，通常可以添加外加剂，如引气剂、防冻剂、减水剂等。此外，除了混凝土自防水外，通常还可以使用水泥砂浆进行防水处理。总之，为抵抗冻融破坏，多道设防与复合防水是较好的选择，减少与水的直接接触，控制水分渗透是关键。

7.5 耐高低温性能

一般防水材料都有一定的工作温度范围，当温度过高或者过低时，会在一定程度上影响防水材料的防水能力，降低使用寿命，甚至直接造成防水失效。对于柔性防水层，高温情况下，材料的刚度降低，产生大变形甚至流淌现象，当温度更高，如火灾发生时，防水层可能将直接融化。而当温度过低时，柔性防水层将硬化变脆，此时受到来自结构基层的变形影响时，则容易造成材料的拉裂，进而使防水失效。对于刚性防水层，其对高、低温的耐受性较强，发生变形与破坏的情况较少，但需注意低温下的冻融破坏问题。

以柔性防水层为例，不考虑火灾等特殊情况，防水材料在夏季强日照和高气温条件下工作，不发生软化、大变形、流淌现象，且不发生化学变化或产生有害气体等，即认为材料的耐高温性能合格。而防水材料在冬季低温环境下工作，不发生硬化变脆或者拉裂等现象，即可认为材料的耐低温性能合格。

综上所述，材料的耐高低温性能即对材料在一定温度范围内的耐久性变化的刻画，其中所谓高温即大于正常工作时的温度，此时若温度继续升高，则会导致柔性防水层燃烧，这属于防水材料的耐火性能；而温度在冰点附近循环波动，造成材料产生冻融破坏，对此的抵抗能力即材料的抗冻性，一般针对混凝土和砂浆等刚性防水层。

7.5.1 评价目的

建筑抗渗防水材料一般设置在建筑外表面，易受到外界的温度变化的作用，如冬夏季节的高低温作用，因此有必要考虑高温或低温对防水材料的防水性能与寿命的影响，为防水设计提供参考。合格的抗渗防水材料应有较好的耐高低温性能，即在受到高温作用时，材料不会出现软化、起泡、融化、褶皱等现象，而受到低温作用时，材料不会出现开裂、脆断、硬化等现象，并始终保持良好的弹塑性、粘结性、耐老化性、耐腐蚀性和憎水性。此外，受到高温作用时，防水材料的老化速度变快，还应测试在持续的高温作用下，材料的各项性能的变化，以了解防水材料高温老化作用。改性沥青类材料的热老化试验条件不应低于 70℃×14d，而高分子类材料的热老化试验条件不应低于 80℃×14d，热老化处理后材料的低温柔性或低温弯折性温度升高不应超过标准值 2℃[4]。

7.5.2　试验仪器与试验方法

对防水材料耐高低温性能的测试方法，可依据科学原理合理设计。这里以最常见的沥青卷材为例展开具体介绍。耐高低温试验需要制造并保持高温及低温的环境，所用到的仪器主要为可设置温度的恒温箱，如高温箱和冷冻箱。

耐高温性能也即耐热性，测试耐高温性能时，将被测试的防水材料制成一定尺寸的试样，制样的方法可参照规范 GB/T 328.11—2007[19]。试验前观察试件的外观、形状，并测量尺寸与质量，随后将试件放入高温箱中。根据试验需要以及被测材料的特性而设置一定的温度，由于不同地区的环境条件不同，该温度也可根据当地的气候条件决定，一般耐热性试验时间至少 2h，可根据需要设置不同温度和不同时长的多组试验进行对比。如沥青防水卷材的耐热性试验一般设置温度为 100～110℃，试验时间约 2h，主要测试卷材在试验后的流淌变形，即涂层与胎体的相对滑动距离[19]。试验完成后，将试件取出，观察外观变化、形状变化以及相对滑动距离。若试件的外观发生较大变化，则表明该材料易在高温下发生变形甚至流淌。另外，变色、起泡、开裂等现象都可以表明材料的耐高温性能较差。

耐低温试验一般测试的是防水材料在某低温温度下的某项物理力学性能，开裂破坏是柔性防水材料在低温下的主要失效形式。进行沥青防水卷材的耐低温试验时，可先按照规范 GB/T 328.14—2007[20] 和 GB/T 328.15—2007[21] 的方法制作试样并观察试件的初始外观形状，测量部分初始性质。然后设置所需的试验温度，待箱内温度稳定时，将试件放入试验箱中。

试验前会先将试件在冷冻箱内放置一段时间，以保证试件的温度均匀，与设定温度相同。不同的防水材料的测试项目和测试方法不同，如沥青防水卷材主要测试其低温柔性[20] 和低温弯折性[21]。

所谓低温柔性，即将沥青防水卷材试样在不同温度的冷冻液中弯曲 180°，观察试件的表面裂纹情况，试样产生裂纹的最高试验温度即材料的冷弯温度，冷弯温度越低，材料的低温柔性越好。试验时，可先按－12℃，－18℃，－24℃等设计试验温度，每次变化 6℃，测得冷弯温度的大致范围，再按每次 2℃改变温度，精准测得冷弯温度[20]。

测量低温弯折性时，同样需在低温环境下进行弯折试验，主要使用仪器为弯折板，温度变化范围为－40～－20℃，每次变化 5℃，在低温下，将处理好的试件使用弯折板进行弯折试验，观察试验后的材料表面的裂纹，直至测得临界低温弯折温度。一般临界低温弯折温度越低，表面材料的低温弯折性能越好[21]。

7.5.3 试验结果及分析

对于耐高温性能，主要通过外观观察，如变形、变色、起泡、流淌等，定量测试材料在试验后与基层的相对滑动距离，如沥青防水卷材[19]，当涂盖层与胎体的相对滑动距离不超过 2mm 时，可认为材料的耐高温性能合格。对于高温下可挥发的防水材料，也可测试材料的质量损失。

当高温处理后的试件的外观变化大，流淌变形大，或者质量损失较大时，可认为该防水材料的耐高温性能较差。

对于耐低温性能，一般防水材料在低温下会硬化变脆，在弯折或者受拉时也更容易断裂或产生裂纹，因此可通过在低温下开展力学性能试验来测试防水材料的耐低温性能。以沥青防水卷材为例，通过低温柔性试验或者低温弯折试验可测得材料的冷弯温度或低温弯折温度，而冷弯温度越低或低温弯折温度越低，都可以表明沥青防水卷材的耐低温性能更好。

7.5.4 施工及维护措施

在施工中，屋面板防水层一般设有保温层和保护层，能一定程度上保护防水层不受高温或低温的影响，但主要还是通过防水材料自身的耐高低温性能抵抗温度变化的作用。后期维护时，如果防水层在低温下出现开裂破坏，出现渗漏现象，则需要对渗漏位置进行堵漏，再次修补更新防水层，如果因高温作用发生大面积变形，甚至流淌，并导致防水层失效，则需要整体更换防水层。

7.6 抗硫酸盐侵蚀性能

防水材料的抗硫酸盐侵蚀性能主要针对的是刚性防水层，即混凝土自防水和防水砂浆。硫酸盐是一种有害物质，被硫酸盐侵蚀时，水泥基材料的物理力学性能会发生大幅下降，同时抗渗防水性能也会大幅降低。因而讨论刚性防水层的抗硫酸盐侵蚀性能是很有必要的。50 年来我国先后制修订的水泥抗硫酸盐侵蚀试验方法国家标准有：GB 749—1965，GB/T 2420—1981，GB/T 749—2001 和 GB/T 749—2008[22-25]。

GB 749—1965 实际上遵循苏联 1954 年颁布的标准 H 114—54。GB 749—1965 使用 1∶3.5 胶砂，试件是 10mm×10mm×30mm 的矩形试验片[22]。为确保测试结果的一致性，将试件加压成型，在湿气中养护 1d，用淡水养护 14d，然后用淡水继续养护一部分试件，另一部分放入含有硫酸盐的环境水中或人工制备的硫酸盐溶液中养护 6 个月。水泥的耐腐蚀性由腐蚀系数表示[22]。腐蚀系数是相同龄期的硫酸盐溶液中试件的抗弯强度与淡水中试件的抗弯强度的比值。其评价标准如下：当 6 个月的腐蚀系数小于 0.80 时，认为水泥在该环境水或该浓度的硫酸盐溶液中的耐腐蚀性较差。该方法的优点是具有明确的评估标准，但该方法需要形成大量样本并且测试周期长。同时，该方法没有规定侵蚀溶液的浓度，也没有考虑高浓度和低浓度下侵蚀机理的差异[26]。

基于 GB 749—1965 的优缺点，GB/T 2420—1981 提出了新方法，使用 1∶2.5 胶砂制备 10mm×10mm×60mm 棱柱形试验体，压力成型，在养护箱养护 1d。使用常温下的

28℃的腐蚀溶液进行侵蚀，溶液可使用浓度为2%（也可改变浓度）的硫酸钠溶液，也可根据需要使用来自环境的天然水。用抗蚀系数表示抗蚀能力，抗蚀系数与腐蚀系数的定义相同。但无论是GB/T 749—1965还是GB/T 2420—1981，都使用小水泥砂浆试样，不能完全反映混凝土对硫酸盐侵蚀的抵抗力。

GB/T 749—2001中水泥抗硫酸盐试验的试验方法采用膨胀率作为评估水泥耐腐蚀能力的指标。而现行的GB/T 749—2008，仍然保留了上一版规范GB/T 749—2001的基本框架和试验方法、试验过程，只是更新了部分参数。

7.6.1 评价目的

在实践中，混凝土结构常遭受非机械损坏，许多项目未达到预期寿命，即发生各种非机械损伤。非机械损坏的原因是多种多样的，其中一个主要原因是硫酸盐的侵蚀。许多环境，如海洋、盐湖和地下水，都含有硫酸盐，混凝土组分本身也可能含有硫酸盐，硫酸盐会在各种条件下腐蚀混凝土并造成损害。因此，评估混凝土抗硫酸盐侵蚀的能力具有重要意义。

7.6.2 试验仪器与方法

混凝土抗硫酸盐侵蚀试验没有标准方法，而水泥抗硫酸盐侵蚀试验有标准方法。因而混凝土抗硫酸盐侵蚀试验往往沿用水泥抗硫酸盐侵蚀试验的方法。

研究混凝土抗硫酸盐侵蚀破坏的试验方法主要有两种，一种是现场试验方法，另一种是试验室加速试验方法。大多数实际环境中，硫酸盐在土坡或地下水中的浓度较低，进行现场研究是非常繁琐和费力的，目前对混凝土抗硫酸盐侵蚀破坏的试验研究主要是采用试验室加速试验的方法[27]。

试样的形状，特别是比表面，对硫酸盐的侵蚀速度有很大影响。表面积越大，侵蚀越快（完全浸没）。研究中常用的样品有：40mm×40mm×160mm棱柱砂浆试件（抗变形，膨胀），40mm×40mm×100mm细粒棱柱混凝土试件，100mm×100mm×100mm小块立方体混凝土试件，100mm×100mm×400mm棱柱形混凝土试件。以下为国内关于混凝土抗硫酸盐侵蚀试验方法的介绍。

1. 自然试验

中国建筑科学研究院于1960年在土壤中硫酸盐含量极高的敦煌、张掖等硫酸盐盐渍土地区建立了土壤腐蚀试验站，埋设有各种混凝土及钢筋混凝土试件。根据半个多世纪积累的各种腐蚀数据，研究了硫酸盐对混凝土材料腐蚀的机理、规律和腐蚀产物类型。因混凝土硫酸盐侵蚀破坏现场试验费时费事，目前，试验室主要采取增大试样的反应表面、增加蚀刻溶液的质量分数、增加结晶压力（即采用干湿循环交替法）提高溶液温度、增加试样的渗透性、加快测试速度[28]。

2. 加速浸泡试验

中国建筑科学研究院于1992年开始进行混凝土抗硫酸盐腐蚀浸泡加速试验研究，目的是研究加速试验与长期埋设曝露试验的相关性；筛选加速浸泡的硫酸盐溶液最佳浓度；研究硫酸盐对混凝土腐蚀的机理和规律等。试验历时16个月，达到各自设计龄期后分别取样进行分析研究。经试验结果的对比分析，提出加速浸泡的硫酸盐溶液最佳浓度是：

1）在水溶液中，硫酸盐含量为5%时，腐蚀最为严重；2）在土壤中，硫酸盐含量为7%时，腐蚀最为严重[28]。

根据上述硫酸盐标准，设计了全浸泡和半浸泡两种混凝土腐蚀试验方法。根据配合比制备100mm×100mm×100mm的立方体样品。成型后，将其转移到标准养护室内养护28d，然后浸入5%Na_2SO_4溶液（半浸泡试验，试件的底部被放置在浓度为10%的溶液中）和养护水中。溶液的容器采用带盖的塑料产品。浸泡龄期为30d、60d、90d、120d、150d和180d（半浸泡试验为30d、90d和180d）。收集一组特定龄期的混凝土试件，以确定混凝土在浸没介质和养护水中相同混合比例下的抗压强度。耐腐蚀系数根据下式计算，$K>0.8$为合格。

$$K=R_2/R_1 \tag{7-11}$$

式中：K——耐腐蚀系数；

R_2——浸入溶液中的试样的抗压强度；

R_1——浸入养护水中的试样的抗压强度。

3. 干湿循环试验

清华大学冯乃谦教授参照美国标准ASTM C 1012对混凝土抗硫酸盐侵蚀的干湿循环进行了研究[28]。试验方法如下：

根据设计的混凝土配合比，制备100mm×100mm×100mm混凝土立方体试件。静置1d后，取出模具，转移至标准养护室内养护28d，然后进行干湿循环试验。一个循环24h，循环系统是：室温下在5%的Na_2SO_4溶液中浸泡16h，取出干燥1h，在80℃的烘箱中烘干6h，冷却1h后称重或测试抗压强度。装溶液的容器使用带盖的塑料制品。取质量损失5%或强度损失25%时的循环次数作为判断终止试验的依据，记录循环次数并观察混凝土表面的损坏情况。

中国建筑科学研究院建材所研制了混凝土抗硫酸盐侵蚀的自动干湿循环试验机，箱内可同时盛放400mm×100mm×100mm的混凝土试件18块（或100mm×100mm×100mm的试件72块）。

除了上述标准方法，还可以通过测定体积膨胀率来确定试样的侵蚀程度。研究表明，该方法不仅能区别不同介质对混凝土的影响，还能区别高强混凝土和普通混凝土抗硫酸盐侵蚀能力的不同，并且根据试样一直浸泡在液体中的特点，使用排水法确定体积膨胀率，精确度高[29]。

研究还表明，混凝土的种类、骨料、外形对试验存在影响，细碎石棱柱体混凝土试件对硫酸盐侵蚀破坏较其他类型的试件更敏感，故实际中可以使用细碎石棱柱体来进行抗硫酸盐侵蚀的试验[29]。

7.6.3 试验结果及分析

试验观测指标有：抗压强度、抗折强度、长度变化（线性膨胀率）、外观形貌、质量损失、孔隙率、动弹性模量、体积膨胀率。

试验结果用抗弯拉抗蚀系数K_p（式7-12）和抗压抗蚀系数K_c（式7-13）表示：

$$K_p=\frac{R_p}{R_p^0}\times 100\% \tag{7-12}$$

$$K_c = \frac{R_c}{R_c^0} \times 100\% \tag{7-13}$$

式中：R_p，R_c——受侵蚀试件一定龄期的弯拉强度和抗压强度；

R_p^0，R_c^0——相同龄期标准养护试件的弯拉强度和抗压强度。

7.6.4　施工及维护措施

施工中，常通过添加混凝土外加剂的方式提高其抗硫酸盐侵蚀性能，例如工程上已经有的抗硫酸盐外加剂、防腐剂等。外加剂能有效抑制混凝土与硫酸盐的化学反应，同时降低混凝土孔隙率，降低渗透侵蚀速度。除了混凝土自身，其外层的水泥砂浆保护层也能有效阻止硫酸盐侵蚀。结构工程的混凝土一旦出现硫酸盐侵蚀现象，将会产生严重的后果，且很难修复，需要以预防为主。

工程中可采取的提高混凝土抗硫酸盐侵蚀性能的措施有：

1）采用高效减水剂配制低水胶比的高性能混凝土，掺加超细矿粉，利用其微集料填充作用和后期持续水化作用；加强施工振捣和初期养护等来提高混凝土密实性[30]。

2）合理选择水泥品种和掺加活性掺合料，合理选择抗硫酸盐水泥，适量掺加粉煤灰、磨细矿渣、硅灰等活性掺合料，控制 C_3A 和 C_3S 含量且减少水化产物中氢氧化钙的量，可有效抑制钙矾石及石膏结晶膨胀型硫酸盐侵蚀。[30]

3）增设必要的保护层或涂层，在混凝土表层加上耐腐蚀的致密保护层，延长混凝土结构的抗硫酸盐侵蚀寿命。

7.7　抗疲劳性能

疲劳是指材料在承受反复的交变荷载作用时，力学性能下降的现象。在反复交变荷载下，不仅金属材料会出现疲劳现象，混凝土结构，甚至建筑防水材料也会出现疲劳现象，如果材料的疲劳强度小于材料的设计疲劳强度，则可能发生疲劳损坏，从而导致结构提前破坏，造成安全事故。例如在高架桥、地铁等的设计中，经常要承受反复荷载，此时若防水层破坏将会导致渗漏，造成一定的经济损失，甚至引发事故。本节主要讨论混凝土及一般卷材类有机防水材料的疲劳试验。

7.7.1　评价目的

在承受反复荷载的结构工程或者构造部位，若防水材料因抗疲劳性能不足，将提前导致防水失效。而防水失效的后果除了会影响建筑的使用性能外，还可能因此导致其他事故，如渗漏水对下层结构产生腐蚀等。因此，有必要评价防水材料的抗疲劳性能，尤其是应用于常受反复荷载结构的防水材料，如桥梁桥面板等。

7.7.2　试验仪器与方法

目前测试材料疲劳强度的方法主要是针对钢材制定的，一般通过试验绘制材料 N-S 曲线确定材料的疲劳强度。而对于脆性材料的混凝土，以及完全柔软的卷材，一般的方法并不适用。因为混凝土的变形幅度较小，一旦变形过大则会开裂，开裂后的混凝土可视为不再具有强度。而卷材可以在较小的作用力下发生巨大的变形，同样无法测试抗疲劳强度。但是，当柔性防水材料与结构基层紧密连接时，受到反复荷载作用下的情况就会变得较为复杂，防水层除了受到反复荷载的作用，也会受到基层传递的作用力，而当基层开裂时，防水层也将会受到严重的破坏。

防水材料的抗疲劳性能只在需要承受反复荷载，并且有防水需求的结构中具有意义，比如桥面。因此，相关学者针对桥面的实际情况[31-32]，提出了用于测试桥面的防水卷材的抗疲劳试验方法。一般情况下，防水材料的疲劳试验的方法可参照普通梁的疲劳试验方法，对于刚性防水，可直接在试件上浇筑一层刚性防水层，而对于柔性防水层，则在试件上粘贴被测的防水卷材或者喷涂被测的防水涂料，当防水层硬化后，与基层紧密贴连接，此时便可以开展疲劳试验。

刚性防水层的疲劳试验可直接参照混凝土或者砂浆的疲劳试验规范，这里主要讨论柔性防水层的疲劳试验，由于柔性防水材料在受到疲劳荷载后，可能会产生直接破坏，也有可能仅仅只是产生力学性能的降低，因此除了观察试验后的防水层外观外，还需要测试其力学性能，参照过去的相关研究，这里可选择测试防水材料的撕裂强度作为判断依据[31-32]，所需试验仪器主要包括 MTS 试验机、防水材料撕裂仪等。

试验步骤：

（1）准备若干混凝土的试块，可按照普通的疲劳试验选择试块的尺寸，如 100mm×100mm ×300mm，在试块的某一面上粘贴或者喷涂防水层，设置防水层前需先将表面拉毛，待防水层硬化并与试块紧密粘结后，进行疲劳试验。

（2）将试件放在 MTS 试验机上，有防水层的一面朝下，使得防水层在受力时主要受到拉弯应力。

（3）施加反复荷载，可选择正弦波的加载模式，加载频率、最大荷载以及反复次数可根据不同材料和实际的使用工况等条件进行考虑。试验进行时，若防水层开裂破坏，则停止试验，否则继续试验直至达到规定的最大反复次数。

（4）试验完成后，观察防水层的外观，注意是否有裂纹产生，然后按照测试撕裂强度的方法，测试防水层的撕裂强度。

7.7.3 试验结果及分析

试验通过三点加载施加反复荷载，测得试件在受到反复荷载作用时，直至破坏前所能承受的荷载反复次数，试件可承受的反复荷载的循环次数越多，则表明该防水材料的抗疲劳性能越强，抗疲劳性能除了和防水材料自身的性质有关外，与环境的温度、腐蚀等也有关系。

若防水层在试验后不发生破坏，则通过对防水材料在试验前后的撕裂强度变化进行判断，撕裂强度降幅越大，试验后的撕裂强度越低，表明材料的抗疲劳性能越差。

7.7.4 施工及维护措施

一般防水卷材为柔性材料，抗疲劳能力较混凝土高，铺设卷材时不宜张拉过紧，接口处通常为叠层，赋予了卷材一定的拉伸变形空间。此外，在处理卷材与结构基层的粘结时，可采用点粘法、条粘法、机械固定法等，以降低二者之间的连接紧密度，使防水层与基层之间留有变形与相对位移的空间，这样可以降低二者间的相互作用力，从而减小卷材疲劳破坏的概率。防水涂料在交变荷载下会随混凝土疲劳开裂而一同破坏，在施工中，可以增加防水涂料的厚度，或配合防水卷材一同使用。至于地下防水结构，靠结构本身抗疲劳能力即可，如有需要，也可以加设有机高分子材料制成的防水层。

参考文献

[1] 王复明. 基础工程设施非开挖修复技术［A］//南方计算力学联络委员会. 江苏省力学学会. 第十一届南方计算力学学术会议（SCCM-11）摘要集. 北京：中国力学学会，2017：1.

[2] 王复明，范永丰，郭成超. 非水反应类高聚物注浆渗漏水处治工程实践［J］. 水力发电学报，2018（37）：1-11.

[3] 岳清瑞，杨勇新，郭春红，等. 浸渍树脂快速与自然老化试验对应关系［J］. 工业建筑，2006，36（08）：1-5.

[4] 中华人民共和国住房和城乡建设部. 建筑和市政工程防水通用规范（征求意见稿）［EB/OL］.（2019-02-15）［2021-06-14］. http：//www. mohurd. gov. cn/zqyj/201902/t20190218 _ 239492. html.

[5] 中国石油和化学工业联合会. 硫化橡胶或热塑性橡胶　耐候性：GB/T 3511—2018［S］. 北京：中国标准出版社，2018.

[6] 丁一汇. 中国气候［M］. 北京：科学出版社，2015.

[7] 中国气象局. 地面气象观测规范 日照：GB 35232—2017［S］. 北京：中国标准出版社，2017.

[8] 中国石油和化学工业协会. 硫化橡胶或热塑性橡胶 拉伸应力应变性能的测定：GB/T 528—2009［S］. 北京：中国标准出版社，2009.

[9] 中国石油和化学工业协会. 橡胶物理试验方法试样制备和调节通用程序：GB/T 2941—2006［S］. 北京：中国标准出版社，2006.

[10] 中国石油和化学工业协会. 硫化橡胶人工气候（氙灯）老化试验方法：GB/T12831—1991［S］. 北京：中国标准出版社，1991.

[11] 中华人民共和国工业和信息化部. 硫化橡胶物理试验方法的一般要求：HG/T 2198—2011［S］. 北京：化学工业出版社，2011.

[12] 戈兵，王景贤，王淑丽，等. SBS改性沥青防水卷材耐久性试验研究［J］. 中国建筑防水，2017（8）：1-4.

[13] 戈兵，王景贤，王淑丽，等. SBS改性沥青防水卷材耐久性试验研究（二）——浸水老化和冻融循环老化［J］. 工程质量，2015（33）：28-32.

[14] 李金玉，曹建国. 水工混凝土耐久性的研究和应用［M］. 北京：中国电力出版社，2004.

[15] 杨梦卉，徐长伟. 掺合料对引气混凝土性能的影响研究［J］. 混凝土，2016（8）：146-148.

[16] 中华人民共和国住房和城乡建设部．普通混凝土长期性能和耐久性能试验方法标准：GB/T 50082—2009 [S]．北京：中国建筑工业出版社，2009.

[17] 中华人民共和国住房和城乡建设部．混凝土抗冻试验设备：JG/T 243—2009 [S]．北京：中国标准出版社，2009.

[18] 徐小巍，金伟良，赵羽习，等．不同环境下普通混凝土抗冻试验研究及机理分析 [J]．混凝土，2010 (2)：21-24+28.

[19] 中国建筑材料工业协会．建筑防水卷材试验方法 第 11 部分 沥青防水卷材 耐热性：GB T 328.11—2007 [S]．北京：中国标准出版社，2007.

[20] 建筑中国建筑材料工业协会．建筑防水卷材试验方法　第 14 部分 沥青防水卷材 低温柔性：GB T 328.14—2007 [S]．北京：中国标准出版社，2007.

[21] 中国建筑材料工业协会．建筑防水卷材试验方法 第 15 部分 高分子防水卷材 低温弯折性：GB T 328.15—2007 [S]．北京：中国标准出版社，2007.

[22] 中华人民共和国建筑材料工业部．水泥抗硫酸盐侵蚀试验方法：GB/T 749—1965 [S]．北京：中国标准出版社，1965.

[23] 中华人民共和国建筑材料工业部．水泥抗硫酸盐侵蚀快速试验方法：GB/T 2420—1981 [S]．北京：中国标准出版社，1981.

[24] 国家建筑材料工业局．硅酸盐水泥在硫酸盐环境中的潜在膨胀性能试验方法：GB/T 749—2001 [S]．北京：中国标准出版社，2001.

[25] 中国建筑材料联合会．水泥抗硫酸盐侵蚀试验方法：GB/T 749—2008 [S]．北京：中国标准出版社，2008.

[26] 黄战，邢锋，邢媛媛，等．硫酸盐侵蚀对混凝土结构耐久性的损伤研究 [J]．混凝土，2008 (8)：45-49.

[27] 高礼雄，姚燕，王玲．水泥混凝土抗硫酸盐侵蚀试验方法的探讨 [J]．混凝土，2004 (10)：15-16+20.

[28] 冷发光，马孝轩，田冠飞．混凝土抗硫酸盐侵蚀试验方法 [J]．东南大学学报（自然科学版)，2006 (2)：45-48.

[29] 欧阳东．混凝土抗硫酸盐侵蚀试验的一种新方法 [J]．腐蚀与防护，2003 (24)：3-4+9.

[30] 韩宇栋，张君，高原．混凝土抗硫酸盐侵蚀研究评述 [J]．混凝土，2011 (1)：52-56+61.

[31] 周庆华．桥面柔性防水材料性能指标与检测技术研究 [D]．西安：长安大学，2003.

[32] 万晨光，申爱琴，赵学颖，等．基于综合性能的桥面铺装防水黏结层灰靶决策 [J]．建筑材料学报，2017 (20)：406-410.

第 8 章　防水设计与施工指南

建筑防水是一个系统工程，从材料、设计、施工到后期的维护、管理和修缮，环环相扣，必须紧密配合，科学组织，每个环节都要求严格控制，在保证防水效果的同时要密切关注耐久性能，遵循因地制宜、防排结合、综合治理的原则[1]。

8.1　防水材料

防水材料的合理选用是防水工程关键性环节，防水材料的性能直接影响防水工程的质量。设计与施工中对材料的选用应在对防水材料的应用范围、产品性能指标充分了解后进行，必须选择适用的材料，严格控制施工质量，确保建筑防水工程成效。

8.1.1　防水材料总体要求

建筑工程防水材料选择应当考虑建筑结构的特殊性，将建筑形式和环境、施工等条件纳入考虑评估，选择合适的防水材料。防水材料的选择应该遵循以下原则：

（1）满足基层适应性。基层中大量毛细孔和微裂缝可能发生渗水，导致裂缝开展，甚至新裂缝的出现，因此基面的封闭是首要的任务。要求防水层具备堵塞毛细孔和微裂缝的能力，并能与基面牢靠粘结[2]，达到防止水在防水层底面窜流的目的，同时需要应对基层可能产生的新裂缝。针对基面存在不平整的情况，防水层需要较好的适应性。为使防水材料满足基层适应性，可采用多种材料复合而成的基面，如涂料和压敏型、蠕变型自粘卷材的合成基面。另外为提高基层的抗裂性能，常将涂料与卷材类等其他防水材料复合使用。

（2）满足温度适应性。防水层工作的环境温度与所处地区关系最为密切。倒置屋面工程中防水层一般处于正温度环境；地下工程防水层在冻土层以下则处于负温度环境，而处于冻土层以上且有保温层，则处于正温度环境；外墙防水层通常处于当地大气温度环境。温度较高会导致防水层柔性防水材料老化加速，收缩加大；温度低于防水材料的柔性指标时，柔性防水材料的变形能力降低、变脆，当结构产生较大收缩变形时，防水层将受拉断裂。因此，低温环境对防水材料变形能力要求较高。

（3）满足耐久性要求。防水材料的耐久性是保证防水层质量最关键的因素，保证建筑正常使用功能的前提是必须保证防水层材料能够抵御在耐用年限内因自然因素引起的材料老化和损害。

（4）满足施工性要求。防水材料应满足施工工艺的可靠性和材料对施工环境的适应性。要求选用的材料便于施工，工艺简单，施工效率易保证，不提出难以实现的施工条件要求。

（5）满足互补相容性要求。针对各种防水材料自身不同的优缺点，适当选择能互补的材料以满足多方面的功能要求，取长补短，优势转化，充分发挥材料各自优势。采用能互补相容的防水材料相较单一选材在使用性能上有巨大优势：首先，能实现材料的刚柔结合、涂卷结合、弹塑性结合等，可以取得良好的防水效果；其次，相邻的防水材料由于具有良好的结合性能，互不侵害，可实现材料性能的完美结合。

(6) 满足低碳环保要求。建设生态文明，低碳环保是首要任务。在工程上严禁使用污染环境、损害施工人员身体健康的材料，特殊条件下还应采取保护措施。

(7) 就地取材和经济性。在满足防水要求的前提下，应尽量就地取材，降低工程造价，实现最大经济效益。

8.1.2 防水材料选择

1. 按防水工程的部位选材

(1) 屋面防水材料的选择

建筑工程屋面在自然环境中暴露，长期遭受阳光、紫外线照射和臭氧环境损害，同时冲刷、风化、温差等作用会在防水层中产生复杂应力。因此在屋面防水工程中，必须选用聚酯胎改性沥青卷材、三元乙丙防水材料、沥青油毡材料等具备耐老化、耐热和良好延展性的材料。

(2) 地下工程防水材料的选择

防水材料在地下受到更为恶劣的环境影响，地下水的作用、土壤中的各种化学物质、霉菌等均会对防水材料产生损害。地下工程长期处于潮湿环境中、温度变化小，日常维修工作难度较大，一般需要选择具有良好抗渗能力、延伸性，耐霉烂、耐腐蚀，厚度均匀，寿命长的柔性材料[3]。目前建议选择如聚氨酯、硅橡胶防水涂料等具有较强耐水性的粘结剂材料，要求防水材料的厚度大于15mm。地下室防水施工需要增加防水材料层时，要求使用无机刚性防水材料[4]。

(3) 卫生间、厨房防水材料的选择

厨卫空间面积相对较小，内部阴阳角较多，且有各种管道穿越。若采用卷材、片材则施工难度较大，而防水涂料优势明显，可以形成整体性好的没有接缝的涂膜，同时涂料受墙地面平整度的影响很小。因此可以选择如聚氨酯防水涂料等材料，针对穿楼板的管道部分可使用密封膏或遇水膨胀橡胶条进行防水处理。

(4) 外墙防水材料选择

建筑业中对外墙防水材料的性能要求比较高，一方面要求外墙防水材料具备抗渗性与不透水性，另一方面还要求外墙防水材料具有良好的粘结性能和装饰性。

2. 按建筑功能和工程条件选材

(1) 按建筑功能选材

1) 对于上人屋面，防水层并非直接暴露在外，通常在防水层上有地砖的保护作用；而对于非上人屋面，防水层直接暴露在外部环境中。因此上人屋面在满足防水性、延展性及抗拉强度等方面的要求时，对于耐老化性能的要求并不高，可采用聚氯乙烯防水卷材、聚氨酯类防水涂料等防水材料。

2) 对于种植屋面，由于需要在屋面上种植花草等植物，土层下方的屋面防水层对防水性的要求非常高，同时要求具有较好的耐腐蚀性、耐穿刺性等，防止植物根系穿透防水层。建议选择改性沥青卷材或柔性复合材料，或直接在刚性防水层表面涂刷防水涂层，实施多道设防的防水处理措施。

3）对于工业厂房屋面，由于其在使用时容易出现振动现象，要考虑防水材料的强度及延展性，可选择高分子防水材料。

（2）按工程条件选材

1）不同工程对防水材料的要求不同，对于防水等级为一级、二级有特殊要求的建筑，防水材料可选择高聚物改性沥青油毡；对于重要建筑物，必须要选择高档次的防水材料，并确保防水材料属于优等品；而一般建筑物可选择中低档次的防水材料，但必须保证材料属于合格品。

2）由于斜屋面排水性能优越，防水材料可以选择不同颜色的油毡瓦，油毡瓦的防水性能较好，并且能够起到很好的建筑装饰作用。对于选择陶瓦的屋面，在望板处要加设一道柔性防水层，防止雨水从该处渗入结构内部。

3）对处于特殊环境或采用特殊构造或有特殊要求的防水工程，应针对自身特点选择防水材料。如果水质含酸或含碱，对防水材料会产生一定的腐蚀，可以选择耐腐蚀性强的高分子片材或厚度较大的沥青防水卷材，如三元乙丙卷材、4mm 厚度的沥青卷材等。针对游泳池、生活水池等与人们生活关系密切的工程，有相关卫生标准要求，因此在选择防水材料时，应选择无毒、无味的材料，考虑环境保护、无污染，同时满足与混凝土、砂浆层有较好的粘结性和自身延展性等基本要求[5]。

8.2 防水设计

8.2.1 设计总体要求

1. 屋面工程

《屋面工程技术规范》GB 50345—2012[6] 规定，屋面工程防水设计应遵循“合理设防、防排结合、因地制宜、综合治理”的原则。屋面防水设计的合理性、防水材料种类和规格的选择、施工工艺等因素均对建筑屋面防水工程的质量有影响。应把建筑屋面防水设计当作一个系统工程，排水和防水是主要考虑因素，排水可以采用重力作用的面排水、槽排水、管排水等措施；防水设计应包括防水密封、设防水层和防水材料的选择等。

2. 外墙防水

针对不同外墙构造的防水设计不尽相同。外墙防水设计应注意明确外墙防水设防的标准、减小结构主体变形的影响、保证外墙砌体施工、减少外墙温度、裂缝。确定外墙防水设防的标准需要考虑风压、建筑的高度、所处地形及周边环境等因素。

3. 厨厕浴防水

厨厕浴的防水是室内防水的重点，其防水设计的基本原则是“以排水为主，坡度正确，以防为辅，多道设防，迎水用材，材料耐磨”。防水层必须做在楼地面面层以下，厨厕浴间楼地面标高应低于门外楼地面标高，必要时设置门槛。地漏处标高应最低，以保证向地漏排水。

4. 地下工程防水

地上建筑防水一般是间歇性防水，以排为主，可根据工程自身特点选择有组织或无组织的排水方法实现。而地下工程长期受地下水包围，特别是在承压水作用下，地下水容易渗入结构内部，造成结构破坏。同时地下防水工程是一项隐蔽工程，其自身特点决定了与一般建筑防水相比，其防水重要性更高。在大量工程实践的基础上，我国《地下工程防水技术规范》GB 50108—2008[7] 将“防排截堵相结合、刚柔相济、因地制宜、综合治理”作为建筑防水的基本原则。地下工程防水设计工作年限不应低于工程结构设计工作年限[1]，为保证防水工程使用年限，结构自防水体系是关键，外设防水层和设置内排是必要的辅助防水措施，后期维护是持续保证使用功能的重要手段[8]。地下工程防水设计必须充分掌握结构构造、防水材料性能、水文地质条件、运营条件、结构沉降等情况，并考虑设计的可操作性，对防水工程施工工艺、防水材料的选择提出明确要求，为防水工程质量打下良好的基础[9]。

8.2.2 设计原则

1. 结构类型相适应

相对于地上建筑工程，在进行地下防水工程设计前，更应充分认识地下环境的复杂性和多变性，考虑结构类型。地下工程的结构形式是重要的导向性因素。不同的结构形式下，结构构件的约束条件、重要节点构造不尽相同，防水的薄弱环节、重点设防部位也不同。充分掌握地下工程所在地的地下水状况，明确设计最高地下水位标高，综合考虑地质条件、地下工程结构类型、施工技术条件、防水材料供应等各方面因素，充分了解地下结构的受力特性及施工工序，选择合理、可靠的防水做法[10]。

2. 自防水的根本性和防水层的重要性

柔性防水材料与刚性防水材料相比，其延伸性好、适应基层变形能力强。地下防水工程的“刚柔结合”有两种实现方式：一种是主体结构本身采用混凝土结构自防水，但在迎水面设置柔性防水层；另一种是结构主体采用混凝土结构自防水，但在施工缝、变形缝等细部构造部位设置柔性防水。两种实现方式都有其不足。把地下工程的防水作为系统工程看待，混凝土结构自防水应为根本，而在迎水面设置柔性防水材料形成依附在结构主体上的防水层，达到对结构的密封状态是不可或缺的，自防水和外防水层缺一不可，相辅相成。此外，使用柔性防水材料降低混凝土结构的损伤，对改善结构的耐久性有积极作用。所以，结构自防水的关键是控制混凝土密实度和内部裂隙，而外防水的重点是实现与混凝土结构的密贴和形成第二道防水防线。

3. 渗漏维修可操作性

工程实践中，即使防水设计再周全，渗漏现象也是难以避免的[11]，而地下防水工程的维修难度又比较大、不易操作。因此，在地下防水设计时，应充分考虑渗漏发生时维修的可操作性，比如可在重点部位、薄弱部位进行防水预操作，检查实际可行性。

4. 细部结构精细设计

包括施工缝、变形缝、后浇带、预埋铁件、穿墙套管等在内的细部构造做法，若处理不好，则易发生渗漏，而且发生渗漏后维修处理施工困难，维修成本高，地下防水工程应在易渗漏部位进行加强防水，重点关注[12]。

5. 工程结构与地下环境的适应性

针对地下工程周围地基的变形，尤其是位于地裂缝段的地下工程，采取“防”与“放”相结合的防治措施，以结构适应土壤变形为主。结构断面预留变形空间，并分段增设变形缝以适应变形，接头处采用柔性连接；采取特殊防水方法，采用应变适应性好的新型构造防水。

8.3　防水施工

8.3.1　施工总体要求

1. 屋面工程防水施工总体要求

1）屋面防水工程应交由专业作业企业进行施工，施工前应通过图纸会审，把握施工图中细部构造及相应技术要求。施工单位应自行制定屋面施工方案技术措施，完成现场施工安全交底。屋面工程所采用的防水保温材料应通过性能检测并由第三方出具报告，材料进场后，按规定取样检验并给出报告，严禁在工程中使用不合格产品。

2）屋面施工应按各道工序严格执行，下一道工序施工应在前一道工序经监理或建设单位检查验收合格后方可进行。

3）施工过程中应进行过程控制的质量检查，并保留完整的检查记录。

4）屋面工程应建立管理、维护、保养制度；屋面排水系统通畅。

5）屋面工程施工应注意防火。保温材料远离火源，露天存放时，使用不燃材料覆盖。屋面需采取防火隔离带的施工，应与保温材料的施工同步进行。

6）严禁在雨天、雪天和五级以上大风天施工。

7）屋面周边及预留口周围，必须按临边和预留洞口防护规定设置安全护栏和安全网。

8）屋面坡度大于 30%时，应采取防滑措施。

2. 地下防水工程施工总体要求

1）防水材料应有备案证明、出厂合格证、使用说明和质量检验报告等必要文件，并经专人进场验收和材料报验，完成材料进场验收记录和材料报告单的填写。

2）防水材料进场后应存放在符合规定的库房，远离火源，避免日晒雨淋。库房应配备足够消防器材并设置防火标志。

3）防水材料使用前须按规定进行分批复试，合格后方可使用。材料复试应全部为见证取样试验。防水施工前单独编制详细的施工方案并报业主、监理审批。

4）防水施工队伍必须具有防水施工经验。防水施工队进入现场后由专业工程师对其进行施工技术交底、安全施工文明教育。

5）在专业防水施工企业、监理单位、项目部对基层进行的验收合格后，方可进行防水施工。

6）强化过程控制。施工过程应由专人现场监督检查，每道工序完成后必须经过检查，合格后方可进行下道工序。

7）特殊过程控制。特殊过程施工和验收应按程序文件中关于特殊过程质量控制的相关规定进行，并做好相关书面记录。

3. 外墙防水施工总体要求

1）由施工单位编制外墙防水施工方案及技术措施，施工前应通过图纸会审。

2）防水层施工前外墙门窗框应安装完毕；外墙防水施工前伸出外墙管道、设备或预埋件应安装完毕，并完成验收。

3）外墙防水防护施工应由专业作业企业进行。作业人员持有有关部门颁发的上岗证，操作人员施工时应做好安全防护。

4）严禁在雨、雪天和五级以上风天气时施工。施工环境温度以5～35℃为宜。

5）外墙防水的基面应坚实、干净、牢固，避免出现起砂、起皮现象，具有符合要求的平整度。

6）外墙的防水防护施工应进行过程控制和质量检查；应建立各道工序自检、交接检和专职人员检查的制度，并有完整的检查记录。相邻工序施工中，下一道工序施工应在上一道工序经检查验收合格后进行。

7）外墙防水防护完成后，应采取不损害防水保护层的保护措施。

8）防水层施工前先做节点放样处理，再进行大面积施工。

8.3.2 防水施工中的问题及应对措施

防水施工在整体施工中极为重要，必须对建筑工程防水施工高度重视，采取合理有效措施，以提升建筑施工质量。目前防水工程施工中主要存在以下问题：

1. 材料质量问题

防水材料的种类非常多，质量参差不齐。为保证材料质量，第一，应经常对技术人员和采购人员进行培训，了解市场动态，在采购材料过程中，对材料进行细致核对。第二，在材料到达施工现场时，对材料进行抽样检测，只有达到合格标准的材料才可以进入施工现场，凡是不合格的材料要立即按退货处理。第三，应按照材料的性能和存储要求进行储存，避免出现材料变质的情况。

2. 施工队伍建设问题

随着防水工程的日益增多，防水施工从业者也越来越多，如果防水施工人员的施工技能和施工理念落后，甚至不达标，必将影响防水施工质量。目前，确有部分从事防水施工的人员缺乏系统正规的学习培训，当防水施工提出高标准要求时，他们往往无法满足技术标准要求，导致防水工程的整体质量无法达标。

因此应严格按照技术标准要求选择专业防水企业，聘用持有技能资格证书的施工人员。在防水施工之前，对人员进行技术业务培训，并强化施工质量理念，做好施工交底[13]。

3. 设计与环境相协调问题

建筑设计部门有时为了加快进度，缩短工期，忽略了对建筑结构防水环境的调查，造成建筑结构与环境未有效结合，对防水不利。

因此在进行建筑防水施工之前，设计部门应对结构进行合理设计，尤其需注意在建筑给水和排水系统设计中，将其与建筑环境相结合。

4. 防水施工管理问题

随着建设工程的规模越来越大，新工艺、新标准层出不穷，对施工管理方式提出了新的需求，传统的防水施工管理方式已经不能满足现有的施工标准和施工要求，甚至可能影响防水施工质量的提高。

因此，在防水施工中，企业需要践行先进管理理念，管理人员需具备相应业务水平，正确指导现场施工，并通过完善管理制度约束施工人员的行为，从而保证施工质量。

8.3.3　防水施工质量控制

防水施工是保障防水工程质量的重要环节，多数建筑工程中，外墙防水、屋面防水、卫生间防水的施工难度较大，施工质量难以保证，下面就建筑工程防水的重点、难点部位阐述施工质量控制要点。

1. 屋面防水施工质量控制

建筑屋面防水可分为正置式、倒置式。倒置式防水关键在于做好边角等细部工程。

（1）找平层分格缝的防水处理

屋面找平层易开裂，可在找平层上设置分格缝防止开裂现象发生。可在防水施工时将一层 200mm 宽的防水附加层铺在分格缝上，单边粘贴，再做防水层。

（2）卷材的铺设

卷材的铺设方向一般根据屋面坡度和屋面是否振动确定，当屋面坡度小于 3% 时，卷材宜平行于屋脊铺贴；坡度在 3%～15% 时，卷材平行或垂直于屋脊铺贴均可；屋面坡度大于 15%或受振动时，垂直于屋脊铺贴。

防水层施工应将节点、附加层以及屋面排水比较集中的部位防水做好，由屋面最低标高处向上施工。铺贴多跨和有高低跨的屋面时，按先高后低、先远后近的顺序进行。铺贴天沟、檐沟卷材时，宜顺天沟、檐口方向，减少搭接。采用搭接法铺贴卷材，上下层及相邻两幅卷材的搭接接缝应错开。平行于屋脊的搭接缝的搭接应顺水流方向，在天沟与屋面的连接处应采用交叉搭接法，在搭接处应注意采取措施防止卷材下滑。

（3）水落口的防水施工技术

为避免倒水现象出现，先将水落口与竖管承插口的连接处用密封材料进行嵌填密实。水落口分为直落式和墙排式，在周围 500mm 内做防水附加层。

（4）出屋面金属管道防水收口处

出屋面金属管道主要采用 40×3 扁钢箍包紧防水卷材，再用螺丝拧紧。在施工过程中，保证金属管箍与防水孔对齐。

（5）屋面女儿墙防水施工技术处理

女儿墙转角处应做 $R>15$mm 的圆弧，不得漏贴附加层。女儿墙采用混凝土时，卷材收头可在混凝土墙上留倒梯形凹槽，并在凹槽内预埋防腐木条，要求泛水高度应不小于 250mm，下口深度 15mm。钉牢并用 C20 细石混凝土加微膨胀剂嵌填密实，粘贴装饰铝合金压条，为防水需在铝合金压条上下口与混凝土墙面交接处，满打密封胶。外墙保温在屋面女儿墙位置进行时，女儿墙上做压顶处理，做完压顶后，在其上涂防水涂料。

（6）自防水屋面板施工技术

自防水屋面板应按自防水构件的要求进行设计与施工，保证足够的密实性、抗渗性和抗裂性，做好附加层，以满足防水的要求。混凝土中的水泥宜用不低于 42.5 级的普通硅酸盐水泥；每立方米混凝土中水泥的用量不少于330kg，水灰比不大于0.55，可掺入适量的外加剂。浇筑混凝土时，宜采用高频低振幅的小型平板振动器振捣密实，混凝土收水后应再次压实抹光，自然养护时间不得少于14d。自防水构件在制作、运输及安装过程中，必须采取有效措施，避免出现裂缝，保证屋面的防水质量。

2. 地下工程防水施工质量控制

地下工程防水主要采取以结构自防水为主，附加防水为辅的施工方法，关键抓好结构自防水混凝土施工质量，重点处理好施工缝、变形缝、穿墙管、结构预留孔等薄弱环节的防水质量[9]。

(1) 民用地下防水工程的质量管理应该遵循现行《地下工程防水技术规范》GB 50108实施。建筑结构中一般可采用空铺法、点粘法和机械固定法做底板垫层上的防水。防水卷材搭接重视做好细部处理[14]。地下防水卷材长短边的搭接应控制在90～100mm，防水卷材在封边时应彻底排尽空气，避免出现空鼓现象[15]。

(2) 针对底板与侧墙在连接部位处不同时浇筑的问题，需要做好防水卷材的保护和搭接。施工时可砌筑永久保护墙，首先空铺施工防水卷材附加层，采用满粘法在附加层上再做一层防水卷材。在结构底板标高的位置先甩出不小于300mm的卷材接槎长度，并采取措施（覆土或虚砌3皮砖）保护防水卷材。底板施工完成后，清理干净甩槎的防水卷材表面，再与上部防水卷材进行不小于100mm搭接。

(3) 地下墙面的防水中，墙面与防水卷材须粘贴牢固，墙面防水卷材施工时，应采用满粘贴方式，避免内部出现空隙，导致卷材渗水出现脱落。后浇带防水是地下外墙防水施工的重点，为使防水层形成一个整体，可在后浇带部位加设预制钢筋混凝土盖板的方式，将防水材料施工于盖板上。

(4) 外墙周围嵌入部分密封材料必须完全防水，密封材料和防水层必须连续。采用抗渗混混凝土时，应兼顾结构承重要求和防水要求，抗渗混凝土的抗渗等级可以依据工程埋置深度确定，或者采用根据水力坡降（最大作用水头与混凝土厚度之比）确定，后者更优[16]。

3. 外墙防水的质量控制

外墙防水工程中，窗户、阳台等细部构造周边部位的处理是防水施工的关键。

施工前，施工单位应编制详细的外墙防水施工方案，明确施工标准和施工技术要求。施工过程中，应先依照施工规范嵌填门窗、窗台等部位。可用高分子卷材进行外墙防水材料的二次铺设来加强外墙的防水性能。最后，在防水施工完成24h后，需对窗台、阳台等部位进行淋水试验，保证外墙防水质量[17]。

4. 卫生间楼地面防水质量控制

(1) 在卫生间设置混凝土门槛，门槛高度一般控制在75mm左右，宽度与墙面宽度相当。卫生间门槛部位应形成闭合的防水层，先将阴角与凹槽处圆角做好，并将防水搭接至门槛上。楼地面管道根部处理是卫生间防水的重中之重，要求在做好一级防水处理的管道上铺设防止管道破裂的帆布，最后做整个防水加强层。

(2) 穿过楼地面和墙面的管道、地漏等是卫生间可能出现渗漏的主要部位。为有效减少此类问题出现，施工时，严格按工艺标准和施工规范进行施工。防水层施工完后，进行第一次蓄水试验，蓄水深度必须高于标准楼地面20mm，24h没有渗漏方为合格，否则根据渗漏具体部位进行修补，渗漏严重时必须全部返工。楼地面面层施工完后，再进行第二次蓄水试验，24h无渗漏为最终合格，填写蓄水检查报告。楼地面经二次蓄水试验并验收合格后，使用时仍然出现渗漏，一般是由于卫生器具排水口管道承插口连接不严密，连接后缺少建筑密封胶密封，或者是未对后装卫生器具的固定螺丝穿透防水层进行处理等造成。[18]

防水工程在建筑施工中属于关键项目和隐蔽工程，是建筑工程施工质量问题防范的重点。随着防水工程的要求不断提高，防水施工技术也需要不断改进。施工人员应掌握先进施工技术，重视学习，在实践中进步。防水施工应着重关注施工过程的难点、防水的薄弱点，不断改进施工设计、管理、操作技术，探寻最有效的防水施工措施。

参考文献

[1] 中华人民共和国住房和城乡建设部. 建筑和市政工程防水通用规范（征求意见稿）[EB/OL]．(2019.02.15) [2021.06.14]．http：//www.mohurd.gov.cn/zqyj/201902/t20190218_239492.html.

[2] 王红朵．刍议建筑工程防水施工技术 [J]．工程技术（文摘版），2016（1）：43.

[3] 李新周．建筑工程防水材料选择及其施工质量控制措施分析 [J]．工程建设与设计，2018（11）：283-285.

[4] 唐家泰．防水材料在建筑工程中的应用探究 [J]．科学大众（科学教育），2016（10）：175.

[5] 郑宇．建筑工程中防水材料的选择策略 [J]．建材与装饰，2016（8）：129-130.

[6] 中华人民共和国住房和城乡建设部．屋面工程技术规范：GB 50345—2012. 北京：中国建筑工业出版社，2012.

[7] 中华人民共和国住房和城乡建设部．地下工程防水技术规范：GB 50108—2008. 北京：中国计划出版社，2008.

[8] 胡骏，瞿培华．地下工程防水与结构同寿命的技术路线 [J]．中国建筑防水，2019（9）：1-5+8.

[9] 张振江，巴图．浅论防水工程在地铁工程中重要性 [J]．铁道工程学报，2003（3）：19-22.

[10] 祝和意．广州地铁车站暗挖隧道防水施工技术 [J]．铁道工程学报，2011，28（1）：80-85.

[11] 胡骏．防水工程设计与选材的一些基本原则 [J]．中国建筑防水，2014（22）：15-22.

[12] 雷永生．西安地铁2号线通过地裂缝的结构及防水设计 [J]．岩土力学，2009，30（S2）：277-282.

[13] 李霞．关于建筑工程防水施工质量的要点分析 [J]．名城绘，2018（8）：222.

[14] 隋翠萍，舒春丽．建筑工程施工中防水施工技术探讨 [J]．工程技术（文摘版），2016（2）：31.

[15] 彭先初．建筑工程防水施工技术［J］．工程技术（全文版），2016（13）：110.
[16] 胡骏，江映，陈金友，郭淼江．地下工程防水抗渗要求与混凝土抗渗问题研究与探讨［J］．中国建筑防水，2012（16）：4-10.
[17] 张亮．建筑工程防水施工的难点及应对策略分析［J］．建筑工程技术与设计，2018（14）：2246.
[18] 张木荣．建筑工程防水施工技术［J］．江西建材，2012（5）：73-74.

第 9 章 防水典型工程案例

9.1 青岛胶州湾隧道结构防水系统

9.1.1 工程概况

青岛胶州湾隧道是连接青岛市主城与辅城的重要通道，线路全长 7120m，其中隧道长 6170m，海底段约 3950m，路基段长 950m。青岛胶州湾海底隧道设两条三车道主隧道和一条服务隧道，主隧道中轴线间距 55m，隧道横断面为椭圆形，纵断面呈“V”形，最大纵坡 3.5%。海域段主隧道埋深一般为 25～35m，采用矿山法施工。为满足紧急情况下人员的逃生与救援需求，上、下行隧道之间在纵向每 200～300m 设行人、消防横通道；为满足紧急情况下隧道内车辆可由一条隧道转入另一条隧道，以尽量减少灾害时的损失，并有利于实施救援，上、下行隧道之间在横向设行车横洞，设置间距为 750～1000m。

工程所处的胶州湾，平均水深 7m，最大水深 65m，其中湾口海域最大水深 42m。据地质报告提供资料，海底大部分无覆盖层，地形起伏较大，基岩为中风化和微风化花岗岩与火山岩，岩石完整性好，Ⅱ、Ⅲ级围岩约占 50%，Ⅳ级围岩约占 43%，其余为Ⅴ级围岩。海域段隧道主要穿过花岗岩、角砾熔岩、凝灰岩、正长斑岩、流纹斑岩等火山岩地层，围岩渗透性差异较大，掌子面出水状况会有很大差别，大部分地段为滴水或线状流水，中等渗透性地段将会出现涌流状出水或喷射状出水。海域及距海较近处的地下水的化学成分与海水相似，在Ⅲ类环境下，对混凝土具有中等结晶分解复合类腐蚀性和弱结晶类腐蚀性，对钢结构具有中等腐蚀性，对钢筋混凝土结构中的钢筋有弱腐蚀性。

采用钻爆法施工的海底隧道与山岭隧道、城市浅埋隧道在防排水方面有许多共通之处。但是由于隧道位于海底岩石下，岩体内存在节理裂隙、断层破碎带、岩层接触面等渗水通道，隧道开挖后，虽然可以采用措施阻止部分渗水，但水头大、水源丰富，海水还是会渗透到支护体系中，海水环境中 Cl^- 和 SO_4^{2-} 对衬砌结构中混凝土和钢筋有严重的腐蚀作用，严重影响结构安全耐久性，增加后期运营、维修费用，因此如何处理海水的渗入是海底隧道设计的关键技术问题之一。

9.1.2 防水总体设计

1. 防水设计思路

1）隧道结构的防水设计采用“以堵为主，限量排放，刚柔结合，多道防线，因地制宜，综合治理”的原则。

2）防水设计形成超前地质预报系统分析前方地质破碎带—超前注浆—初期支护—防水层—二次衬砌防水混凝土的防水系统，重点处理两缝薄弱部位等多道防线。

3）需要排水的地段，采取设排水层、排水管等排放措施，排除注浆后的地下渗水，同时加强检修维护措施保持排水畅通。

4）加强各个环节的自防水能力，加强钢筋混凝土结构的抗裂防渗能力，改善钢筋混凝土结构的工作环境，进一步提高耐久性。

5）不同的围岩段采用不同的防排水方案，不同分区段之间采用分隔防水设计措施，防止局部防水板破坏造成地下水在隧道内的贯通，减少相互影响。

2. 防水标准

根据结构所处的工程环境和使用要求，设计防水标准为一级防水，不允许渗水，结构表面无湿渍。隧道结构采用防水混凝土，其抗渗等级≥P12。

9.1.3 主隧道防水设计

1. 初期支护防渗喷射混凝土设计

初期支护设计采用混凝土强度等级 C30，抗渗等级应大于 P8。为了达到抗海水侵蚀的高性能防渗喷射混凝土要求，在工艺上需要采用湿喷混凝土，除速凝剂外包括水在内的所有骨料组分在送入喷射机前拌合制备完成。喷射混凝土应密实、饱满、表面平顺，喷射混凝土配合比设计重点应放在混凝土和易性上，保证坍落度控制在 8～15cm，并且具有良好的黏聚性等；材料内掺加Ⅰ级低钙粉煤灰、硅粉、磨细矿渣、无碱速凝剂等。保证氯离子扩散系数小于 $3\times10^{-8}cm^2/s$，电通量小于 1500C。

2. 防水层设计

在隧道初期支护与二次衬砌之间设防水卷材和无纺布，采用无钉铺设，每 10m 采用背贴式止水带进行分仓隔断。选用带注浆管及抗老化能力较强、拉伸强度和断裂拉伸率较高的防水卷材，防水板的搭接采用双焊缝焊接工艺，防水板铺挂采用 PVC 垫片焊接固定以保证防水板的施工质量。主隧道限排防水图见图 9-1，全包防水图见图 9-2。

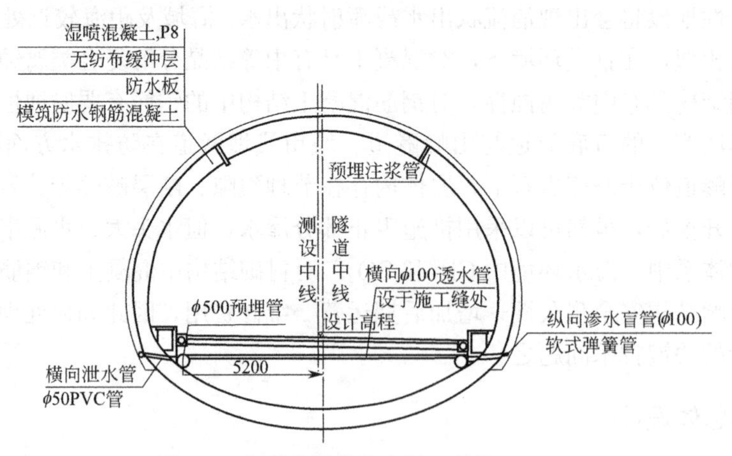

图 9-1 主隧道限排防水图（单位：mm）

3. 防水层背后排水系统设计

1）全封闭排水方案

防水层和初支之间设置无纺布，在二次衬砌和防水层之间的渗漏水通过拱脚的纵向排水管和连接到路面下的横向排水管排出。

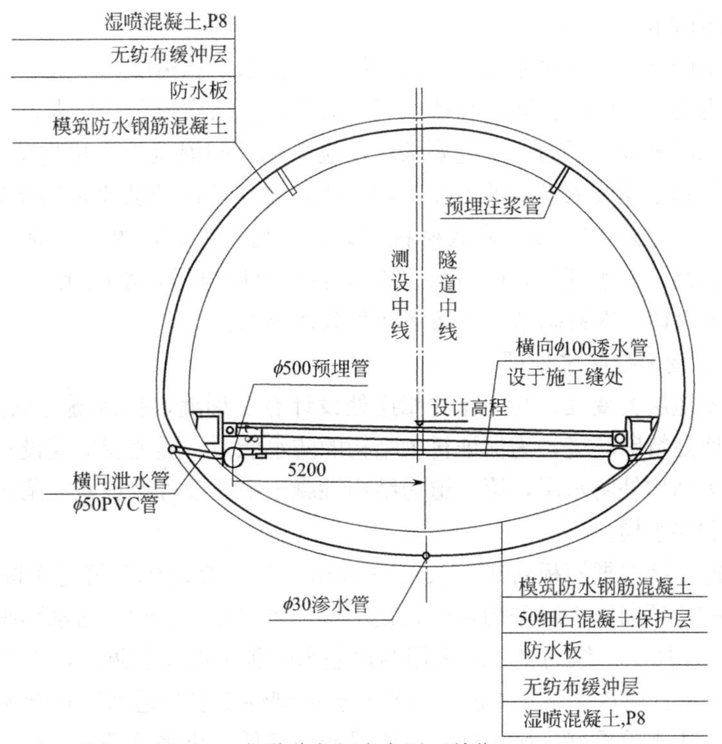

图 9-2　主隧道全包防水图（单位：mm）

2）限量排放方案

根据国内外经验，采用全排方案，从初支渗流的水含有游离石灰结晶物、细菌和泥沙，容易堵塞排水系统，根据这一特点采取如下措施：①保证排水系统的畅通，初支和防水层之间设置面状排水板和凹凸防水板。面状排水材料具有排水通畅、不宜堵塞的特点。②沿隧道两侧边墙纵向设置有符合高压冲洗的力学性能指标的 PVC 纵向排水管，将隧道背后的地下水汇集并通过横向泄水管排到预制排水沟。③隧道在排水过程中，由于地下水含有小颗粒的泥沙，可能引起堵塞，造成衬砌背后水压力的上升。沿隧道纵向每 50m 设置一个检查井，沿两侧交错布置，以满足纵向排水管的维护清洗。纵向排水管检查井如图 9-3 所示。

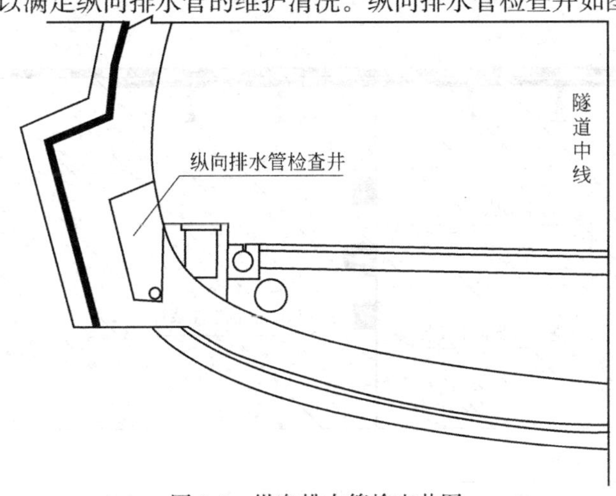

图 9-3　纵向排水管检查井图

4. 二次衬砌结构防水设计

虽然有完整的排水和防水系统，但限于施工工艺水平和精度，二次衬砌作为最后一道防水屏障，考虑要有较强的自防水功能，满足海水环境结构耐久性要求，保证隧道的运营安全。二次衬砌混凝土除了施工工艺要求，还应严格控制混凝土入模坍落度和入模温度，以减小温差收缩和干燥收缩带来的不良影响（浇筑耐久性高的防水混凝土除外），防水混凝土抗渗等级要求达到 P12 级。采取材料掺磨细矿粉、Ⅰ级粉煤灰、混凝土抗裂防水剂（复合膨胀剂）、高效减水剂等，砂石料用无碱-骨料反应材料，水胶比≤0.34，保护层为70mm 等措施来保证二次衬砌结构的防水和耐久性要求。

5. 施工缝、变形缝防水处理

隧道洞口及地层突变处、与工作井相连处设计有变形缝，控制隧道纵向不均匀沉降。由于海底隧道所处特殊环境，为保证衬砌结构的防水能力，隧道变形缝设三道防水线进行防水。第一道为结构外防水层，第二道为结构混凝土中埋设可维护式注浆止水带，第三道为后装止水带和接水槽。

隧道环向施工缝根据模板台车的长度每 10m 一道，纵向施工缝每个断面两道，设置在拱墙下部。隧道环向施工缝采用背贴式止水带+多次性注浆管+遇水膨胀止水胶条的防水方式，如图 9-4 所示。纵向施工缝采用两道遇水膨胀止水胶条防水，中间设置多次性注浆管如图 9-5 所示。遇水膨胀止水胶条具有橡胶的弹性止水和遇水后自身体积膨胀止水的双重止水性能，止水效果好，耐久性强，质量变化率低。止水胶条直接在混凝土基面上连续均匀设置，断面尺寸 8mm×15mm，与混凝土边缘的距离不小于 10cm。多次性注浆管预埋在施工缝表面，一旦出现渗漏可立刻注浆，使注浆液填满和密封空隙或裂缝，随渗漏随注浆，采用高压水冲洗或真空泵吸净，可反复多次注浆。

为保证初期支护和二次衬砌之间的密贴，解决初期支护和二次衬砌之间空隙的问题，要求采用刚度较大的模板台车，通过提高泵送混凝土压力以保证拱顶回填密实，提高二次衬砌结构的抗水压能力。

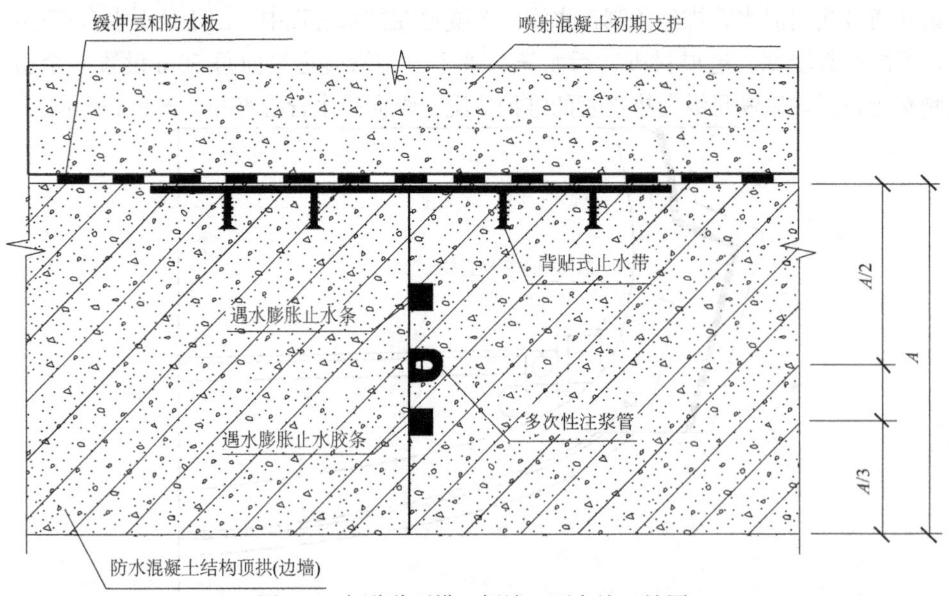

图 9-4 主隧道顶拱（侧墙）环向施工缝图

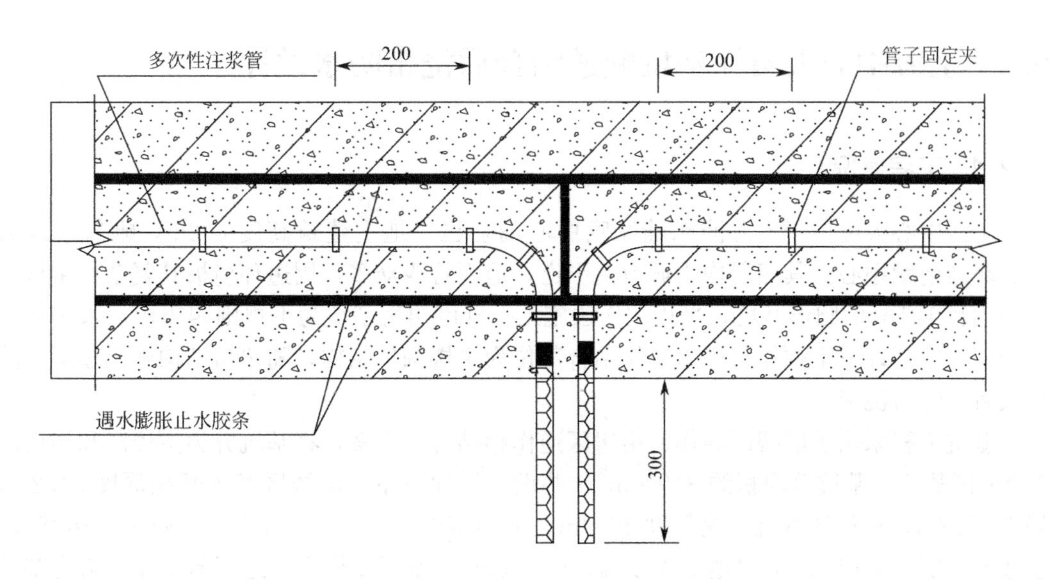

图 9-5　多次性注浆管安装平面图（单位：mm）

6. 防水隔离带的设计

断层破碎带两端的好围岩段沿隧道周圈作为一个防水区，隔断隧道纵向窜水。具体方案是：凿除初支 1～2m 宽深入基岩中，注浆加固此区段，处理基面后将防水层贴在基面上，然后模筑二次衬砌，防水板与主体隧道防水层连接。待混凝土达到设计强度后向基面预留注浆孔压浆。

7. 排水设计

1）施工期间排水：施工期间隧道内产生的水主要为围岩渗水和施工用水，要求根据实际施工情况设置集水坑，并进行逐级抽水。在结构底部做纵向临时排水沟，将积水集中排出。

2）运营期间排水：运营期间隧道内的主要水来源为围岩水、清洗用水和消防用水。结构渗水由纵向排水管、横向泄水管和预制排水沟组成的排水系统汇集，然后通过路面下方的 500mm 预制排水沟汇入洞内最低处设置的废水池，用水泵抽入洞端集水池，最后直接排入大海。路面冲洗水，通过道路两侧排水沟汇集到排水池，排入市政废水沟内。

9.1.4　案例小结

采用注浆堵水控制海水的渗透量，针对不同地质、地段，结构防排水根据渗透量采用全排和全包防水，可同时减少排水费用和结构承受的水荷载。在以排水为主的地段采用合适的措施保证排水系统的畅通；在以防水为主的地段采用合适的措施保证结构的严密；对于海水环境的腐蚀，采用防腐措施等以保证结构耐久性。本案例对水下隧道结构防排水具有参考意义。胶州湾隧道于 2009 年全线贯通，至今未发生渗漏现象，本案例对水下隧道结构防排水具有参考价值[1-2]。

9.2 上海中心大厦深基坑顺逆结合后浇带防水设计

9.2.1 工程概况

上海中心大厦位于上海浦东陆家嘴中心商业区，地上建筑高度632m，毗邻金茂大厦、环球金融中心。其四周均为城市主干道，地下管线众多，周边环境极其复杂。主楼基坑为内径121m的圆形基坑，采用顺作法施工；外围裙房基坑为不规则四边形，采用逆作法施工。主楼地下室顺作与裙房逆作结合部位为主楼围护结构，随裙房结构施工逐层拆除后设置沉降后浇带。

基坑工程采用了塔楼区顺作、裙房区逆作相结合的方案，将基坑分为主楼区和裙房区2个分区基坑。基坑总面积约34960m^2，共设5层地下室，塔楼区基坑开挖深度31.2m，局部33.2m；裙房区基坑开挖深度26.7m。主楼结构出±0.000后再逆作施工裙房基坑。主楼基坑围护采用1.2m厚地下连续墙，墙深50m，水平支撑为6道环形支撑；裙房基坑围护采用1.2m厚“两墙合一”地下连续墙，墙深48m，利用结构梁板兼作支撑。裙房与主楼在首层及首层以下不设缝，在首层以上设置永久性的抗震缝；在施工阶段，沿主楼的周边布置后浇带减小主楼与裙房差异沉降。该后浇带设置条件复杂，超长且埋深大，受地下水影响大；同时，后浇带分布范围广，不但包含水平梁板，尚有劲性混凝土柱、车道板等竖向构件，节点处理复杂，施工质量要求高。

本工程深度27m以上分布有粉质黏土、黏土及淤泥质黏土为主的饱和软土层，具有高含水率、高灵敏度、低强度、高压缩性等不良地质特点。场地地表下27m处分布⑦层砂性土为第一承压含水层，⑨层砂性土为第二承压含水层，两层互相连通，水量补给丰富。

9.2.2 后浇带设置

本工程在顺逆结合部位利用主楼围护结构设置1条宽2.5～3m后浇带，与在地下连续墙接缝处设置沉降后浇带的常规做法相比，在一定程度上降低了施工风险。裙房地下室逆作以各层楼板梁结构作为基坑开挖阶段的水平支撑系统，而设置在楼板处的后浇带将水平支撑系统一分为二，使得水平力无法传递。因此，必须采取措施解决后浇带位置的水平传力问题，故在B0～B4层采用临时楼板作为换撑，B5层后浇带东、西、北三侧采用40号型钢作为换撑，型钢的抗弯刚度相对于混凝土梁的抗弯刚度要小得多，因此不会约束后浇带两侧底板的自由沉降。同时，考虑到南侧设有停车库地下车道，且后浇带区域距离主楼巨型柱较近，故采用2m宽钢筋混凝土板带作为换撑，中心间距4m。后浇带范围内共涉及混凝土框架柱21个、劲性柱2个，换撑汇总如表9-1所示。

后浇带内换撑汇总 **表9-1**

楼层	B0	B1	B2	B3	B4	B5
结构板厚(mm)	250	180	190	180	200	1600
换撑板厚(mm)	200	180	190,160	180	200	300

9.2.3 后浇带防水设计

1. 防水节点设计

后浇带封闭前防渗漏预控是保证建筑物使用功能的决定性因素。在 B0～B5 层后浇带施工过程中，均采取了相应的防渗漏措施。以 B5 层为例，底板后浇带处防水具体做法如下：

1）后浇带部位开挖至设计标高，注浆施工完成第 6 道环撑接口处堵漏，墙顶回填砂后，增加第 6 道环撑处 800mm 宽膨润土防水毯预铺。

2）300mm 厚垫层浇捣，环撑处增厚至 400mm，垫层面 2mm 厚水泥基防水涂料及巴斯夫 S400 乳液粘贴麻袋布保护层，其上铺设 800mm 宽膨润土防水毯。

3）防水毯上铺设 500mm 宽外贴式橡胶止水带并固定，收口处聚乙烯塑料棒填充，第 6 道环撑处增加 2 条遇水膨胀止水条（20mm×25mm）和 1 条预埋式多次注浆管。

4）超前止水带浇筑混凝土时，从橡胶止水带两侧同时下料，经充分振捣后覆盖保湿养护 14d 以上，采用 40mm 厚聚硫密封膏收口密封。

5）超前止水带平面增设 2 条止水条，后浇带两侧各增设 2 条止水条及 1 条预埋式多次注浆管。

6）后浇带自防水混凝土采用强度等级提高一级的收缩补偿混凝土，振捣时对后浇带彻底清理并加强对止水钢板下方混凝土密实性的控制，浇捣完成后表面涂刷 1mm 厚水泥基渗透结晶型防水涂料。

2. 注浆防渗

B5 层后浇带内壁垂直方向已设置钢板止水带及膨胀止水条，为了预防后浇带现浇大体积混凝土与原结构存在渗流通道引发底板渗漏水，增加了预埋式多次全断面注浆管注浆措施。施工工艺流程为：基面清理→埋设注浆管→后浇带混凝土浇筑→压水检查→化学灌浆。

1）埋设注浆管

沿 B5 层后浇带内壁两侧分段埋设高压灌注管，预设位置位于底板完成面以下 250mm 处，将两侧端部留置在混凝土表面以外，采用专用固定件固定，便于后续灌浆。

2）后浇带混凝土浇筑

待后浇带内部垃圾及积水清理完成，预留钢筋按设计及规范要求进行恢复后，便可进行后浇带混凝土浇筑。

3）压水检查

逐个对预埋高压灌注管压入清水和压缩空气，将缝内的杂物冲洗干净。

4）化学灌浆

采用亲水型聚氨酯发泡止水材料，与砂完全混合固化，形成一胶质弹性体，与水作用后，迅速膨胀堵塞其裂缝，达到止水目的。

9.2.4 案例小结

后浇带的渗漏防治是保证建筑物使用功能的决定性因素。上海中心大厦地下室顺逆结合部位后浇带处采取了多种渗漏防治措施，包括涂刷水泥基防水涂料、预铺膨润土防水毯、设置钢板止水带及膨胀止水条、采用高强度等级的补偿收缩混凝土等[3]。科学合理的防水设计和施工工艺，有效保障了后浇带部位的渗漏防治效果。

9.3 上海国际金融中心地下防水工程预铺反粘施工

9.3.1 工程概况

上海国际金融中心项目位于上海市浦东新区世纪大道，占据陆家嘴金融城东扩第一排的重要位置，由“品”字形布置的3幢独立超高层办公楼组成，面向杨高南路，由南向北分别为上海证券交易所大厦、中国金融期货交易所大厦和中国证券登记结算有限责任公司大厦。3座塔楼在空中构成“金融之门”，向世纪广场敞开。

项目总用地面积约5.5万m^2，总建筑面积约52万m^2，包括甲级写字楼、酒店、公寓及商场的综合大楼，其中地上建筑面积约27万m^2，建设高度为143～200m，地下共5层，建筑面积约25万m^2；项目地下一、二层为商业、餐饮，地下三至五层为停车库和设备用房。

该项目地下工程防水包括地下室底板、侧墙、顶板等部分，不同部位的防水设计及施工根据各部位的特点亦有不同。

9.3.2 地下防水设计

基于该工程的重要性，地下室防水等级设计为Ⅰ级，采取结构自防水与柔性防水相结合的方式。主体结构自防水采用抗渗等级≥P10的钢筋混凝土，柔性防水采取防水卷材与防水涂料结合使用。该工程地下室底板，在主体结构采用自防水钢筋混凝土的基础上，附加1.2mm厚非沥青基高分子自粘胶膜防水卷材外防、水泥基渗透结晶型防水涂料内防，基础底板内侧设置疏排水层，以提高防水系统整体的安全性。地下室侧墙为“两墙合一”结构，以单层地下连续墙作为工程墙体，连续墙采用P12自防水混凝土，防水层采用水泥基渗透结晶型防水涂料内防以提高连续墙的抗渗性能，同时设置排水空腔，并辅以混凝土砌块砖内衬墙施工聚合物水泥防水砂浆，以达到防潮的目的。

地下室顶板防水设计为自防水混凝土结构层上采用聚合物水泥防水涂料作隔气层，上附交叉层压膜自粘防水卷材的做法。

9.3.3 主要防水材料及工艺

项目设计采用的高密度聚乙烯自粘胶膜防水卷材及其预铺反粘技术，是近年来国内地下及地铁工程中广泛推广使用的防水材料及防水技术。

1. 高分子自粘胶膜防水卷材

《地下工程防水技术规范》GB 50108—2008中对高分子自粘胶膜防水卷材有明确的定义：该材料是在一定厚度的高密度聚乙烯膜上涂覆高分子胶料复合制成的自粘防水卷材，用于预铺反粘法施工。由此可知，该材料基本构造为：HDPE主防水层、高分子自粘胶层、弹性涂膜保护层/反粘结层、隔离膜。防水层厚度的选取参考本书5.2.4节。

2. 预铺反粘技术

高密度聚乙烯自粘胶膜防水卷材采用预铺反粘的施工工艺，即先铺设防水卷材，卷材的自粘面朝上，然后在卷材的自粘层表面浇筑混凝土结构，卷材自粘面与后期浇筑、凝固的混凝土结构形成紧密附着粘结的效果。预铺反粘防水技术解决了传统卷材作为保护层而无法与结构底板满粘带来的窜水隐患，同时因与结构紧密粘贴可使卷材与结构沉降变形保持一致。

本工程采用预铺反粘技术的优点：

1）高分子自粘胶膜防水卷材预铺反粘工艺对基层要求不高，只需要基本表面处理，当混凝土基层达到可上人强度后即可。卷材与基层空铺，单面与后浇结构混凝土粘结，避免了双面粘结的防水卷材受到两面粘结力限制，因后期沉降造成撕裂破坏。

2）卷材的高密度聚乙烯主防水层通过塑性的高分子自粘胶层、反粘结层与混凝土结构附着在一起。当防水层受到外界力作用时，因高分子自粘胶层的塑性特征，主防水层可在凝胶层内发生相对位移变形，从而发挥出主防水层的高强度、耐硌破、耐撕裂等性能。且当混凝土结构内部发生温度裂缝、应力裂缝、结构变形裂缝等形变时，自粘胶层能够产生塑性位移变形，以消除结构裂缝的反射损伤，提高防水系统整体安全性能。

3）预铺反粘工艺使卷材自粘层与结构层永久性地粘结为一体，无窜水隐患。当主体卷材破损后，自粘胶层能抵抗外界水的浸润作用且能把水限制在破损区域，使混凝土接触外界水的面积尽可能小，减小水渗入结构的可能性，且易于寻找渗漏点进行维修。

4）高分子自粘胶膜防水卷材主防水层采用的高密度聚乙烯，赋予卷材优异的物理力学性能，更具抗穿刺、抗硌破的性能特征，因此卷材施工后无需做保护层，可直接上人施工，使防水工程的整体工效提高，并间接优化工期。

5）卷材的弹性薄涂层，在撕掉隔离膜后，满足上人施工不黏脚的同时，还兼具耐紫外线、耐候作用。因项目底板钢筋绑扎多为分段施工，段与段连接处的卷材可能外露间隔时间较长，材料表面均匀、致密的耐候涂层可有效屏蔽空气中的氧气，保护压敏胶内不饱和键，减缓老化速度，确保与后浇筑的混凝土结合得更为牢固。

9.3.4 预铺反粘施工工艺

1. 卷材施工流程

清理基层→卷材试铺→桩头、阴阳角等节点部位处理→检查验收→大面铺设高分子自粘胶膜防水卷材（空铺）→卷材搭接处理（长边自粘搭接，短边专用搭接胶带粘接、搭接处增贴专用盖口条）→揭掉卷材隔离膜→检查验收→绑扎钢筋→浇筑混凝土。

2. 施工要点

（1）卷材铺设及搭接处理

高分子自粘胶膜防水卷材自粘面朝上展开平铺，与弹线对齐，卷材铺设平整、顺直。卷材长边搭接宽度 70mm，施工中确保搭接区干净、干燥，辊压搭接边以保证搭接边的良好粘接。短边采用专用搭接胶带，搭接宽度≥80mm，搭接处增贴专用盖口条。现场施工中，长短边搭接处应充分辊压密实。

（2）桩头节点处理

清除桩顶表面酥松的混凝土并用水清洗干净，涂刷 1mm 厚水泥基渗透结晶型防水涂料，涂刷范围为桩周边 300mm。然后涂刷 2.5mm 厚单组分聚氨酯防水涂料，待最后一遍涂刷时，铺贴高分子自粘胶膜防水卷材，卷材铺贴至桩头根部。桩头钢筋根部采用金属丝绑扎遇水膨胀止水条。图 9-6 为桩头施工现场。

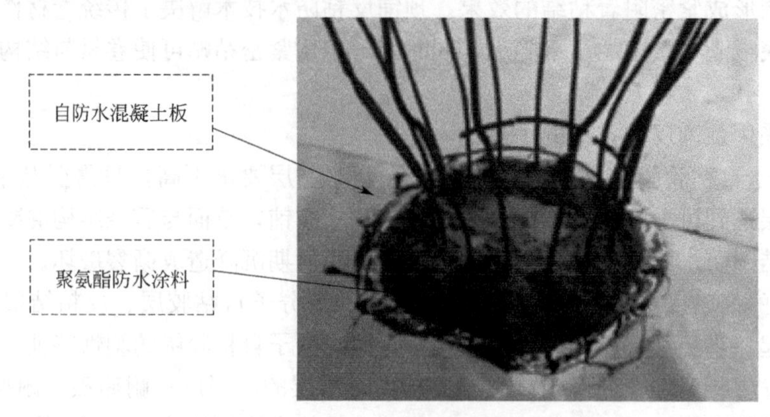

图 9-6 桩头施工现场

(3) 底板与侧墙交接处做法

地下室连续墙与底板连接部位，因存在大量钢筋与底板钢筋接驳，此部位难以做到防水卷材上翻收头，因此该部位需下挖一定深度，然后再将卷材上翻收头，并辅以水泥基渗透结晶防水涂料及无胎自粘卷材辅助附加粘贴处理。地墙表面处理后，分两层涂刷 1mm 厚水泥基渗透结晶型防水涂料，基础底板高分子自粘胶膜防水卷材层上翻至地墙侧面 100mm 高，并用防水密封胶密封处理。

(4) 后浇带防水处理

在阴阳角、底板高低差斜面、后浇带等部位增设 1.5mm 厚无胎自粘改性沥青防水卷材一道，自粘卷材铺贴宽度应超出阴阳角边或施工缝水平外延 500mm。

(5) 成品保护

高分子自粘胶膜防水卷材虽具有高强度、耐穿刺、耐硌破等优异的材质特性，但卷材被破坏的现象仍较常见，因此施工后必须重视成品保护。

1) 卷材施工过程中工人需穿软底鞋，经常走人的地方要采取铺跳板、盖草袋等临时保护措施。卷材防水层施工完毕后，应尽快安排验收，尽快进行钢筋绑扎施工，并在后续施工中持续检查，对损坏部位及时修补。

2) 钢筋在现场绑扎及拖拽过程中，因钢筋头为机械切割，较锋利，易使卷材表面因钢筋头反复碰触造成穿刺破坏。现场施工中钢筋头部应用模板垫置，避免形成不易察觉的隐形破坏。

3) 底板钢筋绑扎焊接过程中，因垫板搁置保护现场，实际使用后模板很难抽出，会造成卷材的二次损伤，可将卷材表面适当洒水，避免焊点崩落飞溅，烫伤卷材表面。

9.3.5 案例小结

本工程在采用混凝土自防水的基础上，采取了预铺反粘高分子自粘胶膜防水卷材外防，辅以渗透结晶型防水涂料内防的做法。项目经过完善地防水设计、可靠地施工、妥善地成品保护及严格地施工管理，最终实现了可靠的防水效果（项目完成 11 年后仍保持良好防水效果），并缩短了工期，节省了成本，更具有施工环保等优点。在地下工程中，在结构自防水体系的基础上，附加柔性外防水以完善整体的防水性能是一种很好的防水思路。而预铺反粘防水系统，因其特有的防水机理及施工工艺，使防水系统的可靠性大幅提高，已在上海国际金融中心、上海科技大学、苏州博览中心三期等多个国家重点工程中得到成功应用[4]。

9.4　北京奥体文化商务园地下空间种植顶板防水设计与施工

9.4.1　工程概况

北京奥体文化商务园位于朝阳区奥体中心南侧的北四环路内，地上总面积 144 万 m^2，定位为“人文北京、科技北京、绿色北京”建设的首都先锋示范区。该地下空间为地下三层环廊，实现了建筑空间、地下交通、综合管廊系统的有机结合，通行车辆被引入地下，实现人车分流、净化地面交通，为市民增添了地面绿色出行环境。同时利用城市绿地建设地下休闲娱乐区，地下空间顶板平台打造城市绿地和综合景观。因此，该项目种植顶板防水系统必须为地下空间的使用提供防水安全保障。

9.4.2　种植顶板设计

1. 防水构造设计

奥体文化商务园地下空间顶板平面面积约 7 万 m^2，主要为种植顶板，防水材料选用 3mm＋4mm 厚 SBS 改性沥青防水卷材和 4mm 厚 SBS 改性沥青耐根穿刺防水卷材。耐根穿刺防水层和普通防水层分离设置，普通防水层叠合设置。为保证防水层与基面粘结牢固，对基面进行抛丸去除浮浆处理，再厚涂专用基层处理剂，保证普通防水层的粘结效果。该种植顶板结构跨度大，防水等级要求高。

2. 种植顶板构造设计特点

1）地下工程顶板混凝土结构基层在浇筑过程中，不可避免地存在浮浆，难以用扫帚或吹风机去除。为保证防水层与混凝土结构基层更好的粘结，对混凝土结构基层进行机械抛丸处理，彻底清除混凝土养护不足等形成的软弱表面，为防水层提供一个稳定的粘结基面。

2）顶板基层不找坡、不找平，基层进行处理后，在顶板结构基面直接厚喷涂（局部厚刮涂）一道专用基层处理剂。基层处理剂与混凝土具有较高的粘结力，能够渗透到混凝土表层的凹隙、微细缝隙和孔隙中，增强混凝土的抗渗性能，提高热熔 SBS 改性沥青防水卷材的粘结效果。

3）两道 SBS 改性沥青防水卷材熔合为一体，抗拉强度成倍增长，能更好地抵御结构变形对防水层的破坏；两道卷材搭接缝采用热熔焊接，搭接缝与卷材同步老化，热接缝可靠耐久；SBS 改性沥青卷材热熔处理能够得到足够的熔融改性沥青填充混凝土表面凹隙，从而获得无间隙刚柔复合的防水体系；SBS 改性沥青耐根穿刺防水卷材与 SBS 改性沥青防水卷材普通防水层分离设置，更好地保证防水与耐植物根系穿刺效果。

3. SBS 改性沥青耐根穿刺防水卷材的性能特点

SBS 改性沥青耐根穿刺防水卷材具有防水和阻止植物根系穿透的双重功能。其改性沥青涂层中添加了化学阻根剂，能够控制防水层附近的根系对养分和水分的吸收，从而抑制局部根系的进一步生长；此外，阻根剂只需和沥青混合，不会由于加工过程中的高温而挥发，也不会随时间的推移而向土壤快速迁移，具有高效、持续性强等特点。

9.4.3 防水施工工艺

1. 基层抛丸施工

1）抛丸度及抛丸机行走速度视现场混凝土表面质量、混凝土抛丸处理效果确定，本项目为中度抛丸。

2）提前暴露混凝土缺陷，有利于做好缺陷的修补。基层抛丸时要做到：①表面粗糙均匀，不破坏原基面结构和平整度；②干净彻底地去除表面浮浆和起砂层，得到粗糙、均匀、干净的表面；③完全打开混凝土表面的毛细孔，使基层处理剂或防水涂料完全渗入混凝土，形成良好的封闭和粘结效果。

2. SBS 改性沥青防水卷材施工

1）基层清理、材料码放：用扫帚或吹风机将基层的浮灰及建筑垃圾清理干净，达到基层坚实、平整、干净、干燥的施工条件，材料预先码放于施工基面上，要求横平竖直。

2）涂刷基层处理剂：在已经处理好的基层上均匀厚喷涂沥青基层处理剂，保证均匀、不露底，干燥后及时进行防水层施工。

3）细部节点处理：在两面转角、三面阴阳角等部位进行 500mm 宽的防水加强处理，加强层卷材与基面粘结要求无空鼓，并压实铺牢。

4）弹线定位：在已处理好的干燥基面上，按照所选防水卷材宽度，留出搭接缝尺寸（长短边均为 100mm），弹好铺设卷材的基准线，以此基线进行卷材的铺贴施工。

5）铺设大面卷材：卷材进行热熔铺设时，持火焰加热器对着待铺的整幅卷材，至卷材底面胶层呈黑色光泽并伴有微泡，及时推滚卷材进行粘铺，随后一人施行排气压实工序。铺贴后卷材应平整、顺直，搭接尺寸正确，不得扭曲，卷材接缝宽度长短边均为 100mm。第 1 道防水卷材铺设完毕后，弹线铺设第 2 道卷材，上下两层卷材不能垂直铺设，且上下两层及同层相邻两幅卷材的短向搭接缝错缝应不小于 1/3 卷材幅宽。

6）接缝处理：用喷灯充分烘烤搭接边的上层卷材底面与下层卷材上表面的沥青涂盖层，保证搭接处卷材间的沥青熔合密实，用从边端溢出的熔融沥青封边，形成宽度均匀的沥青封边条。

7）检查验收：铺设卷材时边铺边检查，用螺丝刀检查接口，发现熔焊不实之处及时修补，不留任何隐患，检查合格且进行试水试验后，方可报请验收。

3. 细部节点加强处理

1）侧墙与种植顶板交接部位

普通防水层和耐根穿刺防水层在转角部位均设置防水加强层，宽度不小于 500mm，搭接宽度≥150mm。

2）凸出构筑物与种植顶板交接处

普通防水层和耐根穿刺防水层在凸出构筑物部位均设置防水加强层，宽度不小于 500mm，搭接宽度≥250mm。两种防水层之间在立面部位满粘，收口部位用金属压条固定、密封胶密封。

9.4.4 案例小结

北京奥体文化商务园地下空间种植顶板采用两道SBS改性沥青防水卷材普通防水层与SBS改性沥青耐根穿刺防水卷材分离设置组合而成的种植顶板防水系统。两道普通防水层在抛丸后的基层与结构顶板基面热熔满粘，具有施工效率高、防水效果持久等优点，有效保证了地下工程种植顶板的防水安全[5]。

9.5 中国卫星通信大厦地下车库防水施工技术

9.5.1 工程概况

中国卫星通信大厦位于北京市海淀区中关村商业圈，属科研办公工程楼群。大厦总共23层、高99m，设有4层地下车库、深22m，建筑面积为9.68万m^2，整栋大厦具备办公商业一体化功能。作为区域的地标性建筑，项目各方面要求相对较高，从建、管、营全方位打造成高端商务写字楼，获得了建筑行业“长城杯”殊荣。

项目地下工程基坑较深、地下水位较高，局部有积水、不易干燥，整个工程桩头、后浇带等较多，且项目大、工期紧、周边建筑物较多，这给防水工作提出了较大考验。

9.5.2 防水设计

本工程地下车库防水设计等级为一级，根据工程现场情况和防水要求，采用抗渗混凝土自防水再附加防水层的做法。自防水混凝土抗渗等级P8，外包两道1.5mm厚CPS-CL反应粘结型高分子防水卷材，做法见表9-2。地下车库整体防水构造见图9-7。

防水施工做法 表9-2

部位	防水形式
工程底板基础垫层	空铺+干粘的方式施工两道反应粘结型卷材
侧墙与顶板	湿铺+干粘的方式施工两道反应粘结型卷材
节点部位	铺设卷材加强层及设置CPS节点密封膏密封

9.5.3 施工工艺

1. 地下室底板

(1) 下层卷材空铺

1) 清理基面：用铁铲、扫帚等工具清除底板基面上的杂物，保持基面平整、坚固，无明显积水。

2) 弹线定位：根据现场状况，确定卷材铺贴方向，在基层上弹出基线，基线之间的距离为一幅卷材宽度（即1000mm），并留出不少于80mm搭接缝尺寸，依次弹出，以便按此基准线进行卷材试铺。

3) 空铺卷材：先按基线铺好第1幅卷材，再铺设第2幅，然后揭开两幅卷材搭接部位的隔离膜，将卷材干粘搭接。铺贴卷材时，应随时注意与基线对齐，以免出现偏差难以纠正；卷材长、短边搭接采用干粘搭接，卷材端部搭接区应相互错开。

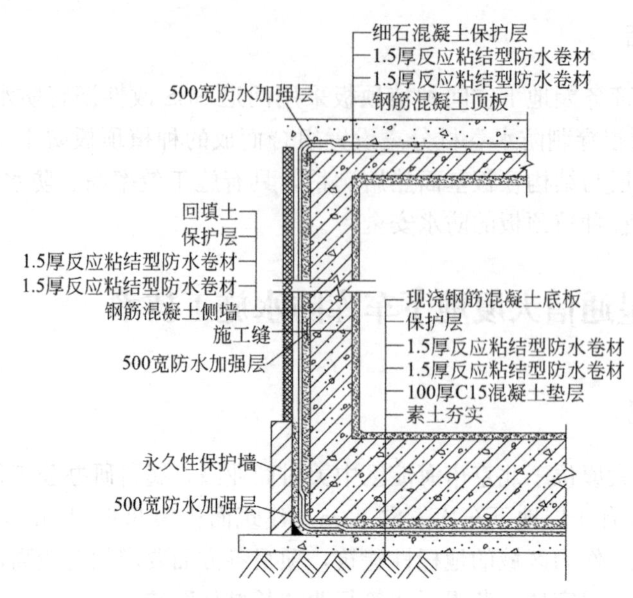

图 9-7 地下车库整体防水构造（单位：mm）

4）搭接、收边：卷材搭接宽度不少于 80mm，相邻两幅的搭接应错开卷材幅宽 1/3 以上，环境温度较低时可使用热风枪对搭接部位进行加温助粘。

（2）上层卷材干粘

1）清理、定位：先将已铺设好的下层卷材表面的灰尘、垃圾等清理干净，然后摊开第 2 道卷材，以下层卷材搭接边为铺设基线，长短边搭接缝应错开不小于卷材幅宽的 1/3。量取错开距离后，在卷材四周做好铺设定位标记。

2）揭膜：用裁刀沿防水卷材四周，轻轻划开下层卷材隔离膜。将防水卷材一端抬起、翻转对折；用裁纸刀沿卷材对折线及下层卷材中心线，轻轻划开隔离膜，分别揭去上下两层卷材表面的隔离膜。

3）干粘卷材：在对折处放入卷材纸筒，向前滚动纸筒，将防水卷材平整地粘贴于下层卷材上，然后使用刮板赶压排气，使两道卷材相互粘贴牢固。

4）铺设下一幅卷材：将卷材对齐基线铺设下一幅卷材，保证卷材搭接尺寸可靠，铺设方法与上一幅相同。卷材长短边搭接宽度不少于 80mm，相邻两幅的短边搭接缝应错开卷材幅宽 1/3 以上。

5）成品养护：防水卷材铺设完毕后，应及时做保护层，避免长时间暴露。浇筑保护层时，先撕去卷材表面隔离膜（永久保护墙甩槎部分除外）；高温情况下，为防止黏脚，可洒水或水泥做临时隔离。

2. 地下室侧墙、顶板

（1）下层卷材湿铺

1）基层处理：铲除基层表面的凸出物，砂眼、孔洞用高强度等级聚合物砂浆修补，保证基层坚固、平整、无起沙、空鼓和开裂，并对基面洒水润湿。

2）水泥素浆的配制：按照水泥：水＝2：1（质量比），将水倒入已备好的搅拌桶，再将水泥放入水中，浸泡 15～20 min 并充分浸透后，用电动搅拌器搅拌均匀成腻子状即可使用；高温天气或较干燥基面可加入水泥用量1‰～4‰的建筑胶粉拌匀后使用。

3）刮涂水泥素浆：基面刮涂水泥素浆时应注意压实、抹平，宽度比卷材的长、短边各宽出100mm，厚度视基层平整情况而定，一般为1.5～2.5mm，过薄达不到最优粘结效果，过厚则水泥素浆堆积易开裂。

4）铺设卷材：抬起涂满水泥素浆的卷材一端，铺设于基层上，用刮板从中间向两边刮压排出空气，将刮压排出的水泥素浆回刮封边；卷材另一端按相同方法进行铺设处理。

5）铺设下一道卷材：将卷材对齐基准线，保证卷材搭接尺寸可靠，铺设方法与上一幅相同。铺设时应注意：①长、短边搭接：把上下层防水卷材短边搭接处的隔离膜撕掉，刮涂水泥素浆铺贴接边；②搭接宽度：卷材长短边搭接宽度不少80 mm，相邻两幅的短边搭接缝应错开卷材幅宽1/3以上。

（2）上层卷材干粘

侧墙、顶板上层卷材干粘工艺基本与底板上层卷材一样，并注意保护层的施工、各细部节点的密封处理。

9.5.4　节点处理

1. 永久性保护墙

底板与永久性保护墙交角（图9-8）：铺设500mm宽双面粘卷材加强层，从底面折向立面的卷材与保护墙的接触部位采用空铺法施工。底板永久性保护墙砖模顶部甩200mm宽卷材空铺，第2道立面干粘后甩300mm宽卷材空铺，预留立面接槎，在施工时做好可靠保护措施防止后续施工破坏或掩埋预留接槎，并在后续施工前用泡沫板或木板铺盖预留接槎的卷材，保护卷材不受破坏。

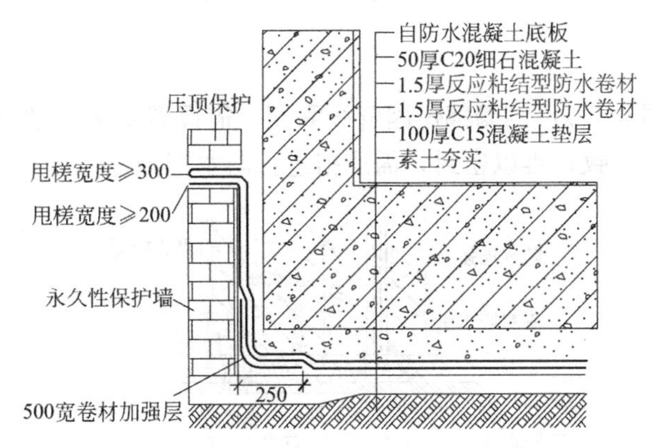

图9-8　底板与侧墙交角防水做法（单位：mm）

2. 底板后浇带

底板后浇带（图9-9）：为防止现浇钢筋混凝土结构由于温度、收缩不均可能产生的有害裂缝，按照设计或施工规范要求，在相应位置留设后浇带，将结构暂时划分为若干部分，使构件内部收缩基本完成，在28d后再浇捣该后浇带混凝土，将结构连成整体。

3. 变形缝

变形缝（图9-10）：在基层大面积预铺完卷材后，再在变形缝处增一层1000mm宽反

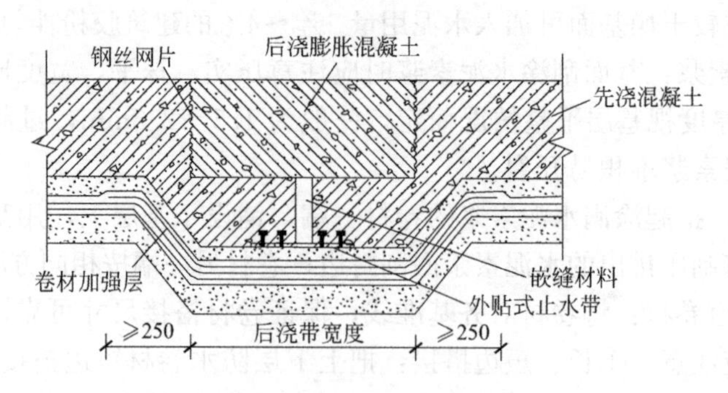

图 9-9　底板后浇带防水做法（单位：mm）

应粘结型卷材加强层，对应部位设置圆条状泡沫塑料棒，以保证卷材有足够预留长度抵抗底板变形破坏。

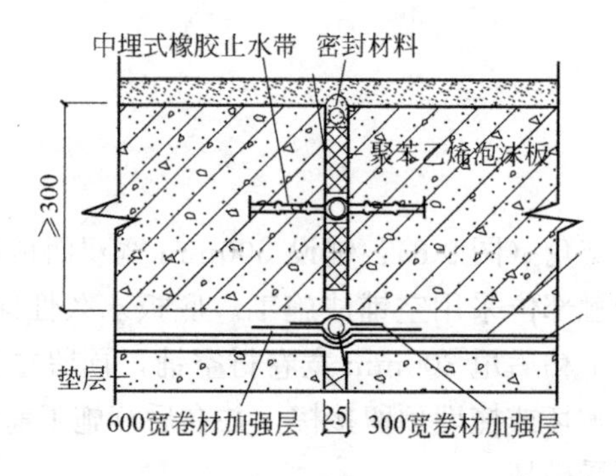

图 9-10　变形缝防水做法（单位：mm）

4. 侧墙穿墙管

侧墙穿墙管（图 9-11）：侧墙部位因管线需要，需设置众多穿墙管，穿墙管与混凝土材质、膨胀系数等不一致，难以密封，需严格进行防水把控。

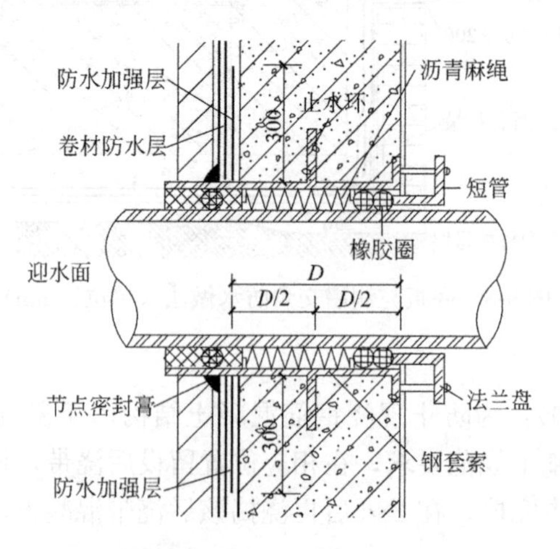

图 9-11　侧墙穿墙管防水做法（单位：mm）

9.5.5 案例小结

中国卫星通信大厦地下车库工采用反应粘结型卷材、节点密封膏，与自防水混凝土形成刚柔并济的防水效果，确保防水工程达到一级设防要求。本项目经监理及总包方验收一次达标，后期回访、检查良好，未出现渗水隐患[6]。

9.6　杭州国际博览中心种植屋面防水

9.6.1　工程概况

杭州国际博览中心总建筑面积 85 万 m^2，该工程的一大亮点是拥有近 7 万 m^2 的屋顶花园。杭州国际博览中心屋面为钢混结构，下层为压型钢板，在压型钢板上浇筑混凝土，坡度为 2%，屋面设计恒荷载 10kN/m^2（含覆土、水系及绿化），活荷载 3kN/m^2。屋顶花园的防水构造层次见图 9-12。

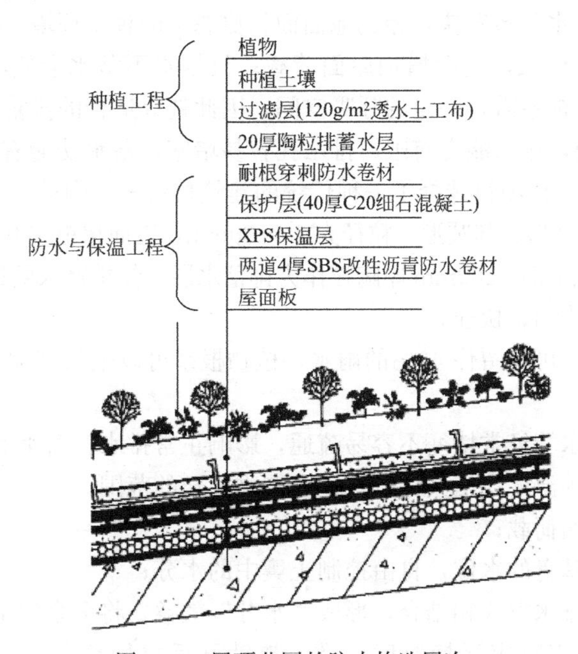

图 9-12　屋顶花园的防水构造层次

9.6.2　关键技术

1. 防水阻根技术

该屋面设计为花园式种植屋面，具有乔木、假山、水池等景观和人员活动区域，同时设计了可以容纳 2000 人的圆桌餐厅，此类大面积种植屋面工程的难点之一就是防水阻根。该项目 30～60cm 厚的蓄水土壤以及水池、植物等增加了屋面荷载，同时大跨度的单体钢混结构变形较大，使用一定时间后容易形成应力裂缝造成渗漏；植物根系具有较强穿透能力，其对防水层造成的破坏也是引起渗漏的一个重要原因。这些都对屋面防水提出了较高的要求，而且种植屋面防水渗漏维修困难，涉及植被、土壤、排蓄水、防水、保温等多个结构层，会造成极大的经济损失。

项目普通防水层选用双层 4mm 厚 SBS 改性沥青防水卷材；考虑植物根系的穿透能力，针对本项目的复杂性和超长使用年限要求，选择了 4mm 厚复合铜胎基改性沥青耐根穿刺防水卷材做耐根穿刺防水层。该耐根穿刺防水卷材具有近 40%的延伸率，并且采用了双重阻根技术，耐根穿刺性能优异：一方面，在弹性沥青涂层（SBS）中加入可以抑止植物根系生长的生物添加剂，当植物根系的尖端生长到涂层时，在添加剂的作用下，根角质化，从而阻止根系生长破坏胎基，保证卷材的防水功能；另一方面，卷材的胎基还经过了铜蒸气处理，使胎基更加坚固，同时植物根系遇到金属铜离子会改变生长方向，使植物根系不再向下生长，赋予了胎基一定的阻根功能。该耐根穿刺防水卷材的施工与传统的 SBS 改性沥青防水卷材相同，与基层混凝土满粘或者条粘，在施工中应严格以“接缝部位必须溢出沥青热熔胶，并形成匀质的沥青条”为控制关键，要求溢出 2～5mm 的均匀沥青条。

2. 排蓄水技术

屋面的日照强、水分蒸发快，相比地面面临更恶劣的种植环境。排水不畅，植物根系容易产生泡根而影响生长，也会增加屋面荷载；只排水不蓄水会使浇灌用水量增加。另外，排蓄水层中植物根系需要一定的呼吸空间，因此选择适合的排蓄水材料尤为重要。通常采用的塑料排水板，排水能力有限、排水孔容易堵塞，蓄水功能有限、蓄水高度仅 1～2cm，而且造价高昂。该项目选择了一种传统的建筑材料——陶粒。

陶粒，形状接近球形、椭圆形，粒径为 20～30mm，表面粗糙多孔，具有一定的吸水率（10%～20%）。本项目采用 200mm 厚陶粒作为排蓄水层，使排蓄水层具备了以下特性：

1）排水全面、均匀、快速；

2）蓄水能力强，可保留住 40%的雨水，植物根系可以生长到陶粒层内吸收水分，节省供水；

3）能够弥补排水管经常堵塞不容易疏通，影响正常排水、蓄水的缺陷；

4）可调节土壤的温度，使其保持在适宜植物生长的范围；

5）显著减轻屋面荷载；

6）可调节植物基盘的水位，自由控制土壤中的水分；

7）可以和垂直排水方式相结合，形成“水井”效益，将多余的水排到排水沟里。

陶粒排蓄水层施工时应保持厚度一致，摊铺开后立即覆盖一层过滤布，严禁出现空洞。

3. 仿生精确灌溉技术

杭州地处中北亚热带过渡区，冬夏季风逆向转换在时间、强度上不稳定，常出现冷热干湿异常的灾害性天气。大面积种植屋面的灌溉问题是一个难点，该项目采用了德国地埋式“沛脉”仿生精确灌溉水管。该地埋式仿生精确灌溉水管管壁布满毛细孔，无压力情况下可密闭以防止泥土和根系堵塞。该灌溉水管可低压工作，在 69kPa 的标准水压下出水 4L/（m·h），100m 以内无压力损失，可以精确均匀地灌溉、施肥和通气，保证屋面绿植在极端天气下的正常存活和生长，同等条件下比普通喷灌节水 70%左右，这一特点在杭州地区具有极高的使用价值。地埋式仿生精确灌溉水管可以按照植物类型确定埋置深度和间距，遇到大型乔灌木可绕其根系集中部位排管，真正实现对草坪和乔灌木区域的分组配置操控；还可以根据季节和天气状况按需设定各区域的灌溉时间，做到对能源、水肥的高效利用。

9.6.3 重要节点的设计与处理

该屋顶花园面积较大，景观数量巨大，有乔木、灌木、地被等种植植物，有大量人行道、排水沟、假山等构造，节点较多，而节点的处理是屋顶花园防水的关键。

1. 排水沟

排水沟的阴阳角全部做成 $R \geqslant 50$mm 的倒角，便于卷材的粘结；密封采用耐根穿刺防水卷材边角料熔化后进行涂抹即可。排水沟落水口的处理见图 9-13。

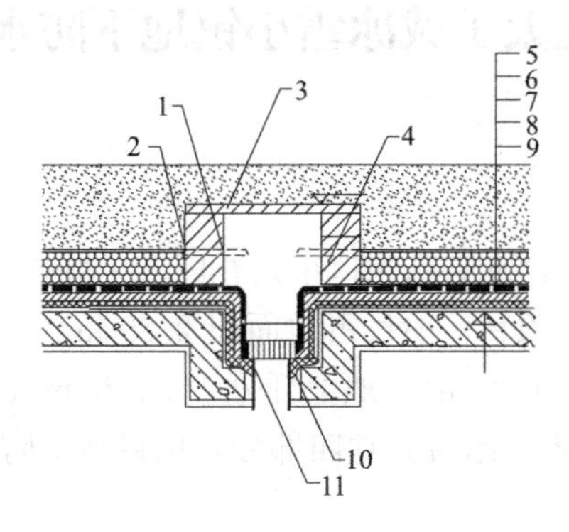

图 9-13　排水沟水落口的处理示意

1—预埋直径 10cm 的 PVC 管，排水沟@300；2—土工布粘牢；3—880×880×60 预制钢筋混凝土板，双向配筋 10@150，C20 混凝土；4—MU10 混凝土多孔砖，M10 水泥砂浆；5—种植土；6—土工布过滤层；7—200 厚陶粒层；8—耐根穿刺防水层；9—刚性防水层；10—1∶3 水泥砂浆找平；11—密封胶密封

2. 变形缝

变形缝处的耐根穿刺防水卷材要高于土壤表面 20cm，并且在变形缝两侧设置卵石隔离带，避免该处积水，也可以起到缓冲土壤膨胀产生的侧向应力、降低变形缝两侧混凝土开裂风险的作用。变形缝的处理见图 9-14。

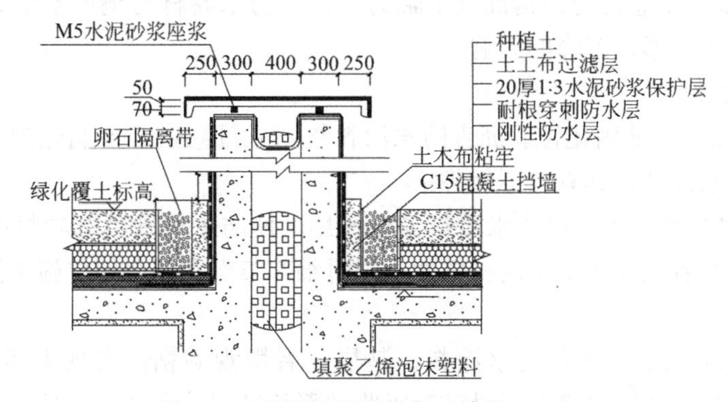

图 9-14　变形缝处理示意（单位：mm）

9.6.4 案例小结

种植屋面要强调安全、长效、节能的整体解决方案，根据工程特点和要求合理选择材料，注重设计、施工和管理。防水阻根、排蓄水、浇灌是影响种植屋面防水质量的三大关键技术因素，必须给予足够的重视。另外，种植屋面项目宜做到前期重投入，后期轻维护。本项目采用变形能力强、耐根穿刺性能优的复合铜胎基改性沥青耐根穿刺防水卷材，保证了屋面防水阻根的可靠性；采用陶粒作为排蓄水层，不仅可以排水、蓄水，还能够减轻屋面荷载；地埋式仿生精确灌溉技术保证了按需分配浇灌，有利于节水并保证了屋顶花园的防水安全可靠，项目建成 5 年内未发生渗漏现象[7]。

9.7 北京冬奥会崇礼太子城冰雪小镇地下防水设计与施工

9.7.1 工程概况

崇礼太子城冰雪小镇位于河北省张家口市崇礼区太子城村，是 2022 年北京冬奥会张家口赛区核心区的冬奥重点配套项目。项目占地面积 2.89 km^2，总建设规模达到 150 万 m^2，其中会展中心总建筑面积 17.4 万 m^2，地上部分 10.4 万 m^2、地下部分 7 万 m^2，主要分为会展中心、会议中心、酒店、冰雪会堂四部分，项目地下防水设防等级为一级。

9.7.2 防水设计方案

1. 地下室底板

根据地下工程防水等级设防要求，本工程采用刚柔结合防水设计方案。底板柔性防水层采用了 1.2 mm 厚非沥青基高分子自粘胶膜防水卷材进行预铺反粘施工。对比传统防水设计，其主要具有以下优势：

1）预铺防水卷材和后浇混凝土未初凝的水泥浆在压力作用下，通过蠕变渗过防粘层，形成有效的互穿粘结，形成紧密无间隙的结合，避免了防水卷材与结构间的窜水，同时卷材在长期浸水条件下依然保持很高的剥离强度。

2）由于预铺防水卷材与结构混凝土融为一体，防水卷材与垫层空铺无粘结，使底板外包卷材不受基础变形、沉降的影响。

2. 地下室外墙

外墙采用 2mm 厚非固化橡胶沥青防水涂料与 4mm 厚 SPM-Y 自粘聚合物改性沥青防水卷材的复合防水设计，具有以下优势：

1）自粘防水卷材与非固化防水涂料复合使用，使防水层既具有卷材厚薄均匀、质量稳定的优点，又具有涂膜防水层的整体性，同时细部节点和复杂部位施工简单、密封性能优异。

2）自粘防水卷材、非固化防水涂料、基层三者微观满粘，实现无间隙皮肤式防水。当基层开裂时，非固化防水涂料通过蠕变吸收并释放基层应力从而保护卷材；当防水层被刺穿时，非固化防水涂料的蠕变性会促使周边的部分蠕变性材料逐渐向该部位迁移，使破损部位自行愈合，并可对混凝土裂缝、孔隙进行填充与修复。

3）非固化防水涂料与自粘防水卷材同为沥青类材料，良好的相容性使两者瞬间粘结即形成整体的复合防水层。

4）施工时，非固化防水涂料可采用喷涂、刮涂工艺，一次施工即可达到设计厚度要求，且非固化防水涂料既是防水层又是粘结层，可有效降低成本、缩短工期；非固化防水涂料中挥发性有机化合物（VOC）含量极低，且不含其他有害物质，施工过程不需用明火。

9.7.3 防水施工

1. 底板防水施工

（1）基层处理

1）将杂物清理干净，基层不得有空鼓、松动、起砂和裂缝，若有尖锐凸起则要打磨平整，基层允许潮湿但不能有明水。

2）采用随浆压光的混凝土垫层作为预铺防水基层，当垫层基面质量不满足要求时，可采用 20mm 厚 1∶3（体积比）水泥砂浆作找平处理。

3）各种预埋管件按规范要求事先预埋，基层与突出结构的连接处、平面与立面交接处应采用 1∶3（体积比）水泥砂浆做成顺直圆弧或坡角，阴角圆弧半径 $R\geqslant50$ mm，阳角圆弧 $R\geqslant10$mm。

（2）弹线定位

根据基坑形状确定卷材整体铺设方向，距导墙 300～600mm 平行设置搭接控制线，并避免长边搭接缝与转角根部重合。确定转角搭接控制线后，以该线为起始线，依次向外平行弹线，平行弹线间距不大于 1930mm。

（3）铺设预铺防水卷材

1）使卷材砂面朝上，根据搭接边位置确定卷材方向，在基层表面展铺卷材，释放卷材内部应力；然后根据短边错缝搭接原则，按弹线位置或搭接控制线对卷材进行定位和裁切，相邻两幅卷材短边错开长度不小于 500mm。

2）卷材长边采用搭接方式。揭除卷材搭接边的隔离膜后直接与相邻卷材搭接并碾压密实，搭接宽度≥70mm，用压辊反复压实；如温度低于 5℃或搭接面失黏时，应先擦拭干净，并使用热风枪辅助加热至其恢复黏性后，再进行搭接。

3）卷材短边搭接采用对接方式。将预铺防水卷材裁剪出一条宽度 160mm、长度大于卷材宽的条状，将其自粘面朝上放置，对接条中心与对接缝中心重合，揭开隔离膜，与卷材进行短边部位搭接，充分辊压使之粘结牢固。适当调整保证大面卷材铺贴平整顺直，每侧搭接宽度 80mm，并对卷材拼缝缝隙进行密封处理。

（4）导墙部位处理

卷材铺设导墙位置时，首先用钢钉将 100mm×100mm 的预铺防水卷材片（无颗粒防粘层）固定在导墙上；然后撕掉固定片的隔离膜，铺设导墙立面预铺防水卷材，辊压该部位，使卷材固定片表面的自粘胶与大面预铺防水卷材粘贴牢固。预铺卷材不能与水泥浆接触，要先施工 PE 隔离膜再用砖砌作保护层，防止砂浆层接触防水卷材而提前粘结。

（5）节点密封处理

预铺防水卷材在施工时无需加强层，但应根据情况在阴阳角等节点设置固定垫层，在阴阳角，异形部位，卷材裁剪缝、搭接缝部位用膜面卷材粘贴固定并用密封胶进行密封处理，保证节点部位防水层完整牢固。

（6）后续施工

整体施工完毕后，应对整体防水工程表观质量、搭接质量、局部节点处理等进行检查，如发现有质量缺陷，应立即修补；防水层施工完毕后，即可绑扎钢筋、浇筑混凝土。

（7）施工注意事项

1）在基坑、承台坑等转折部位，平、立面部位卷材接头应尽可能留在平面上，大面相邻两排卷材的短边接头应相互错开 500mm 以上。

2）卷材铺设完成后，要注意成品保护，若有损坏，应根据损坏情况裁剪边长大于破损部位 100mm 的预铺防水卷材方形片材，采用高分子双面自粘胶带粘贴于破损处并用密封材料进行密封处理。

3）预铺防水卷材在阴角部位必须铺实，以免混凝土浇筑与振捣过程中造成卷材及搭接部位拉裂；预铺防水卷材施工后，及时浇筑与振捣混凝土，使混凝土水泥浆与预铺卷材防水胶层充分融合，有效提高防窜水效果。

2. 侧墙防水施工

（1）基层处理

1）基层要坚实、平整，干净，清除基层表面脱模剂、泥浆，必要时进行打磨，对凹凸不平混凝土基层用聚合物水泥砂浆进行修补。

2）外墙不用抹找平层，需将凸出平面处、模板接缝处的混凝土剔凿、磨光，墙面坑凹处用聚合物水泥砂浆处理平整。

3）基层与突出结构的连接处、平面与立面交接处应采用 1∶3（体积比）水泥砂浆做成顺直圆弧或坡角，阴角圆弧半径 $R \geqslant 50$mm，阳角圆弧半径 $R \geqslant 10$mm。

（2）非固化防水涂料施工

1）选用与非固化防水涂料相容的基层处理剂，将其薄而均匀地涂于基层上，不得有露白、堆积，干燥后进行非固化防水涂料施工。

2）拆除导墙顶部砖砌保护层，然后在悬挑底板上表面涂刷一道非固化防水涂料，将底板预铺防水卷材揭开后反向粘到非固化防水涂膜上，辊压排气，保证卷材服贴；在悬挑底板上表面及甩槎部位卷材涂刷非固化防水涂料，再铺设自粘防水卷材，并与底板预铺防水卷材自粘搭接，接槎宽度≥150mm，反复压实后涂刷非固化防水涂料密封处理。导墙部位的防水处理见图 9-15。

3）基面清理完毕后，打开加热料罐将预热脱桶后的材料倒入料罐中进行加热。一般而言，涂料加热温度采用：刮涂施工 110～130℃、喷涂施工 150～170℃，不得超过 180℃。

4）对阴阳角、施工缝、后浇带等节点部位采用非固化防水涂料和聚酯网格布做 2mm 厚的“一布两涂”加强层。

5）大面防水涂料施工前，根据基面的定位线试铺自粘防水卷材，掀开卷材后在大于定位线范围内 100～200mm，均匀地刮涂或喷涂 2mm 厚非固化橡胶沥青防水涂料，并在铺设防水卷材前用专用工具检查涂层厚度。

（3）自粘防水卷材施工

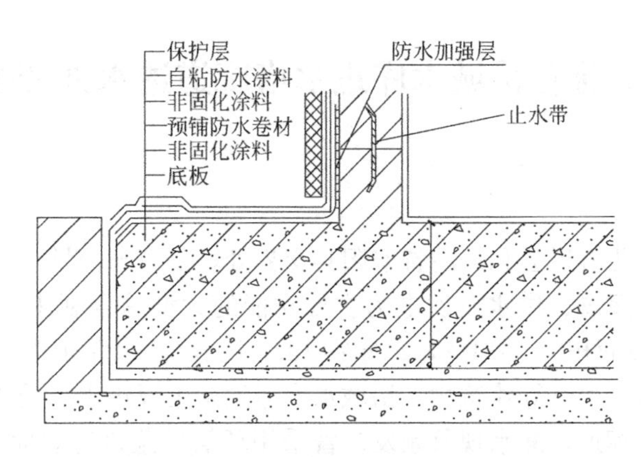

图 9-15 导墙部位防水处理

1）一幅自粘防水卷材区域内的非固化涂料施工后，撕掉这幅卷材的自粘隔离膜并由下至上向前滚铺，然后由中心向两侧刮压卷材表面以排出内部空气，使自粘防水卷材与非固化防水涂料牢固地粘结在一起。非固化防水涂料施工后应及时铺设自粘防水卷材，避免现场中过多的灰尘粘结于涂料表层而降低涂料与卷材的粘结性。

2）相邻卷材采用本体预留搭接边进行自粘搭接，搭接宽度为 80mm。操作时，施工人员手持小压辊，由内向外垂直于卷材长边方向边压实边移动；当现场环境温度过低或预留搭接边受污染时，应先擦拭干净，使用热风焊枪加热烘干搭接边使其恢复黏性后，再搭接并压实。

3）在铺设自粘卷材过程中，由于卷材自重较大，为防止其下滑脱落，必要时可采用机械固定措施，再将固定点用防水片材覆盖。侧墙防水层验收合格后，应及时做保护层并覆土回填。

（4）施工注意事项

1）鉴于自粘防水卷材较厚、非固化防水涂料黑色吸热，侧墙施工时需采用特种非固化防水涂料，并保证非固化涂膜厚度，同时侧墙自粘防水卷材施工时采取机械固定措施。

2）建议侧墙防水层采用砖墙保护层，不采用软保护，同时避免回填及夯实过程中对复合防水层造成滑移、损坏，确保防水系统整体功能。

9.7.4 案例小结

崇礼太子城冰雪小镇是北京冬奥会重点项目，鉴于工程的重要性，其会展中心底板防水采用高分子自粘胶膜卷材预铺反粘，侧墙采用非固化防水涂料与自粘卷材的复合防水系统，有效控制地下工程的窜水问题。预铺反粘作为住房和城乡建设部 2010 年推广的建筑业十大新技术之一，以其先进的防水理念、优异的防窜水性能、便利的施工效能，大大提高了系统的防水功效；侧墙的涂卷复合防水系统相似相容，保障了防水稳定性，但由于采用与底板不同类型的防水材料，因此甩槎、接槎做法及配套材料非常重要，建议在甩槎、接槎部位采用丁基胶带过渡粘结做法，不仅可以解决侧墙防水层窜水的问题，同时可以保证底板与侧墙防水层的有效过渡[8]。

9.8 多重止水措施在岳城水库进水塔廊道透水处理中的应用

9.8.1 工程概况

岳城水库位于河北省磁县和河南省安阳县交界处，是海河流域漳河上的一个控制性工程，是一座以防洪、灌溉、供水及发电为主要功能的大型综合利用水库，控制流域面积 18100km^2，占全流域面积的 99.4%，总库容 13.0 亿 m^3。水库工程包括主坝、副坝、泄洪洞、溢洪道、电站、渠首等建筑物。岳城水库泄洪洞工程进水塔的 4、7 号墩为分缝墩。两条伸缩缝贯穿工作廊道，漏水现象频发。曾采用环氧砂浆进行表面封堵并埋设导水管，效果不理想；采用丙凝注浆法进行封水处理，仍出现不同程度的渗水。

9.8.2 渗漏原因及工况

综合考察伸缩缝构造、施工、防水处理，其渗漏的主要原因有以下几点：

(1) 止水材料性能老化，导致防水层开裂。

(2) 防水密封材料失效密封材料的弹性与延伸性应是满足伸缩缝的变形需求的，但是在结构发生较大位移时，密封材料发生大的反复伸缩变形，密封材料与混凝土粘结处被拉开。

(3) 伸缩缝周围出现新的裂缝。水塔工作廊道北缝漏水严重，渗水主要由沿缝安装的导水板槽引走，工作廊道南缝有少量洇水，通风廊道北缝和南缝也存在少量的洇水。各缝漏水主要出现在 U 形槽回填砂浆与混凝土的结合部位，回填砂浆自身裂缝也存在渗水。

9.8.3 修补方案设计

截至目前，先后有丙凝、丙强、甲凝、木质素、尿醛树脂、聚氨酯、水溶性聚氨酯、环氧树脂、不饱和聚酯树脂、丙烯酸盐、水玻璃等多种化学灌浆材料成功地应用于水利工程的修补和基础加固。修补应根据混凝土裂缝是活缝还是死缝，选择不同的灌浆材料。活缝需要适应裂缝的变形，应选择弹性材料或闭孔泡沫材料进行灌浆处理。

岳城水库采用常规的混凝土裂缝处理方法，即化学灌浆和砂浆回填的单一处理措施。使用数年后，在原缝旁边薄弱部位出现新裂缝，造成二次渗水，且无法适应温度的变化。根据岳城水库进水塔廊道伸缩缝的具体情况，采用常规和单一的化学灌浆很难满足要求，主要表现在：环氧浆液强度高、粘结力强、收缩小，但在潮湿和含饱和水的情况下施工困难，灌浆性能受影响且变形无法适应混凝土的温度变形，易被拉开，造成二次漏水；丙凝黏度低、可灌性好、胶凝时间可调，但强度较低。针对此情况，设计采用 JH 灌浆材料。JH 灌浆材料是由多异氰酸酯和多羟基化合物反应而生成的水溶性聚氨酯浆液。浆液与水具有良好的混溶性，交联生成不溶于水的聚合体，起到防渗堵漏的作用。作为单浆液体，使用方便，对伸缩缝和温度裂缝止水效果独特，黏度低，对细小、复杂缝具有较高的可灌性，亲水性能良好，水中固化时间可调，水质适应性强，在淡水、海水中均能固化。

对于伸缩缝的灌浆，为防止在原缝旁边薄弱部位拉开新的裂缝、保证裂缝的伸缩变形性能，在化学灌浆的基础上采用复合构造措施，即用聚硫密封胶镶嵌，覆填聚合物砂浆，覆盖自粘复合防水卷材，以适应变形。用相同宽度的镀锌板封住表面，防止老化并起到加固的作用。

9.8.4 施工工艺

针对伸缩缝特点及渗水情况，廊道伸缩缝止水处理采取“渗水导流→伸缩缝化学灌浆→伸缩缝基面处理→嵌填聚硫密封胶→覆盖聚合物砂浆→粘贴丁基密封止水条→覆盖自粘复合防水卷材（镀锌铁板压实）→涂覆防腐防渗涂层”等多重止水措施。止水处理工艺流程如图 9-16 所示。

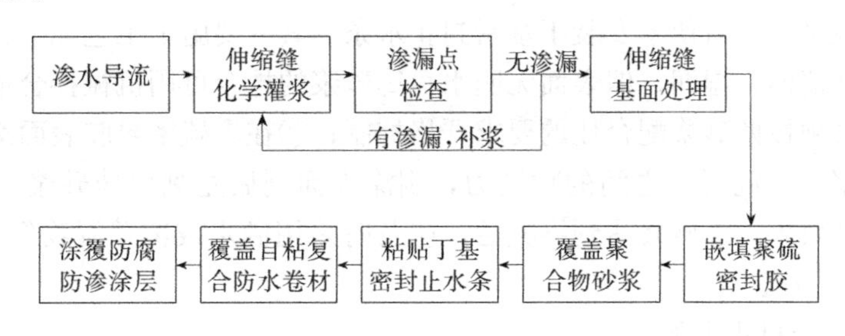

图 9-16　伸缩缝止水处理工艺流程

考虑到施工过程中廊道低气温会影响化学灌浆的浆液、聚硫密封胶、聚合物砂浆的凝固，汛期不宜进行施工，所以选择在汛前的春季进行施工。

1. 渗水导流

在渗漏处钻一小孔，插入塑料管，使渗水从导管流出，起到减压、减少渗水量、控制渗水点的作用。确认不再渗漏后，在埋管处用速凝水泥封堵。

2. 伸缩缝化学灌浆

化学灌浆对渗漏内部止水处理比较有效。在压力作用下，将化学灌浆材料注入裂缝中，使浆材在裂隙中凝固，以达到充填裂隙及防渗止水的目的。化学灌浆的主要施工工艺如下：①布设灌浆孔。在离伸缩缝约 15cm 处，使用电钻布设灌浆孔。钻杆与缝面的夹角约 30°。钻孔沿伸缩缝两侧左右交叉布置，有效孔深约 40mm，孔距视漏水情况具体确定。②钻孔导水后，用堵漏剂封堵漏水裂缝，再进行灌浆嘴埋设。③压水检验。用电动压力注浆机进行压水试验，检查是否沿堵漏处渗水和孔间贯通。④灌浆。灌浆压力一般控制在 0.8～1.2MPa，当进浆顺利时适当降低灌浆压力。⑤待浆液固化后，拆除灌浆嘴并将灌浆孔封堵。⑥复灌。拆掉原有止水设施，如仍有局部渗水，再补孔复灌。

3. 伸缩缝基面处理

伸缩缝化学灌浆完成后，为保证后续工序的顺利进行，需对伸缩缝基面进行预处理：①拆除伸缩缝原失效的止水系统；②加宽伸缩缝 U 形槽；③用钢丝刷或毛刷将缝内杂质、油污清理干净，再用空压机或吹风机将槽内的尘土与余渣吹净，确保基面清洁；④若基面潮湿，要用吹风机将基面吹干，待基面干燥后方可进行下道工序施工。

4. 嵌填聚硫密封胶

聚硫密封胶具有良好的防渗漏粘结密封性能，可在连续伸缩、振动及温度变化下保持良好的气密性和防水性，特别适用于混凝土伸缩缝、沉降缝等变形缝的嵌缝密封。其主要施工工艺如下：①伸缩缝基面处理完成后，在U形槽基面涂刷密封胶界面剂；②将双组分密封胶A组分（白色）和B组分（黑色）按10：1的比例配胶，并将B组分放入A组分充分搅拌（人工搅拌或机械搅拌均可），时间宜长不宜短，以搅拌均匀为准；③在U形槽内嵌填聚硫密封胶，可采用油灰刮刀刮抹施工，先刮涂缝两侧，然后刮中间，直至做平；④涂胶时应从一个方向进行，并保证胶层密实，避免出现气泡和缺胶现象；⑤密封胶固化前要注意保护，防止水分进入及人为损坏；⑥对施工完毕的部位要进行严格检查，如有遗漏处应补平。

5. 覆盖聚合物砂浆

聚硫密封胶固化后，在其表面覆盖一层TK聚合物砂浆，覆盖厚度约100cm，用以防渗止水及表面找平，同时便于安装丁基密封止水条。其主要施工工艺如下：①保持聚硫密封胶覆盖面表面清洁、湿润，但表面无明水；②砂浆的拌合可用机械拌合或人工拌合，其各组分的用量必须按照砂浆配合比的要求严格控制；③在聚硫密封胶表面涂刷聚合物界面剂，以增加砂浆与老混凝土之间的粘结力，刷涂界面剂后立刻填抹砂浆，以免界面剂成膜，影响其粘结效果；④砂浆达到终凝后，应及时采用洒水或覆盖湿物等方法进行养护，一般潮湿养护5～7d。

6. 粘贴丁基密封止水条

丁基密封止水条（丁基胶带）具有粘结、抗拉强度高，弹性、延伸性好，对于界面形变和开裂适应性强的特点。其主要施工工艺如下：①将密封面清理干净，涂敷氯丁橡胶；②待表面风干后，粘贴丁基密封止水条；③按顺序碾压粘结修复处，使密封条与处理面紧密黏合，并保持表面洁净。

7. 覆盖自粘复合防水卷材

自粘复合防水卷材具有粘结密封性好、延伸率高等优点，在低温及潮湿环境条件下可施工。其主要施工工艺如下：①处理前，基面应保持平整、干净、干燥；②充分搅拌处理剂后，均匀地涂刷于基面；③待处理剂干燥后，在止水条表面覆盖宽330mm、厚1.5mm的自粘复合防水橡胶，用木榔头逐点敲击，以确保粘结良好；④在自粘复合防水橡胶表面覆盖相同宽度、厚1mm的镀锌铁板，并用膨胀螺栓固定（螺栓孔为椭圆形，以适应变形）。

8. 涂覆防腐防渗涂层

TK改性水泥基防水涂料为双组分材料，具有粘结强度高、防腐、抗渗、抗老化、耐侵蚀等特点，是一种良好的防腐抗渗涂料。因廊道内湿度较大，镀锌铁板固定后，为防止其产生锈蚀，在镀锌铁板表面涂刷TK改性水泥基防水涂料。其主要施工工艺如下：①保持镀锌铁板表面平整、清洁；②按规定的配比将浆液和粉料混合并用搅拌机或人工拌合；③采用机械喷涂或人工刷涂，若拌合好的浆液未及时用完而出现凝固现象，应弃用，不能加水再重新拌合使用；④每次拌合量根据涂刷进度确定，浆液在使用过程中应经常搅拌，使其不产生沉淀，拌合成的浆液存放时间不宜过长，以防凝固。

9.8.5 案例小结

本工程采用国内最新研制成功的密封材料和灌浆浆液，其剥离强度、伸展性及抗拉强度、遇水膨胀性均优于其他材料。本工程采用JH化学灌浆、聚硫密封胶镶嵌、覆填聚合物砂浆、覆盖自粘复合防水卷材等多重止水措施，以适应伸缩缝的变形。还采用多重防水措施，克服常规化学灌浆易造成二次渗水的缺点，较好地解决了渗水问题。[9]

9.9　唐山国丰维景国际大酒店屋面防水工程施工技术

9.9.1　工程概况

唐山国丰维景国际大酒店是由唐山国丰钢铁有限公司投资，按照国际五星级标准兴建的酒店。酒店位于河北省唐山市丰南区，占地面积约 50 亩，总建筑面积 45000m^2，共 12 层。项目所处地区风压大，防水难度大、要求高。

9.9.2　防水设计

项目屋面防水等级为一级，构造层次由上而下依次为：3mm 厚 SBS 改性沥青防水卷材（页岩面）、双层 3mm 厚 SBS 改性沥青防水卷材、20mm 厚 1∶2.5 水泥砂浆找平层、水泥膨胀珍珠岩找坡层（最薄处 30mm 厚）、XPS 挤塑板保温层、自防水钢筋混凝土屋面板。具体构造层次详见图 9-17。

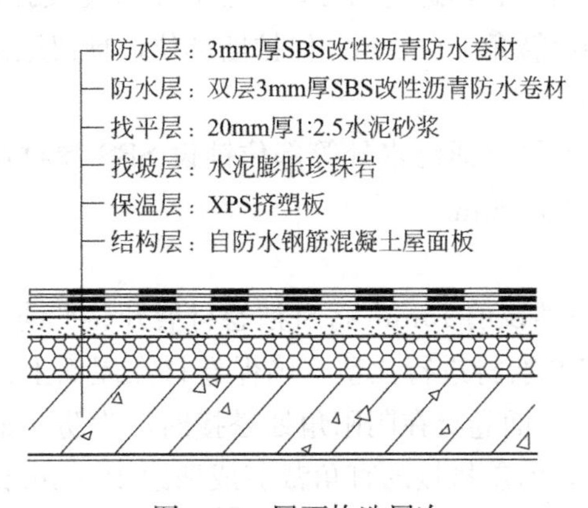

图 9-17　屋面构造层次

屋面施工工艺流程：基面清理→铺设 XPS 挤塑板→水泥膨胀珍珠岩找坡施工→水泥砂浆找平施工→防水基面验收→喷涂基层处理剂→细部节点加强处理→弹线定位→铺设 SBS 改性沥青防水卷材→质量验收。

1. 基层处理

防水基面应坚实、平整、干燥，用笤帚清扫表面垃圾、泥砂等杂物，保证无浮浆、凹凸不平等缺陷。基层阴角处做成半径≥50mm 的圆弧或 45°坡角，阳角做成半径≥20mm 的圆弧。

2. 保温层施工

1）挤塑板应紧靠在基面上，并铺平垫稳。

2）挤塑板相邻板块应错缝拼接，分层铺设的板块上下层接缝应相互错开，拼缝紧密贴严，板间缝隙应采用同类材料嵌填密实。

3）由于项目屋面节点设置多，纵横间距设计为 6m，屋面每 36m^2 在挤塑板上设置一根排气管，预留设置好排气管道位置。排气管采用不锈钢材质，底部设置在结构层上，穿过保温层的管壁时四周做打孔处理，打孔管壁包裹无纺布。

3. 找坡层施工

根据原设计屋面图纸，向水落口方向进行分区找坡，坡度为2%。选用水泥膨胀珍珠岩进行找坡，最薄处厚度为30mm。

4. 找平层施工

找坡层施工完毕后，在其表面刮涂一层20mm厚1∶2.5水泥砂浆作为防水施工的基面。施工时，找平层应留设6m×6m分格缝，缝宽5～20mm，缝内嵌填柔性材料。

5. 防水基面验收

水泥砂浆干固后，及时对基面进行验收，防水施工前若基层表面有垃圾、泥砂等杂物，及时清扫干净。

6. 涂刷基层处理剂

将基层处理剂均匀地涂刷在底板防水基面上，不得有空白、麻点；涂刷顺序遵循先立面后平面、先远后近的原则；充分干燥后方可进行下一步施工。

7. 弹线定位

根据屋面女儿墙收口高度、构造物尺寸以及卷材搭接宽度弹出卷材铺设基准线。在转角部位，卷材搭接缝应距离转角300 mm；保护墙部位，预留甩槎不小于200 mm。

8. 细部节点加强处理

在伸出屋面管道、屋面平立面泛水处等部位铺设SBS卷材作为防水卷材层，且平面和立面的宽度均不应小于250 mm。

9. 防水层施工

1）防水层施工时，在铺设前15min将自粘卷材展开、平铺，以充分释放卷材卷曲应力。根据基面情况先对SBS卷材进行比毡，确保卷材在屋面上铺设顺直，两种卷材长短边搭接宽度均为100mm。三面卷材在阴阳角处搭接时，为防止搭接部位厚度过大，应对第2层卷材进行裁角处理，沿着搭接的直角裁剪成两边100mm的等腰直角三角形，然后将卷材从两头向中间卷起。

2）SBS卷材通过热熔施工，火焰加热器的喷嘴距卷材面的距离应适中，以300mm为宜，幅宽内加热应均匀，以卷材表面熔融至光亮黑色为度，不得过分加热卷材。

3）卷材搭接边单独采用火焰加热器进行热熔处理，搭接缝部位宜以溢出8mm宽的热熔改性沥青胶结料为度，回刮填匀，保证封边均匀顺直。

4）同一层相邻两幅卷材短边搭接缝错开不应小于500mm，上下两层卷材的接缝应错开1/3～1/2幅宽；平立面卷材的搭接应留在平面上，立面卷材搭接边距离转角不小于300mm。

5）带页岩颗粒的卷材短边热熔搭接之前，应先将卷材表面页岩颗粒做沉砂处理，再热熔粘贴。

10. 质量验收

质量验收项目包括卷材的厚度、搭接宽度、搭接质量及卷材防水层在转角处、后浇带等部位的做法。要求防水层厚度符合设计，搭接宽度偏差在10mm内，搭接缝密封严密，不得有扭曲、翘边等缺陷。

9.9.3　细部节点做法

1. 出屋面管道施工要点

1）水泥砂浆找平层与管根交接处宜做成倒角，以利于卷材铺设；

2）管道根部周围做卷材加强层，宽度和高度不小于 250mm，收头处用金属箍固定在管道上，并用密封材料封严；

3）管根处清理不洁净、压边不实等易造成粘贴不良，铺设时排气不彻底易造成卷材空鼓，施工时必须保证基层干燥、卷材压实、搭接准确，避免因细部处理不当而导致的窜水隐患。

2. 水落口施工要点

1）由于水落口部位水流量较大，防水层经常受雨水浸泡或冲刷，因此应先用密封材料涂封，再施工防水层；

2）水落口的坡度不小于 5%，铺至水落口的防水层应粘贴在杯口上，内侧铺设宽度不小于 50mm，用雨水罩的底盘将其压紧，并在底盘周围用密封材料填封。

3. 女儿墙施工要点

1）在女儿墙泛水部位加设 SBS 卷材作防水加强层，宽度每侧≥250mm；

2）女儿墙立面收口采用特制的收口金属压条固定，并用密封胶封严，这可以有效延长立墙的使用寿命。

9.9.4　案例小结

本工程结合现场条件及施工环境，采用了 3 层 SBS 防水卷材的做法，取得了预期的效果。项目对传统材料进行了施工工艺创新，注重细部节点处理，实行严格的现场管理制度，最终取得了良好的工程质量，项目完工后 11 年仍保持良好的防水效果[10]。

9.10　杭州万象城二期商办楼外墙防水施工技术

9.10.1　工程概况

杭州万象城二期 TB、TC、TD 商办楼工程位于钱江路与庆春东路交界处，为 3 栋超高层建筑。3 栋高层均建于一个 3 层的大地下室之上，地上 TB46 层、TC47 层、TD53 层，建筑高度分别为 151.95m、159.65m、179.45m。地下建筑面积 74000m^2，地上建筑面积 107000m^2。工程外立面采用铝板幕墙。地上外墙防水技术主要考虑雨水突破铝板、胶缝后，通过外墙面向下流到地面，不至于通过外墙、门窗渗漏到室内。为此，在外墙、门窗处均做了防水处理措施。

9.10.2　幕墙外墙渗漏维修的难点

外墙发生渗漏时，通常在室内出现明显渗漏点，但幕墙外并没有明显的渗漏痕迹，渗漏的源头可能与室内渗漏点相距甚远，难以发现。铝板裂缝容易发现，但由于表面长期积聚灰尘等原因，耐候密封胶微裂缝很难发现。本工程施工前，业主格外注重外墙填充墙的选材，并在外墙面、门窗处增加防水处理措施，以期彻底解决外墙面渗漏水问题。

9.10.3 主要技术措施

1. 填充墙选材

填充墙采用特拉块（烧结页岩保温砌块），其具有高强度、孔洞率大、自重轻、保温性能好、节约砂浆、施工速度快、节能等特点。更为重要的是，特拉块作为外墙材料还具有抗渗和防裂的性能，吸水率只有 9.5%。本工程主砌块采用规格为 290mm×190mm×190mm 的特拉块。

2. 基层处理措施

外墙由剪力墙和填充墙组成，剪力墙主要处理结构施工产生的穿墙对拉螺杆洞，填充墙主要处理其与混凝土结构之间的接缝。剪力墙螺杆洞封堵，室内采用打发泡剂、室外采用厚 20mm 微膨胀水泥砂浆封堵的措施。填充墙特拉块与混凝土结构接缝处作抹灰加强处理：厚 2mm 混凝土界面剂＋300g/m^2 耐碱网格布＋厚 6mm 抗裂砂浆，宽 400mm，同时做好养护工作。

3. 门窗洞口四周处理措施

除装饰层铝板（含胶缝）外，从外到内设置 3 道防线，第 1 道防线设置在窗上部，采用厚 1.0mm、宽 110mm 镀锌钢板披水条。第 2 道防线设置在窗框钢副框与结构之间，采用厚 1.0mm、宽 60mm 镀锌钢板披水板，披水板与结构之间的缝隙采用耐候密封胶密封，与钢副框之间采用螺钉固定，钉眼部用密封胶密封。第 3 道防线，在门窗钢副框与基层之间刷水泥基防水涂料 2 道，厚 1.2～1.5mm（门窗钢副框与结构之间的缝隙采用商品防水水泥砂浆塞缝）。钢副框防水涂料先于披水板施工。

9.10.4 施工中遇到的问题及处理措施

外墙建筑做法从内到外依次为基层、防水层、岩绒建筑保温系统（界面层、岩绒保温层、护面层）、幕墙龙骨、铝板。

外墙面基层处理完成后要做防水层，防水层采用聚合物水泥基防水涂料（Ⅲ型），大面施工采用机械喷涂法，局部门窗节点后施工部位采用滚涂法。混凝土剪力墙和一结构梁、柱部位防水涂料喷涂 1 道，厚度不小于 1.2mm；砖墙部位和一、二结构交接缝加强处防水涂料喷涂 2 道，厚度不小于 2.0mm。

当一个立面的防水层已施工完毕后，从该施工段最上层往下做淋水试验。淋水试验时在该施工段最顶层安装淋水管道，采用 ϕ25mm 的管材，其上钻 ϕ5mm 的孔若干。水自该施工段顶层顺墙往下流，淋水时间不少于 24h。

淋水试验发现有两个地方比较容易出现渗漏水：一是螺杆洞，二是一结构与二结构接缝处上角部。分析原因，螺杆洞出现渗漏水是由于夏天气温高砂浆失水干缩形成裂缝所致；一结构与二结构接缝处上角部渗漏水是由于抗裂砂浆施工不到位（二次压实过早、养护不到位造成砂浆失水干缩产生裂缝）所致。解决的办法是将上述部位返工重做，并对螺杆洞的封堵作了改进。因为夏天气温高，再加上砂浆二次压实过早，立面很难做到保湿养护，砂浆很容易失水干缩产生裂缝。改进做法是螺杆洞全用发泡剂封堵，外边贴网格布抹一层界面剂，并刷 JS 防水涂料 1 道。通过此改进做法，螺杆洞渗漏水在以后的淋水试验中未再发生。

施工中碰到的另一个问题是窗上口披水条与结构有缝隙，其主要原因是结构施工误差。解决此问题的措施是在结构与披水板缝隙之间打发泡剂填实，上部涂料施工到披水板上，可有效阻止上部墙面的水通过缝隙。

施工中还碰到窗洞口由于施工偏差造成的窗框钢副框与结构之间缝隙过大和过小的问题，过大是指缝隙宽度大于 30mm，过小是指缝隙宽度小于 10mm。经过研究，采取如下措施解决此问题：缝隙宽度大于 30mm，用掺加防水剂的细石混凝土塞缝；缝隙宽度小于 10mm，打入发泡剂填充。

9.10.5　案例小结

本工程外墙采用的防水技术——外墙面采用聚合物水泥基防水涂料（Ⅲ型）及门窗四周设置 3 道防线，确保了外墙面及门窗的有效止水，工程完工 7 年内未发生室内渗水，防水效果良好[11]。

9.11　杭州城站广场地下管廊防水施工

9.11.1　工程概况

杭州城站广场地下管廊平面呈 Y 形，位于城站路、城站广场⑤号路和⑨号路、L 号路下，总长 943.803m，横贯整个城站广场。其横断面如图 9-18 所示。

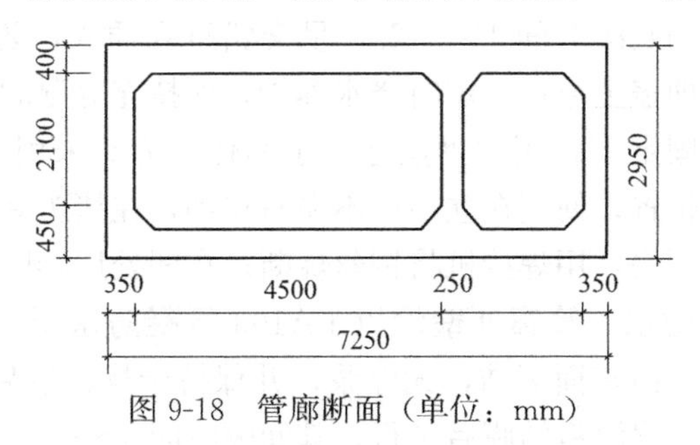

图 9-18　管廊断面（单位：mm）

9.11.2　防水措施

1. 沉降缝防水

该地下管廊为由北向南，且平面呈 Y 形的大型钢筋混凝土结构，为防止不均匀沉降、混凝土收缩等引起的结构裂缝，沿管廊纵向每 25～30m 设沉降缝一道。在施工中，考虑对支管廊、材料投入口等的影响以及利于在管廊圆弧处的施工，需要增设沉降缝。因此，处理好沉降缝是地下管廊防水的重点。沉降缝宽 3cm，其中橡胶止水带的处理对沉降缝的防水起至关重要的作用，处理方法如下：

（1）将橡胶止水带的位置准确固定，通过油浸木屑板夹牢橡胶止水带，使其圆环中心固定在沉降缝的中心线上。

（2）管廊的横断面为矩形，止水带不可避免要搭接，因此橡胶止水带接头位置应设置在沉降缝的水平位置。

（3）浇筑混凝土前，应将橡胶止水带清洗洁净，以保证与混凝土的良好粘结。

（4）在浇筑混凝土时，沉降缝处受力钢筋、箍筋较多，加上又有橡胶止水带存在，所以应采用插入式振动器多点、及时振捣，确保橡胶止水带下混凝土的密实。

（5）在沉降缝内壁，凿成V形沟槽，清除槽内水泥块等各种杂物，均匀涂上聚硫密封膏，填嵌严密。同样，其外壁需浇筑膨胀水泥砂浆。同时，在其外底贴防水层油毡，在管顶与两侧铺两层土工布（宽500mm，搭接50mm），且须注意：①在铺贴前，保持铺贴基面干燥，清除表面撒落物，以免损伤铺贴层；②铺贴时，应展平、压实。

2. 水平施工缝防水

对于地下构筑物墙体，一般不允许留设水平施工缝。如必须留设时，其位置不应在剪力与弯矩最大处或底板与侧壁交接处。城站地下管廊墙身高2.95m，一次性浇筑，立模、混凝土振捣难度较大，故施工中在高出腋角20cm处留一水平施工缝。

（1）底板一次浇成后，清除水平施工缝处的浮渣及杂物，特别是墙体表面大而硬结的水泥团块。

（2）水泥砂浆坐浆后，用木条在墙体中做出一条25mm×10mm的凹槽，并用钉子将止水条钉入槽内。

（3）止水条放置时间不宜过早，以防其过早吸水膨胀。

3. 墙体防水

（1）地下管廊主体结构墙体均采用C25混凝土，抗渗等级要求大于P8。为提高混凝土的和易性，均采用掺有复合防水剂的商品混凝土，同时加强混凝土的振捣和养护：采用插入式振动器振捣，振动延续时间10～12s，呈交错行列插入，防止振动器靠在钢筋上；防水混凝土凝结后，立即盖上草帘，定时浇水养护，保持充分湿润。

（2）立模过程中，固定模板用的钢丝通过了墙体，为此采用了螺栓加堵头的防水措施。为更好确定堵头的位置，使其在立模中不左右移动，在堵头后加焊两钢丝；墙体浇筑后，将堵头沿平凹坑底割去，用焊接机将钢丝烧断；在凹处用膨胀水泥砂浆封堵。

（3）为加强墙体的防水，管廊外壁涂以PA103氰凝防水层。涂PA103氰凝防水层前，清除管廊外壁杂物，使基面清洁，无浮浆，并保持干燥；然后涂刷两遍PA103氰凝防水层，后一遍应在前一遍涂料结膜后进行，其间隔时间4～6h。涂刷时要均匀，第二遍涂刷的方向应与第一遍垂直。

9.11.3 案例小结

该工程投入运营后，管廊内干燥，进入沉降缝的水极少。实践表明，该工程的防水施工技术达到预定的效果，保证了管廊内各种管线的正常使用[12]。

9.12 港珠澳大桥西人工岛现浇隧道防水体系的综合应用

9.12.1 工程概况

港珠澳大桥东连香港、西接珠海、澳门，是集桥、岛、隧为一体的超大型跨海通道，设计使用年限 120 年。港珠澳大桥岛隧工程位于珠江口伶仃洋海域，是大桥工程的施工控制性工程，由沉管隧道、东人工岛、西人工岛三大部分组成。西人工岛现浇隧道暗埋段总长 193m，最低位置−12.5m，呈 2.98%纵坡向珠海方向延伸，所处环境氯离子浓度高、水压力大。暗埋段隧道设置了众多变形缝、施工缝，存在渗漏及钢筋腐蚀风险。为保证结构耐久性，采取了一系列防水措施，构成防水体系，确保隧道结构耐久性及 120 年使用年限。暗埋段隧道标准防水构造见图 9-19。

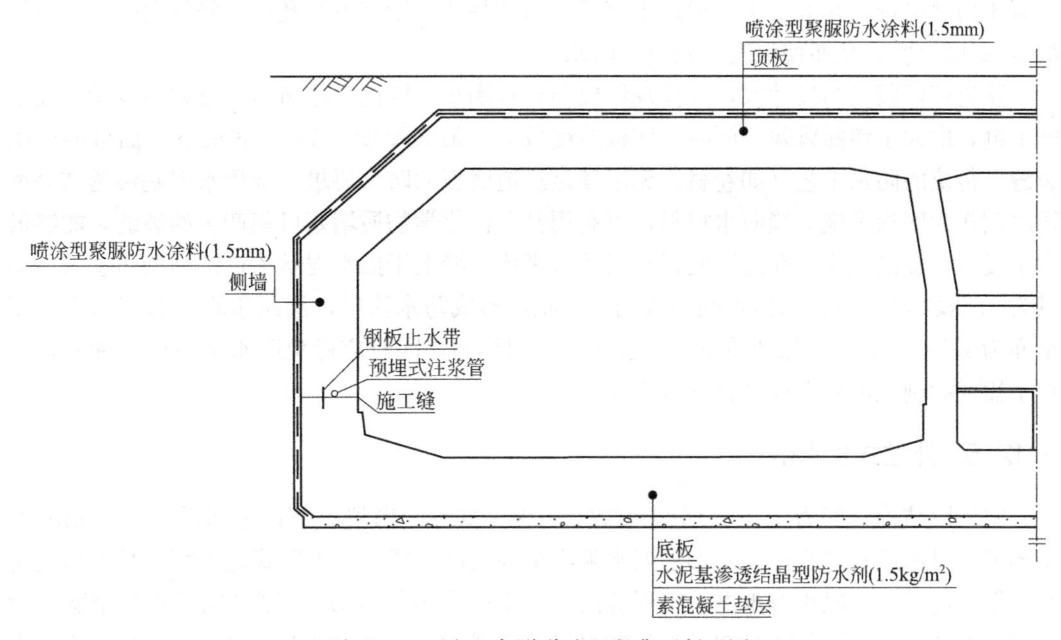

图 9-19　西人工岛隧道暗埋段典型断面图

9.12.2　防水方法

根据结构特点，不同部位分别设置了防水措施，详见表 9-3。

防水措施表　　　　**表 9-3**

序号	防水措施	使用部位
1	混凝土自防水，抗渗等级 P10	结构混凝土
2	水泥基渗透结晶型防水剂(涂料)	隧道底板、施工缝
3	外贴式止水带	变形缝
4	中埋式钢板止水带＋预埋式注浆管	变形缝、垂直施工缝
5	中埋式钢板止水带＋预埋式注浆管	水平施工缝
6	喷涂型聚脲防水涂层	结构迎水表面

9.12.3　混凝土自防水

隧道暗埋段地处外海，防渗及耐久性要求高，其中隧道主体结构防水以混凝土自防水为主，为防止氯离子渗透以及出现温度裂缝和收缩裂缝，混凝土配比经过优化。混凝土强度等级为C45，抗渗等级为P10，坍落度为200±20mm。混凝土浇筑时，对混凝土坍落度、分层厚度、振捣时间、振捣点位等严格控制，避免因施工不到位形成渗漏途径。

9.12.4 水泥基渗透结晶型防水剂（涂料）

水泥基渗透结晶型防水剂（涂料）是以特种水泥、石英砂等为基料，掺入多种活性化学物质制成的粉状刚性防水材料。与水作用后，材料中含有的活性化学物质通过载体水向混凝土内部渗透，在混凝土中形成不溶于水的结晶体，堵塞毛细孔道，修复混凝土中损坏部位（如裂缝），从而使混凝土致密、防水。

隧道暗埋段结构尺寸大，整体现浇成型异常困难，因此在隧道施工过程中设置了较多施工缝，增大了渗漏风险。同时，底板厚度较大，最大厚度1.7m，底板下表面可能产生裂缝，传统的防水工艺（如卷材）无法满足隧道底板的防水要求。选用水泥基渗透结晶型防水剂作为底板及施工缝防水材料，可利用其活性化学物质堵塞可能产生的裂缝，能够最大限度减小渗漏风险。在隧道底板垫层及水平施工缝上干撒水泥基渗透结晶型防水剂，用量为1.5kg/m^2；将粉状防水剂加水调为糊状，形成防水涂料，涂刷于垂直施工缝上，用量亦为1.5kg/m^2。为保证质量，须确保防水剂均匀，同时应避免防水剂被雨水冲刷，并在干撒或涂刷完成后立即进行混凝土浇筑。

9.12.5 外贴式止水带

暗埋段结构长度为193m，分为CW1～CW5共5个节段，节段之间设置了10mm宽变形缝，以适应地基变形。变形缝迎水侧沿结构表面设置一圈外贴式止水带，是变形缝防水的第一道屏障，阻止海水进入变形缝内。本工程采用的AM350型外贴式止水带购自荷兰特瑞堡公司，由丁苯橡胶制成，具有很好的延展性、不透水性及抗老化性。外贴式止水带与混凝土结合面为马牙槎，能够延长海水渗透路径，减小渗漏概率；同时，外贴式止水带中间为空心，受到外力撕扯时（如地基沉降），外侧较薄处断裂，内侧较厚处可被拉伸，拉伸距离可达40mm，很好地顺应了隧道的变形。外贴止水带物理性能见表9-4。

外贴止水带物理性能 **表9-4**

序号	测试项目	设计值	检测值
1	拉伸强度(常态)	≥10MPa	14.3MPa
2	断裂伸长率(常态)	≥380%	450%
3	撕裂强度	≥8N/mm	26.2N/mm
4	邵氏硬度(常态)	62°±5°(邵尔A)	66°(邵尔A)
5	压缩变形	≤35%	20%
6	拉伸强度(热空气老化后) 断裂伸长率(热空气老化后)	≥9MPa ≥300%	14.4MPa 420%
7	邵氏硬度(热空气老化后)	— ±8	66°(邵尔A) 变化值:0
8	拉伸永久变形	≤20%	9.4%

9.12.6 中埋式钢边止水带+预埋式注浆管（变形缝、垂直施工缝）

外贴式止水带是变形缝的第一道防水屏障，而中埋式钢边止水带是第二道止水屏障。本工程采用的中埋式钢边止水带亦购自荷兰特瑞堡公司，由丁苯橡胶制成，同样具有很好的延展性、不透水性及抗老化性。中埋式钢边止水带由橡胶条、遇水膨胀止水条及钢边三部分组成。橡胶条与钢边咬合，延长渗漏路径的同时，能够使止水带与混凝土更好结合，橡胶带中间两侧各设置了一条遇水膨胀止水条，遇水后膨胀，缩小止水带与混凝土之间的缝隙，阻止海水渗过变形缝。橡胶条具有很好的延展性，同样能够拉伸顺应隧道的变形。同时，在止水带两侧钢边上各设置两根预埋式注浆管，止水带两侧混凝土浇筑完成后，对内侧两根注浆管注浆，浆体固化后，将钢边和混凝土之间的缝隙填满，进一步增强了中埋式钢边止水带的止水效果。若隧道回水后，变形缝出现漏水，再对下侧两根注浆管进行注浆，达到彻底止水的效果。

暗埋段隧道部分节段长度达 54m，根据设计要求，在节段中间设置了垂直施工缝，将节段分为长度分别为 27m 的两个施工段。垂直施工缝中亦设置中埋式钢边止水带＋预埋式注浆管，形式同变形缝中中埋式钢边止水带，同样达到了很好的止水效果。中埋式钢边止水带构造大样见图 9-20，物理性能见表 9-5。

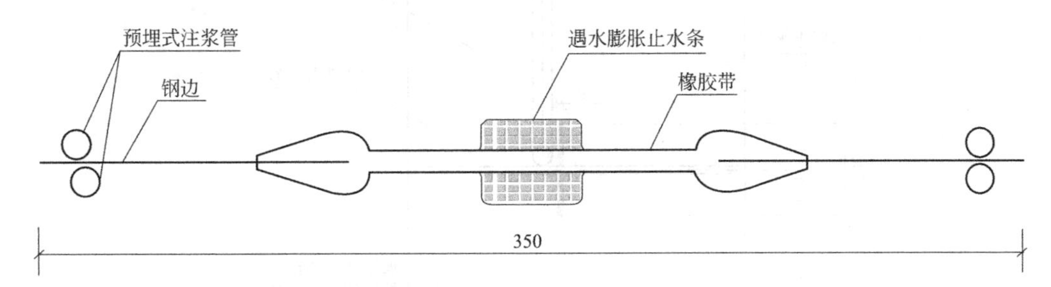

图 9-20　中埋式钢边止水带构造大样图（单位：mm）

中埋式钢边止水带物理性能　　**表 9-5**

序号	测试项目	设计值	检测值
1	拉伸强度(常态)	≥17MPa	24.4MPa
2	断裂伸长率(常态)	≥375%	556%
3	撕裂力	≥31N	102N
4	邵氏硬度(常态)	60°±5°(邵尔 A)	58°(邵尔 A)
5	相较于金属黏合性	≥1000N/25mm	2349N/25mm
6	压缩变形	≤10%	8%
7	吸水率	≤30g/m²	11g/m²
8	抗水性	≤5%	0.5%
9	拉伸强度 (热空气老化后)	— 变化率:≥−25%	20.5MPa 变化率:−16%
10	断裂伸长率 (热空气老化后)	— 变化率:≥−30%	444% 变化率:−20.1%
11	邵氏硬度 (热空气老化后)	— ±8	59°(邵尔 A) 变化值:1

9.12.7 中埋式钢板止水带+ 预埋式注浆管（水平施工缝）

暗埋段隧道侧墙高 8.4m，为方便施工，侧墙分两次浇筑，侧墙下部与隧道底板一起浇筑，侧墙上部与隧道顶板一起浇筑，上下浇筑部分之间为水平施工缝，同样存在渗漏危险。在水平施工缝中设置中埋式钢板止水带＋预埋式注浆管进行止水，钢板止水带为 Q235 镀锌钢板，钢板宽度 300cm，厚度 8mm，经热浸锌处理，涂层厚度 50μm。钢板止水带沿施工缝垂直布置，两端分别与变形缝、施工缝中埋式钢边止水带相接，形成止水回路。钢板止水带埋入先浇段及后浇段各 150cm，并在钢板的隧道内侧设置一根预埋式注浆管，后浇段浇筑完成后进行注浆，增强钢板止水带止水效果。中埋式钢板止水带安装大样见图 9-21。

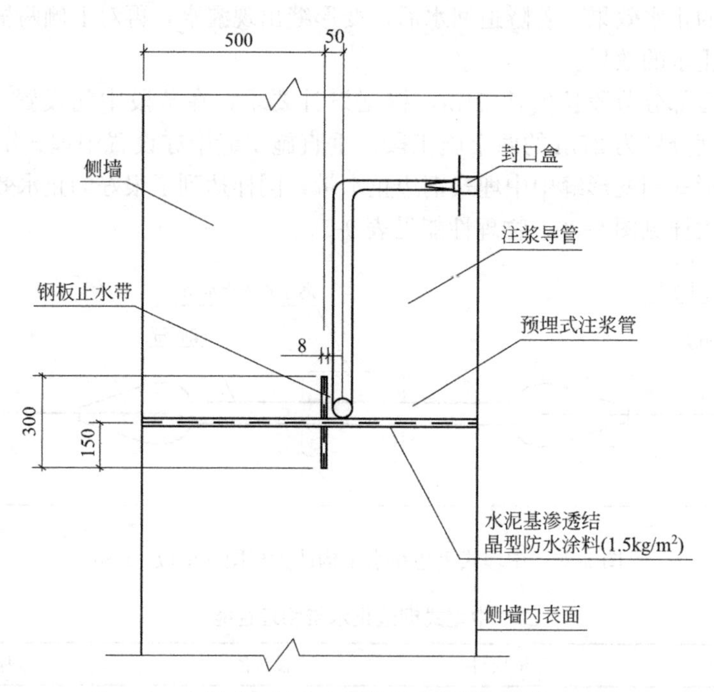

图 9-21 中埋式钢板止水带构造大样图（单位：mm）

9.12.8 预埋式注浆管

中埋式钢边止水带及钢板止水带处皆配置了预埋式注浆管，通过注浆，能增强止水带的止水效果。预埋式注浆管由外层织物过滤膜、内层非织物过滤膜、内部螺旋形增强弹簧钢丝组成，全长多孔，能够保证混凝土浇筑时水泥浆不进入管内将管堵塞，又能确保注浆时浆体顺利透出。注浆管安装时，单根长度不宜超过 12m，且相邻两根注浆管之间搭接 2～3cm，确保注浆畅通且不留死角。预埋式注浆管安装大样示意见图 9-22。

预埋式注浆管所注浆液为 SJK 改性环氧树脂，具有良好的可操作性、渗透能力及高强度，能够很好地填充混凝土缝隙，最小填充缝隙达 0.1mm。注浆要点：①注浆前，采用高模量聚氨酯密封胶涂于施工缝隧道内侧，形成以施工缝为中心、宽 50mm、厚 2mm 的封缝材料；②自预埋式注浆管一端的注浆导管灌入浆液，待另一端导管出浆后，封闭出

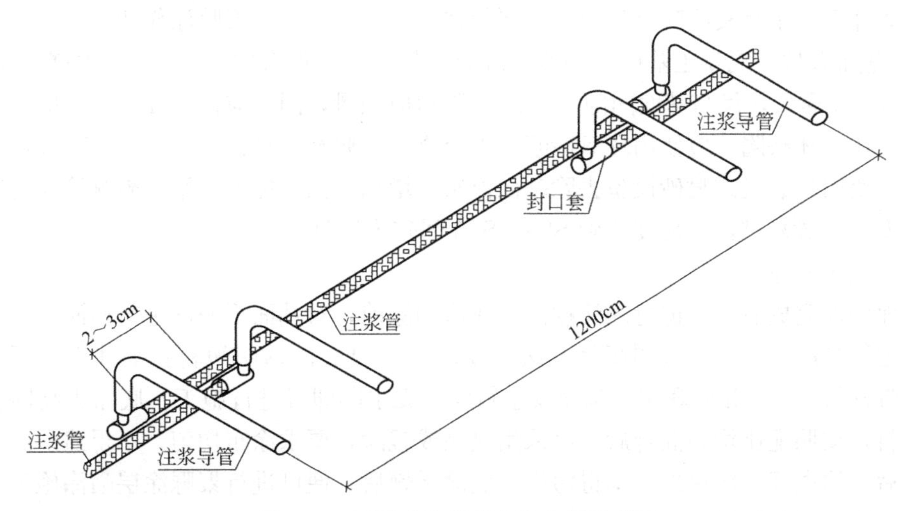

图 9-22　预埋式注浆管安装大样示意图

浆导管，继续加压至 0.8MPa，当压力保持 5min 无明显下降时便可结束注浆；③当出浆导管没有顺利流出浆液时，可加大注浆压力，但压力不能超过 1.2MPa。

9.12.9　喷涂型聚脲防水涂层

西人工岛隧道暗埋段所处外海环境，海水氯离子含量高，为有效防止氯离子渗透腐蚀钢筋，在侧墙迎水面设置喷涂型聚脲防水涂层。本工程采用的 Masterseal 678 型聚脲防水涂料，是一种双组分、无溶剂、高性能的聚脲防水涂料，可以抵抗常见的化学物质，亦可抵抗海水侵蚀。该产品采用特殊设计的喷涂设备施工，对两个组分材料预加热后喷涂，快速固化，形成高弹性防水涂层。Masterseal 678 型聚脲防水涂料性能见表 9-6。

Masterseal 678 型聚脲防水涂料性能　　表 9-6

序号	检验项目	指标值	实测值
1	固含量(%)	≥98	99.4
2	表干时间(s)	≤120	100
3	拉伸强度(MPa)	≥16.0	20.5
4	断裂伸长率(%)	≥450	484
5	撕裂强度(N/mm)	≥50	73
6	低温弯折性(℃)	≤−40	−40℃,1h, 无裂纹、无断裂
7	不透水性(0.4MPa,2h)	不透水	不透水
8	粘结强度(MPa)	≥2.5	4.2(水泥试件破坏)
9	硬度(邵尔 A)(°)	≥80	85

(1) 施工准备

1) 自然条件。喷涂聚脲作业应在环境温度大于 5℃、相对湿度小于 85%，基面含水率小于 9%，且基面表面温度比露点温度至少高 3℃的条件下进行。在 4 级风及以上的露天环境条件下，不宜实施喷涂作业，且严禁在雨雪天气实施露天喷涂作业。

2）基面条件。混凝土基面应平整、清洁、坚实，不得有空鼓、脱层、蜂窝麻面，平整度达到4m靠尺，尺与基面间隙<3mm。阳角应顺滑，阴角应做4cm×4cm的倒角。若混凝土存在上述缺陷，应使用环氧砂浆或聚合物砂浆修补，且达到产品设计强度后方能进行施工。使用角磨机或喷砂设备去除基面浮浆，增加基面粗糙度，增强聚脲涂层与基面的粘结强度。一般来讲，粗糙度达到SP3～SP5间较为适宜。

（2）底涂刷涂

基面处理完成后，可进行底涂刷涂。底涂刷涂前，对基面干燥度进行检测，干燥度合格方能进行刷涂。干燥度检测简易方法：裁切1m×1m的透明塑料膜平铺于基面上，四周用胶带密封，3～4h后观察，基面及塑料膜上无水印即可进行施工。底涂为高固含量聚氨酯材料，按照配比均匀混合后，可采用喷涂或辊涂，要求涂布均匀，不得遗漏。底涂施工完毕后，须做好二次保护，不得污染。底涂干燥后，便可进行聚脲涂层喷涂施工。

（3）喷涂聚脲涂层

聚脲喷涂施工前，需对收头、搭接处粘贴塑料布，以使边界顺直。同时需将喷涂以外区域遮盖，以防污染。

喷涂作业时，操作员手持喷枪喷涂施工，喷枪宜垂直于待喷基面，距离适中，移动速度均匀；喷涂顺序为先难后易、先上后下，纵横交叉喷涂至设计要求的厚度。应连续作业，一般人工喷涂2遍能达到1.5mm厚。本工程喷涂聚脲涂层厚度为1.5mm，特殊部位，如阴阳角、变形缝等位置，厚度为2.0mm。特殊部位喷涂施工时，可减缓枪头移动速度，或增加喷涂次数，现场使用改锥扎进涂层检测厚度，直至涂层厚度满足设计要求。

9.12.10 案例小结

港珠澳大桥设计使用年限120年，所处外海环境，海水氯离子含量高，岛隧工程防水效果的好坏直接决定大桥使用寿命。随着我国基建投入的不断加大，水底隧道的建设会越来越多，渗漏问题亦会出现在这些隧道的建设中。港珠澳大桥主体工程岛隧工程西人工岛现浇隧道暗埋段防水体系的成功应用，为这些工程提供了宝贵的经验[13]。

参考文献

[1] 叶守杰，严金秀．青岛胶州湾隧道结构防排水系统研究［J］．现代隧道技术，2010，47（3）：18-23+31.

[2] 谭志文．青岛胶州湾海底隧道防排水设计［J］．隧道建设，2008，（1）：29-33.

[3] 唐强达，吴弢．上海中心大厦深基坑顺逆结合后浇带施工技术［J］．施工技术，2016，45（3）：119-122.

[4] 燕冰，邹文利．上海国际金融中心地下防水工程预铺反粘施工技术［J］．中国建筑防水，2016（20）：29-32.

[5] 赵春荣．北京奥体商务园地下空间种植顶板防水设计与施工［J］．中国建筑防水，2018（11）：24-26.

[6] 陆海，何小英．中国卫星通信大厦地下车库防水施工技术［J］．中国建筑防水，

2017（21）：32-34.
[7] 杨广林，王斌．杭州奥体博览中心种植屋面关键技术探讨［J］．中国建筑防水，2016（3）：20-23.
[8] 李占江，李清林，耿伟历．北京冬奥会崇礼太子城冰雪小镇地下防水施工技术［J］．中国建筑防水，2020（1）：35-39.
[9] 于江怀，杨云霄．多重止水措施在岳城水库进水塔廊道透水处理中的应用［J］．海河水利，2018（1）：57-59＋61.
[10] 王云亮，郑子龙，谷守国．国丰维景国际大酒店屋面防水工程施工技术［J］．中国建筑防水，2018（3）：37-39.
[11] 张友杰，王克全，柴干飞，等．杭州万象城二期商办楼外墙防水施工技术［J］．建筑施工，2014，36（8）：975-976.
[12] 李剑，程鑫德．杭州城站广场地下管廊的防水施工技术［J］．浙江建筑，2000（1）：19-20.
[13] 陈三洋，孟令月，李海平．港珠澳大桥西人工岛现浇隧道防水体系的综合应用［J］．水道港口，2018，39（2）：98-101.

第 10 章　防水工程展望

进入新世纪以来，随着我国基础设施建设和城镇化进程的加快和推进，防水行业在隧道、管廊等地下空间、水工构筑物及民用建筑屋顶、外墙等领域均经历了较大的发展和科技进步。但目前我国建筑和结构渗漏问题仍比较严重，渗漏发生率也相对较高，建筑防水市场空间仍然很大。随着计算机和互联网技术、电子测试技术、机械工程、新材料等高新技术的蓬勃发展，建筑防水工程领域在防水材料、设计、施工与管理等各个环节中都呈现出诸多与之相应的新需求、新态势。

10.1　建筑防水发展趋势

建筑渗漏问题是目前住户反映房屋质量问题中最普遍、最强烈的问题之一。大量的实际调研结果显示，在住户的所有房屋质量有关投诉中，与抗渗、防水相关的投诉占比超过40%。防水工程的失效或损坏一般不会直接威胁到使用人员的生命安全，但会影响使用者的日常生活，或造成巨大的财产损失，甚至间接危及主体结构的安全和耐久性[1]。建筑渗漏问题导致每隔数年就要花费大量的财力和物力来进行维修，例如工程实际调研发现，地铁站防水治理成本大约是其初始防水投入的 2 倍以上，建筑渗漏所带来的危害及维护成本逐渐加大，并引起了人们的重视。为了进一步改善建筑抗渗防水工程质量，本节从“创新组织管理模式”、“强化科技支撑”、“打造专业化防水产业体系”和“加快防水专业人才培育”等几个方面对建筑防水发展趋势进行阐述。

1. 创新组织管理模式

当前我国对防水工程投入普遍偏低，建筑防水成本占总投资比例不到 3%，部分工程该比例甚至低于 1%，而发达国家该比例可达 7%～10%。在此基础上，有些开发商、总包商或分包商为了降低成本，在防水工程上仍在不断压缩投入。目前我国防水工程的招标投标制度主要采取的是“最低投标价法”，但《招标投标法》对低于成本价中标的规定不明确、缺乏认定标准和界限，“经评审的最低投标价法”在实际应用中往往会造成“不计成本低价中标”[2]。相对较小的投入严重影响了防水设计、施工、材料和管理等方面的质量。我国防水行业长期以来存在着不合格产品的情况，2017 年广东省防水行业的不合格产品比例占 60%[3]，说明市场有较多假冒伪劣产品存在。另外，一些非正规企业施工现场所使用的防水材料与送检的防水材料有时并不完全一致，虽然企业生产的材料能通过常规性能检测，但其基本防水功能得不到保证。如非正规企业生产的 SBS 改性沥青防水卷材，回弹性较低，很难适应基层的裂缝伸缩性，其耐久性能远低于正规企业所生产的产品，如果大量使用，在质保期内房屋就会频繁出现渗漏。为解决上述问题，必须创新组织管理模式、强化市场监督与管理，具体措施如下：

(1) 大力推行工程总承包。防水工程项目积极推行工程总承包模式，促进防水设计、生产、施工深度融合。引导骨干企业提高项目管理、技术创新和资源配置能力，培育具有综合管理能力的防水工程总承包企业，落实防水工程总承包单位的主体责任，保障防水工程总承包单位的合法权益。

(2) 改革抗渗防水工程投标造价定额机制。取消最高投标限价按定额计价的规定，逐步停止发布预算定额。推行清单计量、市场询价、自主报价、竞争定价的工程计价方式[4]。

(3) 完善防水材料生产、施工监管。加强防水施工质量管理，积极采用驻厂监造、驻厂施工制度，实行全过程质量责任追溯，鼓励采用材料生产企业备案管理、材料质量飞行检查等手段，建立长效机制。引入信用评级制度，对信用评价不高的企业、施工队伍，建立相应的惩罚机制，探索建立防水工程信用体系。

(4) 完善防水工程质量保修制度。从国家法律层面规定防水工程适当延长质量保修期限，如由现行的5年质量保修期延长至10年甚至更长。发挥政府职能，规范市场行为，改革低价中标制度，防止恶性竞争等。

(5) 推进联合验收制度。推进施工过程中业主单位、总包单位、监理单位、项目部进行防水工程联合验收制度，使工程质量安全主体更加明确，有效保证防水工程质量。

2. 强化科技支撑

目前关于防水材料、防水工程耐久性、防水层与结构基层相互作用机理等方面基础研究不足，导致现行标准无法对防水材料耐久性做出明确要求；建筑防水施工大多采用手工操作的方式，缺少先进施工配套方式。抗渗防水工程渗漏检测技术手段主要是蓄水、淋水试验，缺少防水工程现场快速检测设备和方法。在大范围的防水验收时，严重影响工期，易导致现场渗漏检测敷衍了事，严重影响防水质量。因此，在抗渗防水工程基础理论研究方面，需要重点开展以下几点工作：

(1) 培育科技创新基地。组建一批防水技术创新中心、重点实验室等创新基地，鼓励骨干企业、高等院校、科研院所等联合建立防水产业技术创新联盟。

(2) 加大科技研发力度。大力支持高性能、长寿命、自修复、节能环保和再生防水材料的研发；加大防水专用胶粘剂、接缝材料等配套防水材料的研发力度；开展防水材料/系统耐久性、可靠性技术研发和联合攻关，建立防水材料、防水系统耐久性评价标准；加强低能耗、低污染、高效率施工机器人等智能防水施工技术产品的研发；加快快速、准确、智能的防水施工现场监测与检测技术与设备研发。

(3) 推动科技成果转化。建立防水工程重大科技成果库，加大科技成果公开，促进科技成果转化应用，推动防水工程领域新技术、新材料、新产品、新工艺创新发展。大力支持优质的防水工程项目参与国家、省部级各类奖项评选，以点带面，形成示范带动效应。

(4) 加强科技推广扶持。政府部门会同有关部门组织编制防水工程专项规划和年度发展计划，明确发展目标、重点任务和具体实施范围；加大项目推进力度，在项目立项、项目审批、项目管理各环节明确防水工程的鼓励性措施，强化项目落地。推动国家重点研发计划和科研项目支持防水工程技术研发，鼓励各地优先将防水相关技术纳入住房和城乡建设、交通与水利领域推广应用技术公告和科技成果推广目录。

3. 打造专业化防水产业体系

目前防水工程实际施工过程中，缺少与其他专业的协同工作，存在专业交接程序不严，验收、监督手段落后，成品保护责任不清晰等问题；缺少防水工程与防腐、保温一体化协同设计。我国现行抗渗防水技术规范中允许有湿渍、漏点，并未给出设计使用年限，导致防水设计标准偏低[5-6]。目前我国防水相关标准共计180余项，不同行业制定的标准指标侧重不同，没有形成有机体系，在一定程度上阻碍了防水行业的健康发展[7-9]。目前防水材料厂家编制的图集种类繁多、缺乏统一规划和顶层设计。同时设计师在设计防水工程时仅指定等级要求和材料种类，细部设计引用图集，防水细化设计一般交由分包商负责，造成责任体系不清晰。未来需要在打造一体的专业化防水团队、创新一体化施工组织方式、构建新型综合标准体系等方面，推动建筑防水工程行业的规范化发展：

（1）打造一体的专业化防水团队。打造涵盖科研、设计、生产加工、施工、运维等全产业链融合一体的专业化防水团队；开展工程材料防水、防腐和保温一体化技术研发与精细化设计，明确主体责任，协调防水材料与结构以及基层的施工时间安排和环境影响，在防水工程的使用和造价上取得平衡；针对不同重要程度的建筑物，综合考虑结构形式、所处环境、气象条件、防水等级等要求，以及防水层的部位、防水层整体构造和细部构造选择适合的防水材料。

（2）创新一体化施工组织方式。完善与防水工程相适应的精益化施工组织方式，推广设计、采购、生产、施工、运维一体化模式，实行防水工程与主体结构、机电设备协同施工，提高防水施工现场精细化管理水平。

（3）构建新型综合标准体系。构建适合于建筑防水行业未来发展的新型综合标准体系，加强防水国家标准规范的顶层设计，培育发展行业、团体、地方和企业标准，推动防水标准体系建设，构建一个“以国家标准为底线，以行业标准为主体，以团体标准为引领，以企业标准为基础”，“以一切为确保建筑防水工程质量为目标”的“立体型”综合标准体系。

（4）提高建筑防水设计工作年限。《建筑和市政工程防水通用规范（征求意见稿）》，规定工程防水设计工作年限应符合下列规定[10]：

1）地下工程防水设计工作年限不应低于工程结构设计工作年限；

2）屋面工程防水设计工作年限不应低于20年；

3）室内工程防水设计工作年限不应低于25年；

4）道桥工程路面或桥面防水设计工作年限不应低于路面结构或桥面铺装设计工作年限；

5）非侵蚀性介质蓄水类工程内壁防水层设计工作年限不应低于10年。

（5）建立防水工程施工图深化设计论证制度。现代建筑具有复杂化和形式多样性，使得防水设计也不能千篇一律地照搬一种防水模式。根据国外先进经验，降低建筑渗漏率的一个重要环节就是进行二次深化设计，因此应由设计师结合工程的特点，提出防水等级要求，由防水系统承包商进行二次深化设计。借鉴深圳市地方标准《深圳市建筑防水工程技术规范》SJG 19—2013的规定及成功经验，一级设防或防水面积超过10000m^{2}的屋面防水工程应组织专家评审。建议在规范中（单体规范）防水面积超过10000m^{2}的屋面防水工程应组织专家评审，从源头杜绝设计不合理的防水方案进入实施阶段[11]。

4. 加快防水专业人才培育

我国防水行业长期处于粗放经营的状态，在防水施工领域依靠于人工施工的比例达

95%以上，不仅效率低下，还存在种种健康与安全隐患；从业人员流动性大，文化水平低，职业技能水平不高，缺乏防水行业相关的理论知识，给防水工程留下很多的安全隐患，降低了防水工程质量。

我国的职业教育体系、理念和标准与发达国家有一定差距，职业工人的薪资福利和社会地位不高，迄今为止我国没有防水专业的职业教育学校，开设防水专业的高校数量非常少，缺少相应的防水技术人才培养体系。因此，在防水技术人才和防水工培养方面应积极采取以下措施[12]：

（1）培育防水专业技术管理人才。大力培养科研、设计、生产、施工和运维等方面防水专业人才队伍，加强防水专业技术人员继续教育，提高防水行业专业人员的技术水平、管理水平，保障防水行业健康长久发展。

（2）培育技能型防水工人。深化建筑防水用工制度改革，完善防水业从业人员技能水平评价体系，促进学历证书与职业技能等级证书融通衔接。打通防水工人职业化发展道路，弘扬工匠精神，加强职业技能培训，大力培育防水产业工人队伍，提高防水行业从业人员持证上岗人员比例。

（3）加大后备人才培养，开设防水工程专业和防水学科。推动防水相关企业开展校企合作，支持校企共建一批防水产业研究院，支持院校对接防水行业发展新需求、新业态、新技术，开设防水工程与材料相关课程，创新人才培养模式，提供专业人才保障。国内有条件的高校开设防水工程专业与防水学科，增加防水专业毕业生数量。

（4）加强防水专业学术期刊资源建设。推动防水相关期刊建设，提升防水专业学术创新与知识的传播，同时加大对防水行业科普和技术交流的支持力度，促进防水行业健康可持续发展。

10.2　防水工程学架构

随着我国大规模基础设施建设的推进，防水行业得到飞速发展，防水市场空间也越来越大。但目前我国防水工程研究存在系统性不强、知识分散、体系不健全等问题。虽然我国有个别高校开设了防水相关课程，但是防水相关理论建设还不深入，缺乏系统的防水工程学科。因此，有必要建立成体系的防水工程学，推动高校防水工程学科的建设。

防水工程学是为防止雨水、地下水、工业与民用给水排水、腐蚀性液体及空气中湿气、蒸汽等对建筑与结构各个部位的渗透，保证建筑与结构不受水侵蚀，且不影响建筑与结构生命周期内使用功能、节能效果、耐久性和安全性，而从材料优选、计算分析、工程构造以及绿色建造等方面形成的整体理论与技术的总称。

防水工程学涉及化学化工、工程材料、土木工程、建筑节能、机械工程、计算机和大数据等多专业领域。不仅要求学生掌握防水材料相关知识，还要了解防水工程水分渗透传输机理、防水设计理论与方法、防水工程监测与检测、防水施工与管理运维相关内容。目前高等学校本科专业目录中，上述学科属于工学学科或理学学科门类下不同的专业大类，这种专业体系培养出的学生，通常是对其中一种专业比较精通，对其他专业了解相对较少，不能满足防水工程建设的需求。

防水工程类型多样，但是面向现代建筑的防水工程，通常可以划分为以卷材为代表的柔性防水和以混凝土自防水为代表的刚性防水体系，基于此的防水工程学是一门多学科交叉的新兴学科方向，内容需要涵盖防水工程基础理论、设计技术、测试方法、施工工艺和管理与运维等五个方面（图 10-1）。防水工程基础理论主要包括防水材料生产和产品加工原理、防水材料的基本化学和力学技术指标、防水材料劣化机理与调控方法、水分渗透传输机理与阻隔原理及防水工程时变可靠度设计理论等方面内容；防水工程设计技术主要包括结构、防水、保温与装饰四位一体化设计与模拟、防水节点与接缝构造设计、防水分析计算与设计软件及防水技术标准与图集等方面内容；防水工程测试方法主要包括防水工程短期性能试验技术、长期性能试验技术、数值模拟试验技术、长期监测与评估技术等方面内容；防水工程施工工艺主要包括新型施工机械与施工机器人、施工过程控制与智能化、新型施工方法和施工工艺及施工质量快速检测方法等方面内容；防水工程管理与运维主要包括防水体系修复提升与再利用、智能运维与大数据、创新管理模式与法律法规及打造专业化防水产业体系等方面内容。其中，防水工程基础理论与测试方法是基础，防水工程设计是前提，防水工程施工是关键，防水工程管理与运维是保障。

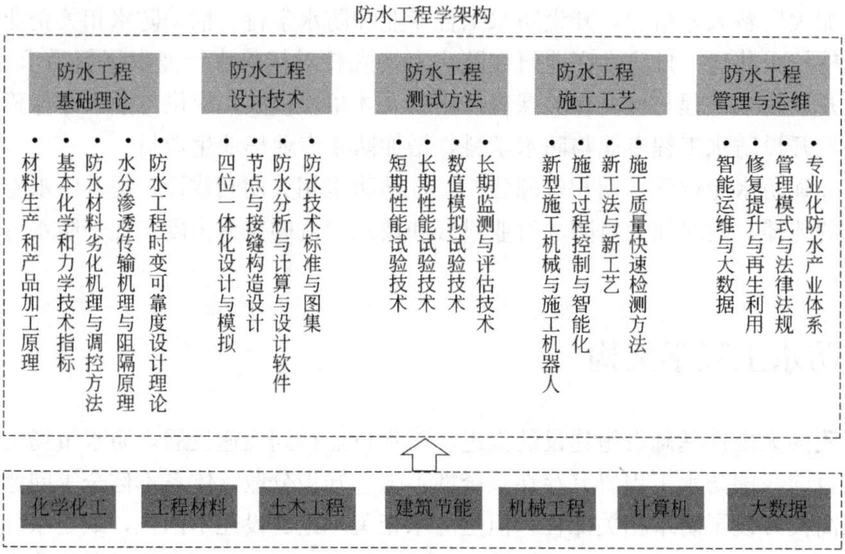

防水工程学架构

防水工程基础理论
- 材料生产和产品加工原理
- 基本化学和力学技术指标
- 防水材料劣化机理与调控方法
- 水分渗透传输机理与阻隔原理
- 防水工程时变可靠度设计理论

防水工程设计技术
- 四位一体化设计与模拟
- 节点与接缝构造设计
- 防水分析与计算与设计软件
- 防水技术标准与图集

防水工程测试方法
- 短期性能试验技术
- 长期性能试验技术
- 数值模拟试验技术
- 长期监测与评估技术

防水工程施工工艺
- 新型施工机械与施工机器人
- 施工过程控制与智能化
- 新工法与新工艺
- 施工质量快速检测方法

防水工程管理与运维
- 智能运维与大数据
- 修复提升与再生利用
- 管理模式与法律法规
- 专业化防水产业体系

化学化工　工程材料　土木工程　建筑节能　机械工程　计算机　大数据

图 10-1　防水工程学架构

未来防水工程专业的目标是培养具备土木、建筑、材料、机械、计算机的基础理论和专业知识，熟悉 5G、大数据、互联网、人工智能、电子信息等高新技术，并能将不同专业知识有机融合，在房屋建筑、道路、桥梁、隧道等工程领域从事防水相关研发、设计、施工与管理的交叉复合型人才。

防水工程专业建设可以分为两个阶段。第一个阶段基于传统学科基础上对不同专业知识进行整合，初步实现不同专业知识的有机融合，建立一套防水工程学体系，解决现有防水工程中存在的多专业间不协同、防水专业技术人才匮乏、施工与检测技术手段落后的问题；第二个阶段是在第一阶段基础上，结合 5G、大数据、互联网、人工智能、电子信息等高新技术，引领防水工程向机械化、智能化方向发展，实现防水工程的绿色智能建造与运维。

参考文献

[1]　卢海陆，肖绪文，周辉，等．建筑工程防水症结分析与对策［J］．科技，2017，2：97-99.

[2]　刘星，肖绪文，徐洪涛，等．我国工程防水发展的现状分析与建议［J］．施工技术．2020．12：1-5.

[3]　广东住建厅．防水卷材抽检合格率仅为 60%［R/OL］．［2017-07-06］．https：//www. sohu. com/a/154908040 _ 164992.

[4]　中华人民共和国住房和城乡建设部．住房和城乡建设部办公厅关于印发工程造价改革工作方案的通知：建办标（2020）38 号［EB/OL］．（2020-07-24-）［2021-06-14］. http：//www. mohurd. gov. cn/wjfb/202007/t20200729 _ 246578. html.

[5]　中华人民共和国住房和城乡建设部．地下工程防水技术规范：GB 50108—2008［S］. 北京：中国计划出版社，2008.

[6]　中华人民共和国住房和城乡建设部．屋面工程技术规范：GB 50345—2012［S］．北京：中国建筑工业出版社，2012.

[7]　中国石油和化学工业联合会．高分子防水材料 第 1 部分：片材：GB 18173. 1—2012［S］．北京：中国标准出版社，2012.

[8]　中国石油和化学工业协会．承载防水卷材：GB/T 21897—2008［S］．北京：中国标准出版社，2008.

[9]　中国石油和化学工业联合会．高分子增强复合防水片材：GB/T 26518—2011［S］．北京：中国标准出版社，2011.

[10]　中华人民共和国住房和城乡建设部．建筑和市政工程防水通用规范（征求意见稿）［EB/OL］．（2019-02-15）［2021-06-14］. http：//www. mohurd. gov. cn/zqyj/20190 2/t20190218 _ 239492. html.

[11]　深圳市住房和建设局．建筑防水工程技术规范：SJG 19—2013［S］．北京：中国建筑工业出版社，2013.

[12]　佚名．建筑防水行业“十三五”发展规划纲要［J］．中国建筑防水，2017（1）：39-44.

后记

我在同济大学本科毕业后，到山东省纺织设计院从事设计工作时，接触了一些建筑防水的基本概念、构造图集和设计方法，但是后来在同济大学的研究和教学工作主要围绕再生混凝土材料和结构展开。客观地讲，对于建筑防水我是初学者。近年来，在中国工程院肖绪文院士的指导和鼓励下，我逐步认识到抗渗防水的重要性，也想在这方面做点力所能及的工作，逐渐有了编写建筑防水简明教程的想法，便于从事土木工程的学生学习和参考。但是，实际在起草和编写过程中，遇到了许多困难，深感知识匮乏，也逐渐认识到建筑防水的多学科交叉性和复杂性。

本书是在学习前人论著的基础上，基于目前现行的建筑防水相关调研、技术规范与文献资料，并结合国内外新的研究成果编写而成。图书力求帮助土木工程相关专业的学生，初步了解目前的建筑防水技术现状，掌握建筑防水必备的基础知识和基本技能。

参加本书资料收集及编写的有：韩女（第一、四章），刘堡嘉（第三、五章）、秦飞（第八、九章）、马旭伟（第二、六章）、沈剑羽（第七章）、张富宾（第十章）。我对全书进行了修改和补充，并完成统稿校核。

非常感谢为本书提供编写素材的原文献作者、防水行业的工程师们与实践者以及中国防水协会的专家们，感谢他们的大力支持！可以联系到的作者和期刊，我们申请和办理了授权；少量联系不上的，我们注明了引用。书稿完成交付出版社后，又修改了两次。但限于我本人的水平有限，不对或不妥之处，敬请专家和读者多批评和指正。

胡骏教授、朱军副教授、王婉副教授、李坛副研究员等在本书撰写过程中提出了宝贵的见解建议和修改意见。感谢同济大学土木工程学院建筑工程系对本书出版的资助！感谢中国工程院战略咨询项目“工程渗漏防治发展战略研究”专家的指导！感谢中国建筑工业出版社的支持和帮助！感谢责任编辑武晓涛先生的辛勤付出和努力工作！